U0228282

深入浅出系列规划教材

数据结构与算法

刘晓华 肖进杰 唐焕玲 石艳荣 陈姝颖 编著

清华大学出版社

北京

内 容 简 介

本书阐明了常用的数据结构的内在逻辑关系,讨论了各种结构的物理存储表示方法,通过实例说明各种结构在运算操作时的动态特性,并结合典型应用问题给出算法设计与分析的示例。这样不仅为后续相关课程提供必要的知识准备,更重要的是可以进一步提高读者从事软件分析、设计、编程和数据组织的能力。

全书共 8 章,在内容的组织上遵循由浅入深、循序渐进的原则,按简单的线性结构、树形结构、图结构、查找和排序的次序安排主要教学内容;在内容的叙述上力求做到通俗易懂,算法描述结构清晰、易读易理解,并对每个算法都做了大量注释;全书选取的内容都较好地体现了突出应用的原则,以实例介绍各种数据结构的应用,并在各章都附有相应的习题。

本书可以作为面向应用型的本科院校和高职高专院校计算机类专业的学生的教材,也可以作为大学非计算机专业学生的选修课教材和计算机应用技术人员的自学参考书。

图书在版编目(CIP)数据

深入浅出数据结构与算法/刘晓华等编著. 一北京:清华大学出版社,2015(2022.8 重印)
(深入浅出系列规划教材)
ISBN 978-7-302-40722-5

Ⅰ. ①深⋯ Ⅱ. ①刘⋯ Ⅲ. ①数据结构一教材 ②算法分析一教材 Ⅳ. ①TP311.12

中国版本图书馆 CIP 数据核字(2015)第 151870 号

责任编辑:白立军 王冰飞
封面设计:傅瑞学
责任校对:焦丽丽
责任印制:杨 艳

出版发行:清华大学出版社
   网   址:http://www.tup.com.cn,http://www.wqbook.com
   地   址:北京清华大学学研大厦 A 座   邮   编:100084
   社 总 机:010-83470000   邮   购:010-62786544
   投稿与读者服务:010-62776969,c-service@tup.tsinghua.edu.cn
   质量反馈:010-62772015,zhiliang@tup.tsinghua.edu.cn
   课件下载:http://www.tup.com.cn,010-83470236
印 装 者:三河市少明印务有限公司
经 销:全国新华书店
开 本:185mm×260mm   印 张:17.25   字 数:396 千字
版 次:2015 年 6 月第 1 版   印 次:2022 年 8 月第 8 次印刷
定 价:49.00 元

产品编号:063000-02

为什么开发深入浅出系列丛书？

目的是从读者角度写书，开发出高质量的、适合阅读的图书。

"不积跬步，无以至千里；不积小流，无以成江海。"知识的学习是一个逐渐积累的过程，只有坚持系统地学习知识，深入浅出，坚持不懈，持之以恒，才能把一类技术学习好。坚持的动力源于所学内容的趣味性和讲法的新颖性。

计算机课程的学习也有一条隐含的主线，那就是"提出问题→分析问题→建立数学模型→建立计算模型→通过各种平台和工具得到最终正确的结果"，培养计算机专业学生的核心能力是"面向问题求解的能力"。由于目前大学计算机本科生培养计划的特点，以及受教学计划和课程设置的原因，计算机科学与技术专业的本科生很难精通掌握一门程序设计语言或者相关课程。各门课程设置比较孤立，培养的学生综合运用各方面的知识能力方面有欠缺。传统的教学模式以传授知识为主要目的，能力培养没有得到充分的重视。很多教材受教学模式的影响，在编写过程中，偏重概念讲解比较多，而忽略了能力培养。为了突出内容的案例性、解惑性、可读性、自学性，本套书努力在以下方面做好工作。

1. 案例性

所举案例突出与本课程的关系，并且能恰当反映当前知识点。例如，在计算机专业中，很多高校都开设了高等数学、线性代数、概率论，不言而喻，这些课程对于计算机专业的学生来说是非常重要的，但就目前对不少高校而言，这些课程都是由数学系的老师讲授，教材也是由数学系的老师编写，由于学科背景不同和看待问题的角度不同，在这些教材中基本都是纯数学方面的案例，作为计算机系的学生来说，学习这样的教材缺少源动力并且比较乏味，究其原因，很多学生不清楚这些课程与计算机专业的关系是什么。基于此，在编写这方面的教材时，可以把计算机上的案例加入其中，例如，可以把计算机图形学中的三维空间物体图像在屏幕上的伸缩变换、平移变换和旋转变换在矩阵运算中进行举例；可以把双机热备份的案例融入到马尔科夫链的讲解；把密码学的案例融入到大数分解中等。

2. 解惑性

很多教材中的知识讲解注重定义的介绍，而忽略因果性、解释性介绍，往往造成知其然而不知其所以然。下面列举两个例子。

(1) 读者可能对 OSI 参考模型与 TCP/IP 参考模型的概念产生混淆，因为两种模型之间有很多相似之处。其实,OSI 参考模型是在其协议开发之前设计出来的,也就是说,它不是针对某个协议族设计的,因而更具有通用性。而 TCP/IP 模型是在 TCP/IP 协议栈出现后出现的,也就是说,TCP/IP 模型是针对 TCP/IP 协议栈的,并且与 TCP/IP 协议栈非常吻合。但是必须注意,TCP/IP 模型描述其他协议栈并不合适,因为它具有很强的针对性。说到这里读者可能更迷惑了,既然 OSI 参考模型没有在数据通信中占有主导地位,那为什么还花费这么大的篇幅来描述它呢? 其实,虽然 OSI 参考模型在协议实现方面存在很多不足,但是,OSI 参考模型在计算机网络的发展过程中起到了非常重要的作用,并且,它对未来计算机网络的标准化、规范化的发展有很重要的指导意义。

(2) 再例如,在介绍原码、反码和补码时,往往只给出其定义和举例表示,而对最后为什么在计算机中采取补码表示数值? 浮点数在计算机中是如何表示的? 字节类型、短整型、整型、长整型、浮点数的范围是如何确定的? 下面我们来回答这些问题(以 8 位数为例),原码不能直接运算,并且 0 的原码有＋0 和－0 两种形式,即 00000000 和 10000000,这样肯定是不行的,如果根据原码计算设计相应的门电路,由于要判断符号位,设计的复杂度会大大增加,不合算;为了解决原码不能直接运算的缺点,人们提出了反码的概念,但是 0 的反码还是有＋0 和－0 两种形式,即 00000000 和 11111111,这样是不行的,因为计算机在计算过程中,不能判断遇到 0 是＋0 还是－0;而补码解决了 0 表示的唯一性问题,即不会存在＋0 和－0,因为＋0 是 00000000,它的补码是 00000000,－0 是 10000000,它的反码是 11111111,再加 1 就得到其补码是 100000000,舍去溢出量就是 00000000。知道了计算机中数用补码表示和 0 的唯一性问题后,就可以确定数据类型表示的取值范围了,仍以字节类型为例,一个字节共 8 位,有 00000000～11111111 共 256 种结果,由于 1 位表示符号位,7 位表示数据位,正数的补码好说,其范围从 00000000～01111111,即 0～127;负数的补码为 10000000～11111111,其中,11111111 为－1 的补码,10000001 为－127 的补码,那么到底 10000000 表示什么最合适呢? 8 位二进制数中,最小数的补码形式为 10000000;它的数值绝对值应该是各位取反再加 1,即为 01111111＋1＝10000000＝128,又因为是负数,所以是－128,即其取值范围是－128～127。

3. 可读性

图书的内容要深入浅出,使人爱看、易懂。一本书要做到可读性好,必须做到"善用比喻,实例为王"。什么是深入浅出? 就是把复杂的事物简单地描述明白。把简单事情复杂化的是哲学家,而把复杂的问题简单化的是科学家。编写教材时要以科学家的眼光去编写,把难懂的定义,要通过图形或者举例进行解释,这样能达到事半功倍的效果。例如,在数据库中,第一范式、第二范式、第三范式、BC 范式的概念非常抽象,很难理解,但是,如果以一个教务系统中的学生表、课程表、教师表之间的关系为例进行讲解,从而引出范式的概念,学生会比较容易接受。再例如,在生物学中,如果纯粹地讲解各个器官的功能会比较乏味,但是如果提出一个问题,如人的体温为什么是 37℃? 以此为引子引出各个器官的功能效果要好得多。再例如,在讲解数据结构课程时,由于定义多,表示抽象,这样达不到很好的教学效果,可以考虑在讲解数据结构及其操作时用程序给予实现,让学生看到直接的操作结果,如压栈和出栈操作,可以把 PUSH() 和 POP() 操作实现,这样效果会好很多,并且会激发学生的学习兴趣。

4. 自学性

一本书如果适合自学学习,对其语言要求比较高。写作风格不能枯燥无味,让人看一眼就拒人千里之外,而应该是风趣、幽默,重要知识点多举实际应用的案例,说明它们在实际生活中的应用,应该有画龙点睛的说明和知识背景介绍,对其应用需要注意哪些问题等都要有提示等。

一书在手,从第一页开始的起点到最后一页的终点,如何使读者能快乐地阅读下去并获得知识?这是非常重要的问题。在数学上,两点之间的最短距离是直线。但在知识的传播中,使读者感到"阻力最小"的书才是好书。如同自然界中没有直流的河流一样,河水在重力的作用下一定沿着阻力最小的路径向前进。知识的传播与此相同,最有效的传播方式是传播起来损耗最小,阅读起来没有阻力。

是为序。

欢迎老师投稿:bailj@tup.tsinghua.edu.cn。

2014 年 12 月 15 日

前 言

　　"数据结构与算法"是计算机科学与技术专业的一门重要的专业基础课和核心课程。众所周知,计算机科学是一门研究数据表示和数据处理的科学。数据是计算机可以直接处理的最基本和最重要的对象,无论是进行科学计算、数据处理、过程控制,还是对文件的存储和检索及数据库技术应用等,都是对数据进行加工处理的过程。因此,要设计出一个结构好、效率高的程序,必须研究数据的特性、数据间的相互关系及其对应的存储表示,并利用这些特性和关系设计出相应的算法和程序。

　　随着现代软件工业的飞速发展,以及面向对象程序设计思想及组件技术的发展,软件开发方式和过去相比已经有了很大的变化。各种开发工具如雨后春笋般不断涌现。这些开发工具大部分都能够自动完成程序中一些机械的代码,并隐藏了其中的实现细节。对于一些简单的应用程序,程序员关注的焦点不再是数据结构和算法,而是用户界面、可重用性、开发效率等。然而,无论软件工程如何发展,开发工具如何进步,再先进的控件、再复杂的类库也需要人来写,必须懂得算法和数据结构才能写出这些类库和控件。学习数据结构和算法并不仅仅要求我们学会如何使用和实现某种数据结构,更重要的是学会分析解决问题的思想和方法。只要我们的计算机体系不变,数据结构和算法仍然是程序的核心,永远不会被淘汰。打好"数据结构和算法"这门课程的扎实基础,对于学习计算机专业的其他课程,如操作系统、数据库管理系统、软件工程、编译原理、人工智能等都是十分有益的。

　　编者从事计算机专业教学二十多年,多次讲授"数据结构与算法"这门课程,在认真总结这二十多年教学经验和体会的基础上,结合现阶段大学生的素质特点和学习现状,参考了许多相关的教材,面向应用型本科院校的计算机及相关专业的学生编写了这本教材。在编写教材时力求突出学科的理论与实践紧密结合的特征,结合实例讲解理论,使理论来源于实践,又进一步指导实践;同时还做到内容通俗易懂,易教易学,在教给学生计算机专业的基本理论和基本知识的同时,更注重培养学生分析问题、解决问题的能力。

　　本书共分为8章。第1章综述了数据、数据结构和算法等基本概念;第2章至第4章讨论了线性表,栈和队列,串、数组和广义表等简单的线性结构及应用;第5章、第6章对树、二叉树以及图等复杂的层次结构和网状结构进行了探讨;第7章、第8章讨论了各种查找方法和内部排序方法。每一部分除了介绍各种数据结构和应用之外,还对重要算法从时间和空间上进行了分析和比较。除此之外,每章还配备了各种题型的练习题,供学生对所学知识加以巩固和强化。

本书具有以下特色：

（1）内容精练。内容的组织和编排以应用为主线。在内容的组织上遵循由浅入深、循序渐进的原则，按简单的线性结构、树形结构、图结构、查找和排序的次序安排主要教学内容。

（2）算法完整。每个算法都用标准 C 给出了完整描述。算法描述结构清晰、易读易理解，并对每个算法都做了大量注释，易于在主函数中调用运行。

（3）图文并茂。本教材配合主要内容设计了许多插图，以图例来展现问题的求解过程，从而降低了学生理解问题的复杂性。

（4）重点突出。每章开始给出本章的主要教学内容，使学生在学习之前就能明白需要重点掌握的知识；每章结束给出本章小结，对本章的重点内容进行梳理和总结，更有利于学生理解和复习。

（5）案例驱动。每种数据结构给出若干实例，以实例介绍各种数据结构的应用。而且每一章结束都有一个和实际问题相结合的应用实例，从问题描述、问题分析、程序设计到最终的数据测试和运行结果，使学生对如何把所学知识运用到实践中有更充分的了解和认识，从而提高学生分析问题和解决问题的能力。

（6）启发性强。编者精心编写了具有启发性的例题和各种题型的习题，引导学生的思维过程，加强学生对所学知识的理解和应用。

本书由刘晓华、肖进杰、唐焕玲、石艳荣和陈姝颖编写。其中，第 1 章、第 2 章由陈姝颖执笔；第 3 章、第 4 章由石艳荣执笔；第 5 章由肖进杰执笔；第 6 章由刘晓华执笔，第 7 章、第 8 章由唐焕玲执笔；刘晓华负责全书内容的统筹和修改。

本书的出版获 2014 年山东省普通高校应用型人才培养专业发展支持计划项目和 2011 年山东省高等学校省级精品课程建设项目资助。本书在编写过程中也得到了作者所在单位的同事们和清华大学出版社的大力支持和帮助，在此一并表示衷心的感谢。

由于编者水平有限，书中疏漏与不足之处在所难免，恳请各位专家和读者批评指正。编者的联系方式为 liuxiaohua@sdibt.edu.cn。

编　者

2015 年 5 月

目 录

第1章

绪　论

本章主要内容:

(1) 数据结构中的名词、术语及基本概念;

(2) 数据的逻辑结构与存储结构;

(3) 算法的 5 个重要特性及设计算法的原则;

(4) 算法的时间复杂度和空间复杂度分析。

　　随着计算机的广泛应用,计算机已不再局限于科学计算,而更多地用于数据处理、控制、信息管理及音频、视频等非数值计算的处理工作。用计算机求解任何问题都离不开程序设计,而程序设计的实质是数据表示和数据处理。数据要能被计算机处理,首先必须能够存储在计算机的内存中,这项任务称为数据表示,数据表示的核心任务是数据结构的设计;一个实际问题的求解必须满足各项处理要求,这项任务称为数据处理,数据处理的核心任务是算法设计。数据结构课程主要讨论数据表示和数据处理的基本问题。本章将概括地介绍数据结构的基本概念、基本思想和基本方法。

1.1　什么是数据结构

　　数据结构是计算机科学与技术专业的专业基础课,是十分重要的核心课程。所有的计算机系统软件和应用软件都要用到各种类型的数据结构。因此,要想有效地使用计算机、充分发挥计算机的性能,除了掌握几种计算机程序设计语言外,还必须学习和掌握好数据结构的有关知识。打好"数据结构"这门课程的扎实基础,对于学习计算机专业的其他课程,如操作系统、编译原理、数据库管理系统、软件工程、人工智能等都是十分有益的。

1.1.1　学习数据结构的目的

　　在计算机发展的初期,人们使用计算机的目的主要是处理数值计算问题。当使用计算机来解决一个具体问题时,一般需要经过下列几个步骤:首先要从该问题抽象出一个适当的数学模型,然后设计或选择一个解此数学模型的算法,最后编制出程序进行调试、测试,直至得到最终的解答。例如,求解梁架结构中应力的数学模型为线性方程组,该方程组可以使用迭代算法来求解;预报人口增长情况的数学模型为微分方程。

　　随着计算机应用领域的不断扩大和软、硬件技术的发展,非数值计算问题越来越显得重要。据统计,当今处理非数值计算性问题占用了 90％以上的机器时间。这类问题涉及的数据结构更为复杂,数据元素之间的相互关系一般无法用数学方程式加以描述。因此,解决这类问题的关键不再是数学分析和计算方法,而是要设计出合适的数据结构。下面列举几个例子来说明什么是数据结构。

例 1.1　学生信息检索系统。当需要查找某个学生的有关情况的时候,或者想查询某个专业或年级的学生的有关情况的时候,只要建立了相关的数据结构,按照某种算法编写了相关程序,就可以实现计算机自动检索。由此,可以在学生信息检索系统中建立一张按学号顺序排列的学生信息表和分别按姓名、专业、年级顺序排列的索引表,如图 1.1 所示。

学号	姓名	性别	专业	年级
100001	安金正	男	计算机科学与技术	10级
100002	付林	女	信息与计算科学	10级
110301	刘丽	女	数学与应用数学	11级
110302	曲超	男	信息与计算科学	11级
110303	孙明	男	计算机科学与技术	11级
120801	赵科	女	计算机科学与技术	12级
120802	朱琳	男	数学与应用数学	12级
130803	崔文靖	男	信息与计算科学	13级
130601	刘丽	女	计算机科学与技术	13级
130602	修云飞	男	数学与应用数学	13级

(a) 学生信息表

安金正	1
付林	2
刘丽	3, 9
曲超	4
孙明	5
赵科	6
朱琳	7
崔文靖	8
修云飞	10

(b) 姓名索引表

计算机科学与技术	1, 5, 6, 9
信息与计算科学	2, 4, 8
数学与应用数学	3, 7, 10

(c) 专业索引表

10级	1, 2
11级	3, 4, 5
12级	6, 7
13级	8, 9, 10

(d) 年级索引表

图 1.1　学生信息查询系统中的数据结构

由这 4 张表构成的文件便是学生信息检索的数学模型,计算机的主要操作便是按照某个特定要求(如给定姓名或学号)对学生信息文件进行查询。

诸如此类的还有图书馆的书目自动检索系统、电话自动查号系统、考试查分系统、仓库库存管理系统等。在这类文档管理的数学模型中,计算机处理的对象之间通常存在的是一种最简单的线性关系,这类数学模型可称为线性的数据结构。

例 1.2　计算机和人对弈问题。计算机之所以能和人对弈,是因为有人将对弈的策略事先存储在计算机中。由于对弈的过程是在一定规则下随机进行的,所以为使计算机能灵活对弈就必须对对弈过程中所有可能发生的情况以及相应的策略都考虑周全,并且,

一个"好"的棋手在对弈时不仅要看棋盘当时的状态,还应该能预测棋局发展的趋势,甚至最后结局。因此,在对弈问题中,计算机操作的对象是对弈过程中可能出现的棋盘状态,称为格局。例如,图 1.2(a)所示为井字棋的一个格局,而格局之间的关系式由比赛规则决定。通常,这个关系不是线性的,因为从一个棋盘格局可以派生出几个格局,例如,从图 1.2(a)可以派生出 5 个格局,如图 1.2(b)所示,而从每一个新的格局又可能派生出 4个可能出现的格局。因此,若将从对弈开始到结束的过程中所有可能出现的格局都画在一张图上,则可得到一棵倒长的"树"。"树根"是对弈开始之前的棋盘格局,而所有的"叶子"就是可能出现的结局,对弈的过程就是从树根沿树权到某个叶子的过程。"树"可以是某些非数值计算问题的数学模型,在这种模型中,数据间的关系是一对多的非线性关系,称之为树形结构。

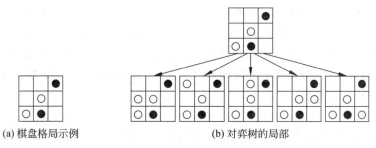

(a) 棋盘格局示例　　　　　　　　　(b) 对弈树的局部

图 1.2　井字棋对弈树

例 1.3　城市之间的公路网问题。假设在 n 个城市之间想建一条公路网,则连通 n个城市只需要 $n-1$ 条道路。设公路的建设费用与公路的长度成正比,那么如何在最节省经费的前提下建立这个公路网?

如图 1.3 所示,在城市公路网中,每个顶点代表一个城市,边表示城市之间的道路。在这种数据结构中,数据之间的关系是多对多的非线性关系,称这种数据结构为图形结

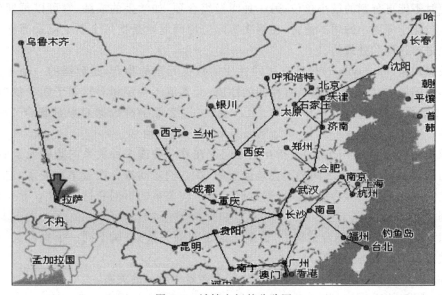

图 1.3　城镇之间的公路网

构。类似结构的还有多岔路口信号灯的设置、地图的染色问题及教学计划编排问题等。

由以上3个例子可见,描述这类非数值计算问题的数学模型不再是数学方程,而是诸如表、树、图之类的数据结构。因此,可以说数据结构课程主要是研究非数值计算的程序设计问题中所出现的计算机操作对象以及它们之间的关系和操作的学科。

学习数据结构的目的是了解和掌握计算机处理对象的特性,将实际问题中所涉及的处理对象在计算机中表示出来并对它们进行处理。同时,通过算法训练来提高学生的思维能力,通过程序设计的技能训练来促进学生的综合应用能力和专业素质的提高。

1.1.2　有关概念和术语

在系统地学习数据结构知识之前,先理解一些基本概念和术语的确切含义。

数据(data)是信息的载体,是对自然界客观事物的符号表示,它能够被计算机识别、存储和加工处理。它是计算机程序加工的原料,应用程序能处理各种各样的数据。计算机科学中,所谓数据就是计算机加工处理的对象,它可以是数值数据,也可以是非数值数据。数值数据是一些整数、实数或复数,主要用于工程计算、科学计算等;非数值数据包括图形、图像、语音、视频等。

数据元素(data element)是数据的基本单位,在计算机程序中通常作为一个整体进行考虑和处理。在不同的条件下,数据元素又可称为元素、结点、顶点、记录等。例如,学生信息检索系统中学生信息表中的一个记录、人机对弈问题中状态树的一个状态、城镇公路网问题中的一个顶点等,都被称为一个数据元素。

数据项(data item)是数据处理中的不可分割的、具有独立意义的最小标识单位。一个数据元素可由若干个数据项组成。例如,学籍管理系统中学生信息表的每一个数据元素就是一个学生记录。它包括学生的学号、姓名、性别、籍贯、出生年月、成绩等数据项。这些数据项可以分为两种:一种叫做初等项,如学生的性别、籍贯等,这些数据项是在数据处理时不能再分割的最小单位;另一种叫做组合项,如学生的成绩,它可以再划分为数学、物理、化学等更小的项。通常,在解决实际应用问题时是把每个学生记录当作一个基本单位进行访问和处理的。

数据对象(data object)是具有相同性质的数据元素的集合,是数据的一个子集。在某个具体问题中,数据元素都具有相同的性质(元素值不一定相等),属于同一数据对象。例如,整数数据对象是集合 $N=\{0,\pm1,\pm2,\cdots\}$,字母字符数据对象是集合 $C=\{'A','B',\cdots\}$。

数据结构(data structure)是指互相之间存在着一种或多种关系的数据元素的集合。在任何问题中,数据元素之间都不会是孤立的,在它们之间都存在着某种关系,这种数据元素之间的相互关系称为结构。根据数据元素之间关系的不同特性,通常有下列四类基本结构。

(1) 集合结构:在集合结构中,数据元素之间的关系是"属于同一个集合"。集合是元素关系极为松散的一种结构。

(2) 线性结构:该结构的数据元素之间存在着一对一的关系。

(3) 树形结构:该结构的数据元素之间存在着一对多的层次关系。

（4）图状结构：该结构的数据元素之间存在着多对多的关系，图状结构也称作网状结构。图 1.4 为表示上述四类基本结构的示意图。

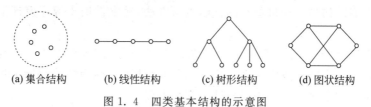

（a）集合结构　　　（b）线性结构　　　(c)树形结构　　　（d）图状结构

图 1. 4　四类基本结构的示意图

由于集合是数据元素之间关系极为松散的一种结构，因此也可用其他结构来表示。

从上面所介绍的数据结构的概念中可以知道，一个数据结构有两个基本要素，一个是数据元素的集合，另一个是关系的集合。在形式上，数据结构通常可以采用一个二元组来表示。

数据结构的形式定义为

数据结构是一个二元组

$$Data\_Structure = (D,R)$$

其中，D 是数据元素的有限集；R 是 D 上关系的有限集。

例 1.4　假设一个数据结构定义如下：

DS $=(D,R)$

$D=\{A,B,C,D,E,F,G,H\}$

$R=\{<A,B>,<A,C>,<C,D>,<C,E>,<D,F>,<D,G>,<E,H>\}$

则该数据结构的逻辑示意图如图 1.5 所示。

例 1.5　在计算机科学中，复数可取如下定义：

复数是一种数据结构：

$$Complex = (C,R)$$

其中，C 是含两个实数的集合 $\{c_1,c_2\}$；$R=\{P\}$，而 P 是定义在集合 C 上的一种关系 $\{<c_1,c_2>\}$，有序偶 $<c_1,c_2>$ 表示 c_1 是复数的实部，c_2 是复数的虚部。

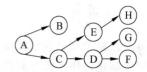

图 1.5　例 1.4 的逻辑结构示意图

上述数据结构的定义仅是对操作对象的一种数学描述，换句话说，是从操作对象抽象出来的数学模型。结构定义中的"关系"描述的是数据元素之间的逻辑关系，因此又称为数据的**逻辑结构**，它与数据的存储无关。然而，讨论数据结构的目的是为了在计算机中实现对它的操作，因此还需研究如何在计算机中表示它。

数据结构在计算机中的表示（又称映像）称为数据的**物理结构**（或称存储结构）。它所研究的是数据结构在计算机中的实现方法，包括数据结构中元素的表示及元素间关系的表示。在计算机中，可以用一个由若干位组合起来形成的位串表示一个数据元素，通常这个位串为元素（element）或结点（node）。如果数据元素由若干数据项构成，位串中对应于各个数据项的子位串叫做数据域（data field）。因此，元素或者结点可以看成是数据元素在计算机中的映像。

在计算机中，数据的存储结构包括以下几种。

（1）**顺序存储**：把逻辑上相邻的元素存储在物理位置相邻的存储单元中，借助元素在存储器中的相对位置来表示元素之间的逻辑关系，由此得到的存储表示称为顺序存储结构。顺序存储结构是一种最基本的存储表示方法，通常借助于程序设计语言中的数组来实现。

（2）**链式存储**：逻辑上相邻的元素存储位置不一定相邻，它借助指示元素存储地址的指针来表示元素之间的逻辑关系，由此得到的存储表示称为链式存储结构。链式存储结构通常借助于程序设计语言中的指针类型来实现。

（3）**索引存储**：在存储结点信息的同时，再建立一个附加的索引表，然后利用索引表中索引项的值来确定结点的实际存储单元地址。索引表中的每一项称为索引项，索引项的形式为（关键字，地址），关键字能唯一标识一个元素。

（4）**散列存储**（也称哈希存储）：这种存储方法的基本思想是根据结点的关键字直接计算出结点的存储地址。方法是把结点的关键字作为自变量，通过一个称为哈希函数（Hash）的计算规则，确定出该结点的确切存储单元地址。

数据的逻辑结构和物理结构是密切相关的两个方面，任何一个算法的设计取决于选定的数据（逻辑）结构。同一种逻辑结构采用不同的存储方法，可以得到不同的存储结构。选取哪种存储结构来表示相应的逻辑结构视具体的情况而定，要考虑数据的运算是否方便及相应算法的时间复杂度和空间复杂度的要求；而算法的实现依赖于采用的存储结构。

1.2   数据类型和抽象数据类型

1.2.1   数据类型

数据类型是和数据结构密切相关的一个概念。它最早出现在高级程序设计语言中，用来描述程序中操作对象的特性。在用高级语言编写的程序中，每个变量、常量或表达式都有一个它所属的确定的数据类型。类型显式地或隐含地规定了在程序执行期间变量或表达式所有可能的取值范围，以及在这些值上允许进行的操作。因此，**数据类型**（data type）是一个值的集合和定义在这个值集上的一组操作的总称。

在高级程序设计语言中，数据类型可分为两类：一类是原子类型；另一类是结构类型。原子类型的值是不可分解的，如 C 语言中的整型、字符型、浮点型、双精度型等基本类型。而结构类型的值是由若干成分按某种结构组成的，因此是可分解的，并且它的成分可以是非结构的，也可以是结构的。例如，数组的值由若干分量组成，每个分量可以是整数，也可以是数组等。在某种意义上，数据结构可以看成是"一组具有相同结构的值"，而数据类型则可被看成是由一种数据结构和定义在其上的一组操作所组成的。

1.2.2   抽象数据类型

抽象数据类型（Abstract Data Type，ADT）是指一个数学模型以及定义在该模型上的一组操作。抽象数据类型的定义取决于它的一组逻辑特性，而与其在计算机内部如何表示和实现无关。即不论其内部结构如何变化，只要它的数学特性不变，都不影响其外部的使用。

抽象数据类型和数据类型实质上是一个概念。例如,各种计算机都拥有的整数类型就是一个抽象数据类型,尽管它们在不同处理器上的实现方法可以不同,但由于其定义的数学特性相同,在用户看来都是相同的。因此,"抽象"的意义在于数据类型的数学抽象特性。

但在另一方面,抽象数据类型的范畴更广,它不再只局限于前述各处理器中已定义并实现的数据类型,还包括用户在设计软件系统时自己定义的数据类型。为了提高软件的重用性,在近代程序设计方法学中,要求在构成软件系统的每个相对独立的模块上定义一组数据和施于这些数据上的一组操作,并在模块的内部给出这些数据的表示及其操作的细节,而在模块的外部使用的只是抽象的数据及抽象的操作。这种处理方式就是面向对象的程序设计方法。

抽象数据类型的定义可以由一种数据结构和定义在其上的一组操作组成,而数据结构又包括数据元素及元素间的关系,因此抽象数据类型一般可以由元素、关系及操作 3 种要素来定义。抽象数据类型的三元组表示形式为 (D,S,P),其中,D 是数据对象,S 是 D 上的关系集,P 是对 D 的基本操作集。本书对抽象数据类型的格式定义如下:

ADT 抽象数据类型名{
  数据对象:＜数据对象的定义＞
  数据关系:＜数据关系的定义＞
  基本操作:＜基本操作的定义＞
}ADT 抽象数据类型名

其中,数据对象和数据关系的定义用伪码描述,基本操作的定义格式为

基本操作名(参数表)
操作结果:＜操作结果描述＞

"操作结果"说明了操作正常完成之后,数据结构的变化情况和应返回的结果。

例 1.6 抽象数据类型三元组的定义。

ADT Triplet {
  数据对象:$D=\{e_1,e_2,e_3\}e_1,e_2,e_3\in$ ElemSet(定义了关系运算的某个集合)
  数据关系:$R_1=\{<e_1,e_2>,<e_2,e_3>\}$
  基本操作:
    InitTriplet(T,v_1,v_2,v_3)
    操作结果:构造三元组 T,元素 e_1、e_2 和 e_3 分别被赋以参数 v_1、v_2 和 v_3 的值。
    DestroyTriplet(T)
    操作结果:三元组 T 被销毁。
    Get(T,i,e)
    操作结果:用 e 返回 T 的第 i 元的值。
    Put(T,i,e)
    操作结果:改变 T 的第 i 元的值为 e。
    IsAscending(T)
    操作结果:如果 T 的 3 个元素按升序排列,则返回 1,否则返回 0。

IsDescending(T)

操作结果：如果 T 的 3 个元素按降序排列,则返回 1,否则返回 0。

Max(T,e)

操作结果：用 e 返回 T 的 3 个元素中的最大值。

Min(T,e)

操作结果：用 e 返回 T 的 3 个元素中的最小值。

}ADT Triplet

　　抽象数据类型有两个重要特征：一是**数据抽象**,用 ADT 描述程序处理的实体时,强调的是其本质的特征、其所能完成的功能以及它和外部用户的接口(即外界使用它的方法);二是**数据封装**,在抽象数据类型设计时,把类型的定义与其实现分离开来,并且对外部用户隐藏其内部实现细节。

　　本书在讨论各种数据结构时,针对其逻辑结构和具体的存储结构给出相应的数据类型,并用标准 C 编写算法,实现各种相关操作。为此,给出一些常用量和类型的定义。

　　(1) 预定义常量和类型:

```
/* 函数结果状态代码 */
#define TRUE 1
#define FALSE 0
#define OK 1
#define ERROR 0
#define INFEASIBLE -1
#define OVERFLOW -2
```

　　(2) typedef int Status;/* Status 是函数类型,其值是函数结果状态代码,如 OK 等 */

typedef int Boolean;/* Boolean 是布尔类型,其值是 TRUE 或 FALSE */

　　(3) 数据结构的表示(存储结构)用类型定义(typedef)描述。数据元素类型约定 ElemType,由用户在使用该数据类型时自行定义。

　　(4) 基本操作的算法用以下形式的函数描述:

```
函数类型　函数名 (函数参数表)
{　/* 算法说明 */
　　语句序列
}/* 函数名 */
```

　　(5) 当函数返回值为函数结果状态代码时,函数定义为 Status 型。为了便于算法描述,除了值调用方式外,还增添了 C++ 语言的引用调用的参数传递方式。在形参表中,以 & 开头的参数即为引用参数。

1.3　算法与算法分析

1.3.1　算法的特性

　　算法与数据结构紧密相关,在算法设计时先要确定相应的数据结构,而在讨论某一种数据结构时也必然会涉及相应的算法。下面就从算法特性、算法描述、算法性能分析与度量 3 个方面对算法进行介绍。

算法(algorithm)是对特定问题求解步骤的一种描述,是指令的有限序列。算法中的每一条指令表示一个或多个操作。一个算法应该具有以下重要特性:

(1) 有穷性。一个算法必须在经过(对任何合法的输入)有穷步骤之后结束,即每一步必须在有限时间内完成。

(2) 确定性。算法的每一步必须有确切的定义,就是说,算法所有有待执行的动作必须严格地规定和描述,不能模棱两可、含混不清,不能存在二义性(即有不同的解释)。并且,在任何条件下,算法只有唯一的一条执行路径,即对于相同的输入只能得出相同的输出。

(3) 可行性。算法中的每一步都可以通过已经实现的基本运算的有限次执行得以实现。只要算法中有一个操作是不可执行的,整个算法就不具备可行性。

(4) 输入。一个算法具有零个或多个输入。作为算法加工对象的量值,输入通常体现为算法中的一组变量。有些输入量需要在算法执行过程中输入,而有的算法表面上可以没有输入,实际上已被嵌入算法之中。

(5) 输出。一个算法具有一个或多个输出。输出是一组与“输入”有确定关系的量值,是算法进行信息加工后得到的结果,没有输出结果的算法是没有任何意义的。

算法的含义与程序十分相似,但又有区别。一个程序不一定满足有穷性。例如,操作系统,只要整个系统不遭破坏,它将永远不会停止,即使没有作业需要处理,它仍处于动态等待中。因此,操作系统不是一个算法,而是一个程序。同时,程序中的指令必须是机器可执行的,而算法中的指令则无此限制。算法代表了对问题的解,而程序则是算法在计算机上的特定的实现。一个算法若用程序设计语言来描述,它就是一个程序。

算法与数据结构是相辅相成的。解决某一特定类型问题的算法可以选定不同的数据结构来实现,而且选择恰当与否直接影响算法的效率。反之,一种数据结构的优劣由各种算法的执行来体现。

要设计一个好的算法通常要达到以下几方面的要求。

(1) 正确性。算法应当满足具体问题的需求。通常一个大型问题的需求要以特定的规格说明的方式给出,而一个实习问题或者练习题往往就不那么严格,目前多数是用自然语言描述需求,它至少应当包括对输入、输出和加工处理等的明确的无歧义的描述。设计或者选择的算法应当能正确地反映这种需求,否则,算法的正确与否就无法衡量。

(2) 可读性。一个算法应当思路清晰、层次分明、简单明了、易读易懂。算法主要是人与人之间交流解题思路和进行软件设计的工具,其次才是机器执行。同时,可读性好的算法有助于人对算法的理解,其程序的可维护性、可扩展性都要好得多,而晦涩难懂的算法易于隐蔽较多的错误,难以调试和修改。

(3) 健壮性。当输入不合法数据时,应当给出适当处理,不至于引起严重后果。要全面细致地考虑所有可能的边界情况,并对这些边界条件做出完备的处理,尽可能使算法没有意外的情况。并且,处理出错的方法应是返回一个表示错误或者错误性质的值,而不是打印错误信息或异常,并中止程序的执行。

（4）高效率与低存储量需求。通常,效率指的是算法执行时间;存储量指的是算法执行过程中所需的最大存储空间,二者都与问题的规模有关。

1.3.2　算法描述

算法是问题求解方法及过程的精确描述,描述算法的工具直接影响着算法的质量。算法的表示方法很多,下面介绍几种常用的算法表示方法。

（1）自然语言算法描述:用人类自然语言(如英文、中文和韩文等)来描述算法,同时还可插入一些程序设计语言中的语句来描述,这种方法也称为非形式算法描述。这种方法比较容易被人们接受和理解,其优点是简单且便于人们对算法的阅读;缺点是直观性差,不够严谨,复杂的算法难写难读。

（2）框图算法描述:这是一种图示法,可以使用传统的流程图、N-S图、方框图等算法描述工具。这种方法在算法研究的早期很流行。它的优点是直观、易懂,但用来描述比较复杂的算法时就显得不太方便,也不够清晰。

（3）伪码语言算法描述:伪码语言介于高级程序设计语言和自然语言之间,它忽略高级程序设计语言中一些严格的语法规则与描述细节,因此它比程序设计语言更容易描述和被人理解,而比自然语言更接近程序设计语言。它虽然不能直接在机器上编译和运行,但很容易被转换成高级语言。例如专业设计人员经常使用的类C语言。

（4）高级程序设计语言描述:可以直接使用某种程序设计语言来描述算法,它可在计算机上运行并获得结果,使给定问题在有限时间内被求解,通常这种算法也称为程序。

1.3.3　算法效率的度量

求解一个给定的问题,往往可以设计出很多算法,那么如何评价这些算法的优劣呢?除了要满足上文提到的几个基本要求外,还要考虑执行算法所耗费的时间和所占用的存储空间。算法效率就是指时间效率和空间效率。

1. 时间复杂度

算法执行时间需通过依据该算法编制的程序在计算机上运行时所消耗的时间来度量。而度量一个程序的执行时间通常有两种方法。

（1）事后统计法。

因为很多计算机内部都有计时功能,有的甚至可精确到毫秒,不同算法的程序可通过一组或若干组相同的统计数据以分辨优劣。但这种方法有缺陷:一是必须先运行依据算法编制的程序;二是所得时间的统计量依赖于计算机的硬件、软件等环境因素,有时容易掩盖算法本身的优劣。

（2）事前分析法。

当将一个算法转换成程序在计算机上执行时,其运行所需要的时间取决于下列因素。

① 硬件的速度。硬件的速度即主机本身的运行速度,主要与 CPU 的主频和字长有关,也与主机系统的技术有关。

② 算法所采用的策略。采用不同设计思路与解题方法,其时间代价和空间代价是不一样的。

③ 编写程序的语言。实现算法的语言级别越高,其执行效率就越低。

④ 编译程序所生成目标代码的质量。对于代码优化较好的编译程序,其所生成的程序质量较高。

⑤ 问题的规模。例如,求 100 以内的素数与求 1000 以内的素数其执行时间必然是不同的。

显然,同一个算法用不同的语言实现,或者用不同的编译程序进行编译,或者在不同的计算机上运行时效率都不同。也就是说,使用执行算法的绝对时间来衡量算法的效率是不合适的。撇开这些与计算机硬件、软件有关的因素,可以认为一个特定算法"运行工作量"的大小就只依赖于问题的规模(通常用正整数 n 表示),或者说它是问题规模的函数。

一个算法是由控制结构(顺序、分支和循环 3 种)和原操作(指算法中的最基本的操作)构成的,其执行时间取决于二者的综合效果。为了便于比较同一问题的不同的算法,通常的做法是:从算法中选取一种对于所研究的问题来说是基本运算的原操作,以该原操作重复执行的次数作为算法的时间度量。

例 1.7 如下所示是两个 $N \times N$ 矩阵相乘的算法。

```
for(i=1;i<=n;++i)                          /* n+1 次 */
    for(f=1;j<=n;++j)                      /* n(n+1)次 */
        { c[i][j]=0;                       /* n² 次 */
            for(k=1;k<=n;++k) /* n²(n+1)   /n²(n+1)次 */
                c[i][j]+=a[j][k]*b[k][j];  }    /* n³ 次 */
```

其中,每一条语句的频度在注释中说明。把算法所耗费的时间定义为该算法中每条语句的频度之和,则该算法的时间耗费 $T(n)$ 可表示为

$$T(n) = 2n^3 + 3n^2 + 2n + 1$$

显然,它是矩阵的阶(该问题的规模)n 的某个函数 $f(n)$。随着问题规模 n 的增长,算法执行时间的增长率和 $f(n)$ 的增长率相同,称 $T(n)$ 为算法的**渐近时间复杂度**(asymptotic time complexity),简称**时间复杂度**,记作:

$$T(n) = O(f(n))$$

在许多情况下,精确地计算 $T(n)$ 是困难的,实际上是把算法的基本操作总数表示为问题规模 n 的函数之后,寻找出当问题规模 n 趋于无穷大时该函数的同阶最简形式,即渐近形态下的同阶最简函数,有时也简称为渐近阶。例如,矩阵相乘算法的时间复杂度为 $O(n^3)$。

问题的规模是指算法中要处理的数据量的规模,通常用一个整型量 n 来表示。对于求解不同的问题,规模 n 具有不同的值。例如,矩阵求解是它的行数或列数,行列式求解是它的阶数,在排序问题中是待排序元素的个数,在检索问题中是待检索对象的个数,在树中是结点的个数,在图中是顶点个数或边的条数,等等。

被称作问题的基本操作的原操作应是其重复执行次数和算法的执行时间成正比的原

操作,多数情况它是最深层循环内的语句的原操作,它的执行次数和包含它的语句的频度相同。语句的频度指的是该语句重复执行的次数。算法中频度最大的语句的频度与算法中每条语句频度的和 $T(n)$ 是同阶函数,所以人们在计算算法时间复杂度时,往往只需考虑算法中频度最大的语句频度即可。例如,对于下面的程序段:

```
x=0;
for(i=1;j<n;i++)
    for(j=1;j<i;i++)
        for(k=1;k<j;k++)
            x++;
```

只需关心程序段中执行频度最大的语句——最内层循环的循环体语句 x++,它的执行次数是:

$$\sum_{i=1}^{n}\sum_{j=1}^{i}\sum_{k=1}^{j}1 = \sum_{i=1}^{n}\sum_{j=1}^{i}j = \sum_{i=1}^{n}\frac{1}{2}i(i+1) = \frac{1}{3}(n^3+3n^2+2n)$$

由于 n^3 是它的渐近性态下的同阶最简函数,可得上述程序段的时间复杂度为 $O(n^3)$。

再如,下列 3 个程序段中:

```
(a) {++x;s=0;}
(b) for(i=1;i<=n;++i) {++x;s+=x;}
(c) for(j=1;j<=n;++j)
        for(k=1;k<=n;++k) {++x; s+=x;}
```

含基本操作"x 增 1"的语句的频度分别为 1、n 和 n^2,则这 3 个程序段的时间复杂度分别为 $O(1)$、$O(n)$ 和 $O(n^2)$,分别称为常数阶、线性阶和平方阶。

通常用 $O(1)$ 表示常数计算时间。常见的渐进时间复杂度有:

$$O(1)<O(\log_2 n)<O(n)<O(n\log_2 n)<O(n^2)<O(n^3)<O(2^n)$$

2. 空间复杂度

一个算法的**空间复杂度**(space complexity)是指算法运行从开始到结束所需的存储空间。

一个算法在计算机存储器上所占用的存储空间包括存储算法本身所占用的存储空间、算法的输入、输出数据所占用的存储空间和算法在运行过程中临时占用的存储空间 3 个方面。算法的输入、输出数据所占用的存储空间是由要解决的问题决定的,是通过参数表由调用函数传递而来的,它不随着算法的不同而改变。存储算法本身所占用的存储空间与算法书写的长短成正比,要压缩这方面的存储空间,就必须编写出较短的算法。算法在运行过程中临时占用的存储空间随着算法的不同而异,有的算法只需要占用少量的临时工作单元,而且不随着问题规模的大小而改变,称这种算法是"就地"工作的,是节省存储空间的算法;有的算法需要占用的临时工作单元数与解决问题的规模 n 有关,它随着 n 的增大而增大,当 n 较大时,将占用较多的存储单元。例如,100 个数据元素的排序算法与 1000 个数据元素的排序算法所需的存储空间显然是不同的。类似于算法的时间复杂度,一般以空间复杂度作为算法所需存储空间的量度,它是问题规模的函数,记作:

$$S(n) = O(g(n))$$

表示随着问题规模 n 的增大,算法运行所需要存储量的增长率与 $g(n)$ 的增长率相同。例如,当一个算法的空间复杂度为一个常量,即不随着被处理数据量 n 的大小而改变时,可以表示为 $O(1)$;当一个算法的时间复杂度与规模 n 成线性比例关系时,可以表示为 $O(n)$。

分析一个算法的优劣要从时间复杂度和空间复杂度两个方面综合考虑。但对于一个算法,有时这两个方面往往是相互影响的。当寻求一个较好的时间复杂度时,可能会使空间复杂度的性能变差,即可能导致占用较多的存储空间;反之,当寻求一个较好的空间复杂度时,可能会使时间复杂度的性能变差,即可能导致占用较长的运行时间。另外,算法的所有性能之间都存在或多或少的相互影响。因此,当设计一个算法(特别是大型算法)时,要综合考虑算法的各项性能、算法的使用频率、算法处理的数据量的大小、算法描述语言的特性、算法运行的机器系统环境等因素,才能够设计出比较好的算法。

本 章 小 结

(1) 数据结构是相互之间存在一种或多种特定关系的数据元素的集合。它包含两个方面:逻辑结构和存储结构。

(2) 逻辑结构表示的是数据元素之间的关系。它包含线性结构、树形结构、图形结构和集合结构。

(3) 存储结构是逻辑结构在计算机内存中的表示。它包含顺序存储、链式存储、索引存储和散列存储。

(4) 算法是进行程序设计的不可缺少的要素。它是对问题求解的一种描述,是为解决一个或一类问题而给出的一种确定规则的描述。一个完整的算法应该具备 5 个重要特性:有穷性、确定性、可行性、有输入和有输出。

(5) 算法的评价指标主要有正确性、可读性、健壮性和高效性 4 个方面。在高效性方面,又包括算法执行的时间效率和所占用的空间效率。

(6) 一个算法的好坏要用时间复杂度和空间复杂度来衡量。一个算法的时间复杂度和空间复杂度越低,则算法的执行效率就越高。

习 题 1

一、选择题

1. 在数据结构中,从逻辑上可以将其分为(　　)。
    A. 动态结构和静态结构　　　　　　B. 紧凑结构和非紧凑结构
    C. 内部结构和外部结构　　　　　　D. 线性结构和非线性结构
2. 数据结构中数据元素之间的逻辑关系称为(　　)。
    A. 数据的存储结构　　　　　　　　B. 数据的基本操作

    C. 程序的算法   D. 数据的逻辑结构

3. 顺序存储设计时,存储单元的地址(　　)。
    A. 一定连续   B. 一定不连续
    C. 不一定连续   D. 部分连续,部分不连续

4. 可以用(　　)定义一个完整的数据结构。
    A. 数据元素   B. 数据对象
    C. 数据关系   D. 抽象数据类型

5. 算法分析的目的是(　　)。
    A. 找出数据结构的合理性   B. 研究算法的输入和输出的关系
    C. 分析算法的效率以求改进   D. 分析算法的易懂性和文档性

6. 计算机识别、存储和加工处理的对象统称为(　　)。
    A. 数据   B. 数据元素
    C. 数据结构   D. 数据类型

7. 算法的时间复杂度取决于(　　)。
    A. 问题的规模   B. 待处理数据的动态
    C. 数据的已知量   D. 编程的语言

8. 在决定选取何种存储结构时,一般不考虑(　　)。
    A. 各结点的值如何   B. 结点个数的多少
    C. 对数据有哪些运算   D. 所用的编程语言实现这种结构是否方便

9. 数据结构在计算机内存中的表示是指(　　)。
    A. 数据的存储结构   B. 数据结构
    C. 数据的逻辑结构   D. 数据元素之间的关系

二、填空题

1. 数据的物理结构包括_____的表示和_____的表示。

2. 对于给定的 n 个元素,可以构造出的逻辑结构有_____、_____、_____、_____。

3. 数据结构是研究数据的_____和_____以及它们之间的关系,并对于这种结构定义相应的_____,设计出相应的_____。

4. 算法具有 5 个特性,分别是_____、_____、_____、有输入和有输出。

5. 算法的效率可分为_____效率和_____效率。

6. 设待处理问题的规模为 n,若一个算法的时间复杂度为一个常数,则表示成数量级的形式为_____,若为 $n\log_2 5n$,则表示成数量级的形式为_____。

7. 假设有如下遗产继承规则:丈夫和妻子可以相互继承遗产;子女可以继承父亲、母亲的遗产;子女间不能相互继承,则表示该遗产继承关系的最合适的数据结构是_____。

8. _____是数据的基本单位,在计算机程序中通常作为一个整体进行考虑和处理。

9. 计算机执行下面的语句时,语句 s 的执行次数为_____。

```
for(i=1;i<=n-1;i++)
    for(j=n;j>=i;j--)
        s++;
```

三、判断题

1. 数据元素是数据的最小单位。　　　　　　　　　　　　　　　（　　）
2. 记录是数据处理的最小单位。　　　　　　　　　　　　　　　（　　）
3. 数据的逻辑结构是指数据的各数据项之间的逻辑关系。　　　（　　）
4. 程序一定是算法。　　　　　　　　　　　　　　　　　　　　　（　　）
5. 顺序存储结构中有时也存储数据结构中元素之间的关系。　　（　　）
6. 数据逻辑结构是数据元素之间的顺序关系,它依赖于计算机的存储结构。（　　）
7. 算法的时间复杂度都要通过算法中的基本语句的执行次数来确定。（　　）

四、应用题

1. 设有数据结构(D,R),其中:
$$D = \{d_1,d_2,d_3,d_4\}, R = \{r\}, r = \{(d_1,d_2),(d_2,d_3),(d_3,d_4)\}$$
试按图论中图的画法惯例画出其逻辑结构图并说明其属于何种数据结构。

2. 设 n 为正整数。试确定下列各程序段中前置以记号@的语句的频度及各算法的时间复杂度。

(1)
```
i=1; k=0;
    while(i<=n-1) {
    @ k+=10 * i;
        i++;}
```

(2)
```
k= 0;
    for(i=1;i<=n;i++) {
    for(j=i;j<=n;j++)
        @ k++;}
```

(3)
```
for(i=1;i<=n;i++) {
    for(j=1;j<=i;j++)
    for(k=1;k<=j;k++)
        @ x+=delta;}
```

(4)
```
i=1; j=0;
    while(i+j<=n){
    @ if(i>j)j++;
        else i++; }
```

五、算法设计题

1. 试写一算法,由大至小依次输出顺序读入的 3 个整数 X、Y 和 Z 的值。并估算算法的比较次数和移动次数。

2. 设有 A、B、C、D、E 共 5 个高等院校进行田径对抗赛,各院校的单项成绩均已存入计算机,并构成一张表,表中每一行的形式为

<u>项目名称　性　别　校　名　成　绩　得　分</u>

编写算法,处理上述表格,以统计各院校的男、女总分和团体总分,并输出。

3. 用 C 语言编写在输入的 n 个数中找最大数或最小数的程序,并讨论算法的时间复杂度和空间复杂度。

第2章　线性表

本章主要内容:

(1) 线性表的逻辑结构定义及其特点;

(2) 线性表的顺序存储结构的特点及其基本操作;

(3) 线性表的链式存储结构的特点及其基本操作;

(4) 循环链表和双向链表的基本操作。

2.1　线性表的逻辑结构

线性表是线性结构的抽象,它是最简单、最基本,也是最常用的数据结构,数据元素之间仅具有单一的前趋和后继关系。几乎所有的线性关系都可以用线性表来表示。在实际问题中线性表的例子很多,如图书信息登记表、电话号码簿等。它有两种存储方法:顺序存储和链式存储。线性表的基本操作包括插入、删除和检索等。

2.1.1　线性表的定义

线性表(linear list)是具有相同数据类型的 $n(n \geqslant 0)$ 个数据元素的有限序列,通常记为

$$(a_1, a_2, \cdots, a_{i-1}, a_i, a_{i+1}, \cdots, a_n)$$

其中:

(1) n 为线性表的表长,当 $n=0$ 时称为空表。

(2) 表中的元素 $a_i(1 \leqslant i \leqslant n)$ 称为第 i 个数据元素,i 是元素在表中的位置或序号。

至于每个数据元素的具体含义,在不同的情况下各不相同,它可以是一个数或一个符号,也可以是一页书,甚至其他更复杂的信息。例如,26 个英文字母的字母表是一个线性表:

$$(A, B, C, D, \cdots, Z)$$

其中的数据元素就是 26 个大写字母,表的长度为 26。再如,(3,6,4,7,9)是一个线性表,表中的数据元素是整数类型。

在稍复杂的线性表中,一个数据元素可以由若干个数据项(item)组成。在这种情况下常把数据元素称为记录(record),含有大量记录的线性表又称为文件(file)。

例如,学生高考成绩表也是一个线性表,如图 2.1 所示。

其中的数据元素是每个学生所对应的信息,它
由学生的姓名、准考证号、性别和高考成绩共 4 个数
据项组成。

姓名	准考证号	性别	高考成绩
张丰	04273110	男	648
李天月	04273111	女	619
王辉	04273112	男	633
⋮	⋮	⋮	⋮
陈丽丽	04273169	女	645

图 2.1　学生高考成绩表

综合上述例子可见,线性表中的数据元素可以
是各种各样的,但同一线性表中的元素必定具有相
同的特性,即属于同一数据对象,相邻元素之间存
在着有序关系。因此,线性表的特点如下:

(1) 存在唯一的一个被称为"第一个"的数据元
素(没有前趋);

(2) 存在唯一的一个被称为"最后一个"的数据元素(没有后继);

(3) 除第一个数据元素之外,表中的每一个数据元素均只有一个唯一前趋;

(4) 除最后一个数据元素之外,表中的每一个数据元素均只有一个唯一后继。

2.1.2　线性表的抽象数据类型

在第 1 章中提到,数据结构的运算是定义在逻辑结构层次上的,而运算的具体实现是
建立在存储结构上的,因此下面定义的线性表的基本运算作为逻辑结构的一部分,每一个
操作的具体实现只有在确定了线性表的存储结构之后才能完成。线性表是一种相当灵活
的数据结构,其长度可根据需要增减,即对数据元素不仅可以访问,而且可以进行插入和
删除等。

线性表的抽象数据类型定义如下:

ADT List{
　　数据对象: $D=\{a_i\,|\,a_i\in \text{ElemSet},i=1,2,\cdots,n,n\geqslant0\}$
　　数据关系: $R_1=\{<a_{i-1},a_i>\,|\,a_{i-1},a_i\in D,i=2,3,\cdots,n\}$
　　基本操作:
　　　　InitList(L)
　　　　操作结果:构造一个空的线性表 L。
　　　　DestroyList(L)
　　　　操作结果:销毁线性表 L。
　　　　ClearList(L)
　　　　操作结果:将 L 重置为空表。
　　　　ListEmpty(L)
　　　　操作结果:若 L 为空表,则返回 TRUE,否则返回 FALSE。
　　　　ListLength(L)
　　　　操作结果:返回线性表中所含元素的个数。
　　　　GetElem(L,i,e)
　　　　操作结果:用 e 返回 L 中第 i($1\leqslant i\leqslant$ListLength(L))个数据元素的值。
　　　　LocateElem(L,e,compare())
　　　　操作结果:返回 L 中第一个与 e 满足关系 compare()的数据元素的位序。若这样的数据
　　　　　　元素不存在,则返回值为 0。

PriorElem(L,cur_e,pre_e)

操作结果：若 cur_e 是 L 的数据元素,并且不是第一个,则用 pre_e 返回它的前趋,否则操作失败,pre_e 无定义。

NextElem(L,cur_e,next_e)

操作结果：若 cur_e 是 L 的数据元素,并且不是最后一个,则用 next_e 返回它的后继,否则操作失败,next_e 无定义。

ListInsert(L,i,e)

操作结果：在 L 中第 i(1≤i≤ListLength (L)+1)个位置之前插入新的数据元素 e,L 的长度增加 1。

ListDelete(L,i,e)

操作结果：删除 L 的第 i(1≤i≤ListLength (L))个数据元素,并用 e 返回其值,L 的长度减少 1。

ListTraverse(L,visit())

操作结果：对 L 的每个数据元素调用一次函数 visit()。一旦 visit()失败,则操作失败。

}ADT List

需要说明的是：

(1) 某数据结构上的基本运算,不是它的全部运算,而是一些常用的基本的运算,而每一个基本运算在实现时也可能根据不同的存储结构派生出一系列相关的运算来。例如,线性表的查找在链式存储结构中还会有按序号查找；再如,插入运算也可能是将新元素 x 插入到适当位置上,等等。不可能也没有必要全部定义出它的运算集,掌握了某一数据结构上的基本运算后,其他的运算可以通过基本运算来实现,也可以直接实现。

(2) 在上面各操作中定义的线性表 L 仅仅是一个抽象在逻辑结构层次的线性表,尚未涉及它的存储结构,因此每个操作在逻辑结构层次上尚不能用具体的某种程序语言写出具体的算法,而算法的实现只有在存储结构确立之后才确定。

2.2 线性表的顺序存储与实现

2.2.1 顺序表

线性表的顺序存储是指在内存中用一组地址连续的存储单元依次存储线性表的各元素,用这种存储形式存储的线性表称为顺序表。由于内存中的地址空间是线性的,因此很容易想到用物理上的相邻实现数据元素之间的逻辑相邻关系。这组地址连续的存储空间的大小依线性表中的数据元素个数而定,线性表中第一个元素存放在这组空间的起始位置,第二个元素紧跟着存放在第一个元素之后……依此类推。显然,在顺序表中相邻的数据元素在计算机内的存储位置也相邻。也就是说,顺序表以数据元素在计算机内的物理位置相邻来表示数据元素在线性表中的逻辑相邻关系。

由于线性表中的数据元素具有相同的类型,所以可以很容易地确定顺序表中每个数据元素在存储空间中与起始单元的相对位置,如图 2.2 所示。

设 a_1 的存储地址为 $\mathrm{Loc}(a_1)$,每个元素占 d 个存储空间,则第 i 个元素的地址为

$$\mathrm{Loc}(a_i) = \mathrm{Loc}(a_1) + (i-1) \times d \quad 1 \leqslant i \leqslant n$$

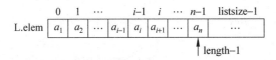

图 2.2　线性表的顺序存储示意图

其中，Loc(a_1)为存储空间的首地址；d 是一个数据元素所占有的存储量（字节数），它随数据类型的不同而不同，例如，整数类型占有 4 个字节，而字符型只占有一个字节。

由此可以看出，只要知道顺序表首地址和每个数据元素所占地址单元的个数，就可求出第 i 个数据元素的地址，即在顺序表中可以随机存取某个序号的数据元素。

在程序设计语言中，一维数组也具有随机存取的特性，因此，可以用一维数组来存储线性表。然而考虑到线性表的运算有插入、删除等运算，即表长是可变的，并且所需最大存储空间随问题不同而不同，而一维数组的大小一旦定义，在程序执行过程中是不能改变的，因此，可用动态分配的一维数组来存储线性表。在 C 语言中描述如下：

```
/ * - - - - - 线性表的动态分配顺序存储结构 - - - - - * /
#define LIST_INIT_SIZE 10     / * 线性表存储空间的初始分配量 * /
#define LISTINCREMENT 2       / * 线性表存储空间的分配增量 * /
typedef struct
{   ElemType * elem;          / * 存储空间基址 * /
    int length;               / * 当前长度 * /
    int listsize;             / * 当前分配的存储容量 (以 sizeof(ElemType) 为单位) * /
}SqList;
```

SqList 就是所定义的顺序表的类型。其中，数组指针 elem 表示线性表的基地址；length 表示线性表的当前长度；ElemType 是数据类型，它没有指定具体是什么类型，应视线性表中的数据元素类型而定。

这种存储结构很容易实现数据元素的随机访问。但要注意，C 语言中数组的下标从 0 开始，因此，如果 L 是 SqList 类型的顺序表，则表中第 i 个数据元素为 L.elem$[i-1]$。如图 2.2 所示，数据元素分别存放在 L.elem $[0]$ 到 L.elem $[length-1]$ 中。

2.2.2　顺序表基本操作的实现

1. 线性表的初始化 InitList(L)

线性表的初始化操作就是为线性表分配一个预定义大小的数组空间，并将线性表的当前长度设为 0。listsize 指示顺序表当前分配的存储空间的大小，一旦因插入元素而空间不足时，可进行再分配，即为顺序表增加一个大小为存储 LISTINCREMENT 个数据元素的空间。

算法 2.1　线性表的初始化

```
Status InitList(SqList * L)
{ / * 构造一个空的线性表 L * /
    L->elem=(ElemType * )malloc(LIST_INIT_SIZE * sizeof(ElemType));
```

```
    if(!L->elem)
    printf("OVERFLOW");              /* 存储分配失败 */
    return ERROR;
    L->length=0;                     /* 空表长度为 0 */
    L->listsize=LIST_INIT_SIZE;      /* 初始存储容量 */
    return OK;
}/* InitList */
```

在本算法中,每条语句都执行了一次,因此时间复杂度为 $O(1)$。

2. 线性表的查找操作 LocateElem(L , e)

线性表的查找操作是在顺序表中查找给定的元素 e,即确定元素 e 在顺序表 L 中的位置。最简单的方法是从第一个元素开始和 e 比较,直到找到一个值为 e 的数据元素并返回它的位置序号,或者找遍整个表也没有找到值为 e 的元素,此时返回值为 0。

算法 2.2   线性表的查找

```
    int LocateElem(SqList L,ElemType e)
{   /* 顺序表 L 已存在,返回 L 中第 1 个与 e 相等的数据元素的位序 */
    /* 若这样的数据元素不存在,则返回值为 0 */
    ElemType * p;
    int i=1;                    /* i 的初值为第 1 个元素的位序 */
    p=L.elem;                   /* p 的初值为第 1 个元素的存储位置 */
    while(i<=L.length && ( * p++)!=e)
        ++i;
    if(i<=L.length)
        return i;
    else
        return 0;
}/* LocateElem */
```

本算法的主要运算是比较。显然比较的次数与 e 在表中的位置有关,也与表长有关。当 $a_1=e$ 时,比较一次成功;当 $a_n=e$ 时比较 n 次成功,其平均比较次数为 $(n+1)/2$,因此时间复杂度为 $O(n)$。

3. 线性表的插入操作 ListInsert(L , i , e)

线性表的插入操作是在表的第 $i(1 \leqslant i \leqslant n+1)$ 个数据元素之前插入一个新元素 e,使长度为 n 的线性表 $(a_1, a_2, \cdots, a_{i-1}, a_i, \cdots, a_n)$ 变成长度为 $n+1$ 的线性表 $(a_1, a_2, \cdots, a_{i-1}, e, a_{i+1}, \cdots, a_n)$。

插入 e 后,数据元素 a_{i-1} 和数据元素 a_i 之间的逻辑关系发生了变化。在线性表的顺序存储结构中,由于逻辑上相邻的数据元素在存储位置上也要相邻,因此,除非 $i=n+1$,否则必须移动元素才能反映这种变化。插入过程如图 2.3 所示。

一般情况下,在第 $i(1 \leqslant i \leqslant n)$ 个元素之前插入一个元素时,需将第 n 个至第 i(共

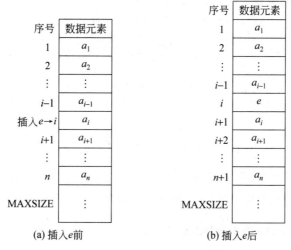

图 2.3　在顺序表中插入元素过程示意图

$n-i+1$) 个元素向后移动一个位置,同时表长增 1。

算法 2.3　线性表的插入

```
Status ListInsert(SqList * L,int i,ElemType e)
{  /* 顺序表 L 已存在,当 1≤i≤ListLength(L)+1 时,在 L 中第 i 个位置之前插入新的数据
   元素 e,L 的长度增 1 */
   ElemType * newbase, * q, * p;        /* 说明局部变量 newbase、p、q 为指针类型 */
   int j;                              /* 说明局部变量 j 为整型 */
       if(i<1||i>L->length+1)          /* i 值不合法 */
   return ERROR;
   if(L->length>=L->listsize)          /* 当前存储空间已满,增加分配 */
   {  newbase=(ElemType * )realloc((* L).elem,
       ((* L).listsize+LISTINCREMENT) * sizeof(ElemType));
     if(!newbase)
       {  printf("空间已满\n");
         return  ERROR;                /* 存储分配失败 */
       }/* if */
     L->elem=newbase;                  /* 新基址 */
     L->listsize=L->listsize+LISTINCREMENT;   /* 增加存储容量 */
   }/* if */
   for(j=(L->length)-1 ;j>=i-1; j--)            /* 元素后移 */
       L->elem[j+1]=L->elem[j];
   L->elem[i-1]=e;                              /* 在第 i 个位置插入元素 e */
   ++L->length;                                 /* 表长增 1 */
   return OK;
}/* ListInsert */
```

由算法 2.3 可知,插入运算主要执行时间都耗费在移动数据元素上,而移动元素的个

数取决于插入元素的位置。设在第 i 个数据元素之前插入一个数据元素的概率是 p_i,则在长度为 n 的线性表中插入一个数据元素时所需要移动数据元素的平均次数为

$$E_{is} = \sum_{i=1}^{n+1} p_i(n-i+1)$$

假设在第 i 个位置($i=1,2,\cdots,n+1$)的插入机会是均等的,则 $p_i = \dfrac{1}{n+1}$。由此,上式可化简为

$$E_{is} = \frac{1}{n+1}\sum_{i=1}^{n+1}(n-i+1) = \frac{1}{n+1}\sum_{i=1}^{n}i = \frac{1}{n+1}\frac{n(n+1)}{2} = \frac{n}{2}$$

可见,在顺序表中插入一个数据元素时,平均要移动表中一半的数据元素,即平均时间复杂度是 $O(n)$。所以当 n 很大时,插入算法的效率是很低的。

4. 线性表的删除操作 ListDelete($\mathbf{L},i,e$)

线性表的删除操作是在表中删除第 $i(1\leqslant i\leqslant n)$ 个数据元素,删除元素后,使长度为 n 的线性表($a_1,a_2,\cdots,a_{i-1},a_i,a_{i+1},\cdots,a_n$)变成长度为 $n-1$ 的线性表($a_1,a_2,\cdots,a_{i-1},a_{i+1},\cdots,a_n$)。

删除元素 a_i 后,数据元素 a_{i-1} 和数据元素 a_{i+1} 之间的逻辑关系发生了变化。为了在存储结构上反映这种变化,同样需要移动元素。删除过程如图 2.4 所示。

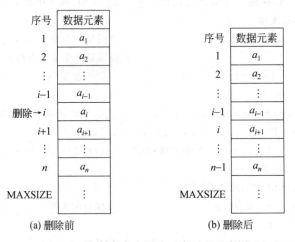

图 2.4　在顺序表中删除元素过程示意图

一般情况下,删除第 $i(1\leqslant i\leqslant n)$ 个元素时,需将表中从第 $i+1$ 个至第 n(共 $n-i$)个元素依次向前移动一个位置,同时表长减 1。

算法 2.4　线性表的删除

```
int ListDelete(SqList * L,int i,ElemType e)
{ / * 删除顺序表 L 中的第 i 个(1≤i≤ListLength(L))数据元素,并用 e 返回其值,L 的长度
    减 1 * /
    ElemType * p,* q;
    int j;
```

```
    if(i<1||i>L->length)              /*  i 值不合法  */
        return ERROR;
    e=L->elem[i-1];                    /*  将被删除元素存入 e 中  */
    for(j=i;j<L->length;j++)           /*  被删除元素之后的元素前移  */
        L->elem[j-1]=L->elem[j];
    L->length++;                       /*  表长减 1  */
    return e;
}/* ListDelete */
```

由算法 2.4 可知,删除运算主要执行时间也是耗费在移动数据元素上,而移动元素的个数取决于删除元素的位置。设删除第 i 个数据元素的概率是 p_i,则在长度为 n 的线性表中删除一个数据元素时,所需要移动数据元素的平均次数为

$$E_{dl} = \sum_{i=1}^{n} p_i (n-i)$$

假设删除第 i 个$(i=1,2,\cdots,n)$元素的机会是均等的,则 $p_i = 1/n$。由此,上式可化简为

$$E_{dl} = \frac{1}{n} \sum_{i=1}^{n} (n-i) = \frac{n-1}{2}$$

可见,在顺序表中删除一个数据元素时,和插入元素的情况类似,都平均要移动表中大约一半的数据元素。最好的情况移动次数为 0 次,最坏的情况移动次数为 $n-1$ 次,即平均时间复杂度为 $O(n)$。

2.2.3　顺序表应用举例

例 2.1　用线性表 LA 和 LB 分别表示两个集合 A 和 B(线性表中的数据元素就是集合中的成员),现要求一个新的集合 $A = A \bigcup B$。

解题思路:扩大线性表 LA,将存在于线性表 LB 中而不存在于线性表 LA 中的数据元素依次插入到线性表 LA 中。具体来说,就是从线性表 LB 中依次取得每个数据元素,并按照值在线性表 LA 中进行查找,如果不存在,则插入之。用两个顺序表 La 和 Lb 分别存储两个集合中的元素,上述操作过程用算法 2.5 描述。

算法 2.5　两个集合的并集 $A = A \bigcup B$

```
void Union(SqList * La,SqList * Lb)   /* 集合的合并操作 */
{ /* 将所有在线性表 Lb 中但不在 La 中的数据元素依次插入到 La 中 */
    int e;
    int La_len,Lb_len;
    int i,
    La_len=La->length;                /* 线性表 LA 的长度 */
    Lb_len=Lb->length;                /* 线性表 LB 的长度 */
    for(i=1,i<=Lb_len,i++)
    { e=Lb->elem[i-1];                /* 取 Lb 中第 i 个数据元素赋给 e */
        If(!LocateElem(La,e))          /* La 中不存在和 e 相同的元素,则插入之 */
            ListInsert(La,++La_len,e);
```

```
        }/* for */
    }/* Union */
```

其中,LocateElem(La,e)和 ListInsert(La,++La_len,e)的实现过程见算法 2.2 和算法 2.3。现在我们来讨论该算法的时间复杂度。容易看出,在顺序表中取第 i 个数据元素的时间复杂度为 $O(1)$,进行插入的操作均在表尾进行,不需要移动元素。因此算法 2.5 的时间复杂度取决于操作 LocateElem(La,e)。前面已分析过,LocateElem(La,e)的时间复杂度为 $O(L. length)$,由此,对于顺序表 La 和 Lb 而言,Union 的时间复杂度为 $O(La\_len \times Lb\_len)$。

例 2.2　已知线性表 La 和 Lb 中的数据元素按值的非递减有序排列,现要求将 La 和 Lb 归并为一个新的线性表 Lc,使得 Lc 中的数据元素也是按照值的非递减有序排列。

例如,设 La=(4,7,8,10),Lb=(1,3,5,6,8,9,11),合并后 Lc=(1,3,4,5,6,7,8,8,9,10,11)。

解题思路:从上述问题要求可知,Lc 中的元素或是 La 中的元素,或是 Lb 中的元素。则只要先设 Lc 为空表,然后依次将 La 或 Lb 中的元素插入到 Lc 中。为使 Lc 中的元素按值非递减有序排列,可以设两个指针 i 和 j 分别指向 La 和 Lb 中当前需要比较的元素 a 和 b,将较小值的元素赋给 Lc,如此直到一个线性表扫描完毕,然后将未完的那个顺序表中余下的部分值赋给 Lc 即可。

算法 2.6　两个有序表的合并

```
void MergeList(SqList La,SqList Lb,SqList * Lc)
{   /* 已知线性表 La 和 Lb 中的数据元素按值非递减排列 */
    /* 归并 La 和 Lb 得到新的线性表 Lc,Lc 的数据元素也按值非递减排列 */
    int i=0,j=0,k=0;
    int ai,bj;
    InitList(Lc);                      /* 创建空表 Lc, InitList 操作见算法 2.1 */
    Lc->length=La.length+Lb.length;         /* 求 Lc 表的长度 */
    while(i<=La.length-1 &&j<=Lb.length-1)    /* 表 La 和表 Lb 均非空 */
      { ai=La.elem[i];
        bj=Lb.elem[j];
        if(ai<=bj)
        { ListInsert(Lc, k, ai);       /* 将 ai 插入到 Lc 中, ListInsert 见算法 2.3 */
          ++i;  ++k;
        }/* if */
      else
        { ListInsert(Lc,k,bj);                  /* 将 bj 插入到 Lc 中 */
          ++j;  ++k;
        }/* elsr */
    }/* while */
      while(i<=La.length-1)
                          /* 表 La 非空且表 Lb 空时,将 La 中剩余的部分插入到 Lc 中 */
        { ai=La.elem[i];
```

```
    ListInsert(Lc,k,ai)
    i++;  ++k;
  }/* while */
  while(j<=Lb.length-1)
                    /* 表 Lb 非空且表 La 空时,将 Lb 中剩余的部分插入到 Lc 中 */
  { bj=Lb.elem[j];
    ListInsert(Lc,k,bj);
    j++;  ++k;
  }/* while */
}/* MergeList */
```

在算法 2.6 中,一方面,由于 La 和 Lb 中元素依值递增(同一集合中元素不等),则对 Lb 中每个元素,不需要在 La 中从表头至表尾进行全程搜索;另一方面,由于用新表 Lc 表示"并集",则插入操作实际上是借助"复制"操作来完成的。因此,算法的时间复杂度为 $O(La.length+Lb.length)$。

2.3 线性表的链式存储与实现

2.2 节讨论的顺序表的存储特点是用物理上的相邻实现了逻辑上的相邻,它要求用连续的存储单元顺序存储线性表中的各个元素,这一特点使得顺序表有如下两个优点:

(1) 无须为表示数据元素之间的逻辑关系而额外增加存储空间;

(2) 可以随机存取表中任一数据元素,元素存储位置可以用一个简单、直观的公式表示。

同时顺序表也具有下列两个缺点:

(1) 插入和删除运算必须移动大量(几乎一半)数据元素,效率低下;

(2) 必须预先分配存储空间,造成空间利用率低,而且表的容量难以扩充。

为了克服顺序表的缺点,可以采用动态存储分配来存储线性表,也就是采用链式存储结构。线性表的链式存储结构不需要用地址连续的存储单元来实现,因为它不要求逻辑上相邻的两个数据元素物理上也相邻,由于链表是通过"链"建立起数据元素之间的逻辑关系,因此对线性表的插入、删除不需要移动数据元素。当然,由于增加了"链"的存储空间,占用空间相对于顺序存储要大,而且也失去了随机存取数据元素的优点。

下面分别介绍几种形式的链表及其主要操作的实现。

2.3.1 单链表

链表是通过一组任意的存储单元来存储线性表中的数据元素。那么怎样表示数据元素之间的线性关系呢?即如何来"链"接数据元素之间的逻辑关系?为此,在存储数据元素时,除了存储元素本身的信息以外,还需要存储一个指示其直接后继的信息。这两部分组成了数据元素 a_i 的存储映像,称为**结点**。结点结构如图 2.5 所示。它包括两个域:存储数据元素信息的**数据域**和存储直接后继位置的**指针域**。指针域中存储的信息称为指针或链。n 个结点通

图 2.5 结点结构

过指针域链成一个链表。由于链表中每个结点中只包含一个指针域,所以称为**线性链表**
或单链表。

　　例如,图 2.6 所示为线性表$(a_1,a_2,\cdots,a_{i-1},a_i,a_{i+1},\cdots,a_n)$的线性链表存储结构。设
一个头指针指示链表中第一个结点(即第一个数据元素的存储映像)的存储位置,则整个
链表的存取是从头指针开始的,顺藤摸瓜找到表中每一个结点。同时,由于最后一个数据
元素没有直接后继,则链表中最后一个结点的指针域为"空"(NULL)。

　　作为线性表的一种存储结构,人们关心的是结点间的逻辑结构,而不是它实际的存储
地址,所以通常的单链表用图 2.7 的形式表示,而不用图 2.6 的形式表示。

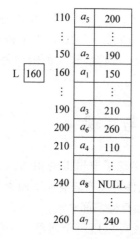

图 2.6　链式存储结构示意图

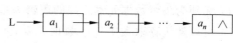

图 2.7　链表示意图

```
/* -----线性表的链式存储结构----- */
typedef struct Lnode {
        ElemType data;
        struct LNode * next;
    } Lnode;          /* 结点类型 */
Lnode * LinkList;
```

　　LinkList 就是我们定义的链表类型。假设 L 是 LinkList 型的变量,则 L 为单链表的
头指针。通常用"头指针"来标识一个链表,如链表 L 等。如果 L 为"空",即 L＝NULL,
则线性表为空表,其长度 n 为零。有时候,在单链表的第一个结点之前附设一个结点,称
为**头结点**。头结点的数据域可以不存储任何信息,也可以存储诸如线性表的表长之类的
信息。此时单链表的头指针指向头结点,头结点的指针域指向链表中的第一个结点,如
图 2.8(a)所示。若线性表为空表,头结点的指针域为 NULL,如图 2.8(b)所示。

(a) 非空表　　　　　　　　　　　　　　(b) 空表

图 2.8　带头结点的单链表

　　在单链表中,任何两个元素的存储位置之间没有固定的联系,每个元素的存储位置都

包含在其直接前趋结点的信息中。假设 p 是指向线性表中第 i 个数据元素 a_i 的指针，则 p—>next 是指向第 $i+1$ 个元素 a_{i+1} 的指针。在单链表中，要取得第 i 个数据元素，必须从头指针开始顺着每个结点的指针域寻找。因此，单链表是非随机存取的存储结构。

2.3.2　单链表上基本运算的实现

在下面的描述中，分别引用了 C 语言中的两个标准函数 malloc 和 free。假设 p 和 q 是 LinkList 型的变量，则执行 p＝(LinkList) malloc(sizeof(LNode))时，系统会生成一个 LinkList 型的结点，同时将该结点的起始位置赋给指针变量 p；执行 free(p)则表示释放 p 所指的结点，回收后的空间可以再次生成结点使用。

1. 单链表中按序号查找 GetElem(L,i,e)

GetElem(L,i,e)是在单链表中按序号查找第 i 个元素，并将查找结果放入变量 e 中。从链表的第一个元素起，判断当前结点是否第 i 个，若是，则返回指向该结点的值，否则继续查找下一个结点，直到链表结束为止。

算法 2.7　在单链表中取元素

```
Status GetElem(LinkList L,int i,ElemType * e)
{ /* L 带头结点的单链表的头指针。当第 i 个元素存在时,其值赋给 e 并返回 OK,否则返回
  ERROR */
  int j=1;                  /* j 为计数器 */
  LinkList p=L->next;       /* p 指向第一个结点 */
  while(p&&j<i)             /* 顺指针向后查找,直到 p 指向第 i 个元素或 p 为空 */
    { p=p->next;
      j++;
    }/* while */
  if(!p||j>i)              /* 第 i 个元素不存在 */
    return ERROR;
  * e=p->data;              /* 取第 i 个元素 */
  return OK;
}/* GetElem */
```

算法 2.7 的基本操作是比较 j 和 i 并后移指针 p，while 循环体中的语句频度与被查元素在表中的位置有关，若 $1 \leqslant i \leqslant n$，则频度为 n，因此算法的时间复杂度为 $O(n)$。

2. 单链表的插入操作 ListInsert(L,i,e)

在单链表中插入元素，原来表的逻辑结构也发生了变化，只需要修改有关结点的指针即可，不需要像顺序表那样移动元素。为插入数据元素 x，首先应生成一个数据域为 x 的结点。设 p 指向单链表中的某结点，s 指向待插入的值为 x 的新结点，将 * s 插入到 * p 的后面，插入示意图如图 2.9 所示。

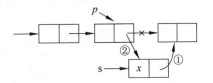

图 2.9　在 * p 之后插入 * s

操作如下：

① s->next=p->next;

② p->next=s;

注意：两个指针的操作顺序不能交换,否则会丢失 p 指针所指向元素的后继信息。

一般情况下,插入操作可能有以下 4 种情况：

(1) 原来的链表是空表,则新插入的结点为表头。

(2) 插入位置在表中第一个结点之前,则新插入的结点为新的表头。

(3) 插入位置在表中间。

(4) 如果链表中根本不存在所指定的元素,则把新结点作为新的表尾。

算法 2.8　单链表的插入

```
Status ListInsert(LinkList L,int i,ElemType e)
{ /* 在带头结点的单链表 L 中第 i 个位置之前插入元素 e */
  int j=0;
  LinkList p=L,s;                   /* p 指向单链表的头结点 */
  while(p&&j<i-1)                    /* 寻找第 i-1 个结点 */
    { p=p->next;
     j++;
    }/* while */
  if(!p||j>i-1)                      /* i 小于 1 或者大于表长 */
    return ERROR;
  s=(LinkList)malloc(sizeof(struct LNode));   /* 生成新结点 */
  s->data=e;                         /* 插入 L 中 */
  s->next=p->next;
  p->next=s;
  return OK;
}/* ListInsert */
```

容易看出,算法 2.8 的时间复杂度为 $O(n)$。这是因为该算法的主要操作是查找,即在第 i 个元素之前插入一个新结点,必须首先找到第 $i-1$ 个结点,然后修改相应的指针。从算法 2.8 的讨论中可知,它的时间复杂度为 $O(n)$。

3. 单链表的删除操作 ListDelete(L, i, e)

在单链表中删除元素,原来表的逻辑结构也发生了变化,但和插入操作一样,只需要修改有关指向结点的指针即可。

设 p 指向单链表中的某结点,删除 p 所指结点的直接后继 * q,操作示意图如图 2.10 所示。

通过图 2.10 可见,要实现对结点 * q 的删除,首先要找到 * q 的前趋结点 * p,然后修改 p 的指针域,释放结点 q 所占用的存储空间。指针的修改由下列语句实现：

(1) p->next=q->next;

(2) free(q);

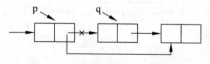

图 2.10　删除指针 q 所指结点

算法 2.9 单链表的删除

```
Status ListDelete(LinkList L,int i,ElemType * e)
{ /* 在带头结点的单链表 L 中,删除第 i 个元素,并由 e 返回其值 */
    int j=0;
    LinkList p=L,q;                    /* p 指向单链表的头结点 */
    while(p->next&&j<i-1)              /* 寻找第 i 个结点,并令 p 指向其前趋 */
      { p=p->next;   /
        j++;
      }/ * while * /
    if(!(p->next)||j>i-1)              /* 删除位置不合理 */
      return ERROR;
    q=p->next;                         /* q 指向被删结点 */
    p->next=q->next;
    * e=q->data;
    free(q);
    return OK;
}/ * ListDelete * /
```

容易看出,要在表中删除第 i 个结点,必须令指针 p 指向其前趋,所以主要操作也是查找。因此,和算法 2.8 一样,它的时间复杂度为 $O(n)$。

4. 单链表的建立 CreateList(L)

链表与顺序表不同,它是一种动态管理的存储结构,链表中的每个结点占用的存储空间不是预先分配的,而是运行时系统根据需求生成的,因此建立单链表要从空表开始,每读入一个数据元素则申请一个结点,然后插入在链表中。建立链表的过程就是一个不断插入结点的过程。插入结点的位置可以始终在链表的表头结点之后,也可不断插入在链表的尾部。

图 2.11 展现了在链表的头结点之后插入结点建立链表的过程(即逆序建立链表),以线性表(25,45,18,76,29)的链表建立过程为例。

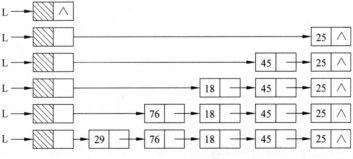

图 2.11　在头结点之后插入结点建立单链表

因为是在链表的头结点之后插入结点,因此建立的单链表和线性表的逻辑顺序是相反的,因此为了保证逻辑顺序和存储顺序的一致性,可以逆序输入数据元素。算法的实现过程见算法 2.10。

算法 2.10　单链表的建立

```
LinkList CreateList(LinkList L, ElemType a [n])
{ /* 逆位序输入数组 a 中的 n 个数,建立带头结点的单链表 */
  LinkList p;
  int i;
  L=(LinkList) malloc (sizeof(Lnode));
  L->next=NULL;               /* 先建立一个带头结点的空链表 */
  for(i=n;i>0;--i)            /* 逆序输入 n 个整数 */
    { p=(LinkList) malloc (sizeof(Lnode));          /* 生成新结点 */
      p->data=a[i-1];
      p->next=L->next;
      L->next=p;              /* 插入到头结点之后 */
  }/* for */
  return L;
}/* CreateList */
```

另一种建立链表的方法是不断把新生成的结点插入在链表的尾部,这样可以保证逻辑顺序和存储顺序一致。为此,需要设置一个始终指向链表尾部结点的指针 r,生成新的结点 * p 之后,修改指针的操作如下,其他操作同算法 2.10。

```
p->next=r->next;   r->next=p;   r=p;
```

由算法 2.10 可以看出,最基本的操作是生成结点,并修改相应的指针,整个算法只有一个 for 循环,因此算法的时间复杂度为 $O(n)$。

通过上面的基本操作我们得知:

(1) 在单链表上插入、删除一个结点,必须找到其前趋结点。

(2) 单链表不具有按序号随机访问的特点,只能从头指针开始按结点顺序进行。

2.3.3　单链表的应用

例 2.3　写一个算法,将一个带头结点的单链表 L 就地逆置。所谓就地逆置,是指结点间的关系相反,即在原有空间的基础上将前趋变后继而将后继变前趋。如图 2.12(a)所示的单链表,其逆置后成为图 2.12(b)所示的单链表。

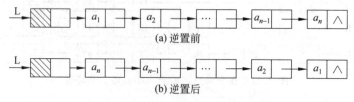

(a) 逆置前

(b) 逆置后

图 2.12　单链表的就地逆置示意图

解题思路：先将头结点与原链表断开，然后依次从原链表中取出每个结点，每次都把它作为第一个结点插入到头结点的后面。为此要借用两个指针变量 p 和 q，p 用来指向原链表中的当前第一个结点，q 用来指向从原链表中取出的每一个结点，并将它插入到新链表中去，当 p 为空时完成逆置。

算法 2.11　单链表的就地逆置

```
void  Reverse(LinkList * L)
{ /*对带头结点的单链表 L 实现就地逆置 */
  LinkList *p,* q;
  p=L->next;              /* p 指向第一个结点 */
  L->next=NULL;           /* 头结点与原链表断开 */
  while(p!=NULL)          /* 当原链表不空时 */
    {q=p;                 /* q 指向原链表当前第一个结点 */
    p=p->next;
    q->next=L->next;
    L->next=q;            /* 将 q 插入在头结点后面 */
    }/* while */
}/* Reverse */
```

2.3.4　循环链表

循环链表（circular linked list）是另一种形式的链式存储结构。它的特点是表中最后一个结点的指针域指向头结点，整个链表形成一个环。由此，从表中任一结点出发均能找到表中所有其他结点。如图 2.13 所示为单循环链表的空表和非空表两种状态。类似地，还可以有多重链的循环链表。

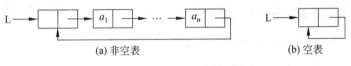

（a）非空表　　　　　　　　　（b）空表

图 2.13　带头结点的单循环链表

在单循环链表上的操作与单链表基本相同，只是单链表的最后一个结点的指针域为 NULL，而单循环链表最后一个结点的指针域指向头结点。

对于单链表只能从头结点开始遍历整个链表，而对于单循环链表则可以从表中任意结点开始遍历整个链表。但有时链表常做的操作是在表尾、表头进行，找头结点仅需 $O(1)$，但为了找表尾结点必须从头结点开始扫描全部结点，时间开销为 $O(n)$。改进的方法是不设头指针而设一个尾指针，如图 2.14 所示。这样找到头结点和尾结点都只需要 $O(1)$ 的时间，操作效率得到很大提高。

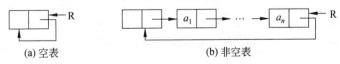

（a）空表　　　　　　　　　（b）非空表

图 2.14　带尾指针的单循环链表

例如,对两个单循环链表 L1 和 L2 进行连接操作,采取的方法一般是将 L2 的第一个数据结点和 L1 的尾结点相连接。如果用头指针标识链表,则需要找到第一个链表的尾结点,其时间复杂度为 $O(n)$,而如果用尾指针 R1 和 R2 来标识链表,则时间复杂度为 $O(1)$。操作如下:

```
p=Rl->next;                /* 保存 R1 的头结点指针 */
R1->next=R2->next->next;    /* 头尾连接 */
free(R2->next);            /* 释放第二个表的头结点 */
R2>next=p;                 /* 组成新的循环链表, */
```

这一过程如图 2.15 所示。

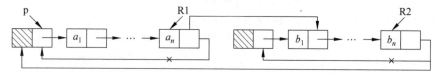

图 2.15　两个用尾指针标识的单循环链表的连接

2.3.5　双向链表

以上讨论的单链表的结点中只有一个指向其后继结点的指针域 next,从某个结点出发只能顺着指针往后寻查其他结点。若已知某结点的指针为 p,其后继结点的指针则为 p—>next,而找其前趋则只能从该链表的头指针开始,顺着各结点的 next 域进行,也就是说,找后继的时间性能是 $O(1)$,而找前趋的时间性能是 $O(n)$。如果希望找前趋的时间性能也能达到 $O(1)$,则只能付出空间的代价:每个结点再加一个指向前趋的指针域,结点的结构如图 2.16 所示,用这种结点组成的链表称为双向链表。

prior	element	next

图 2.16　双向链表的结点

```
/* ------线性表的双向链表存储结构描述------ */
typedef struct DuLNode
{ ElemType data;
    struct DuLNode * prior,* next;        /* 前趋指针域和后继指针域 */
}DuLNode, * DuLinkList;
```

DuLinkList 为定义的双向链表类型,和单链表类似,双向链表通常也是用头指针标识,可以带头结点,也可以将头结点和尾结点链接起来构成双向循环链表,这样,无论是插入还是删除操作,对链表中的起始结点、尾结点和中间任意结点的操作都相同。为了使链表的某些操作方便,在实际应用中常用带头结点的双向循环链表,图 2.17 是带头结点的双向循环链表示意图。

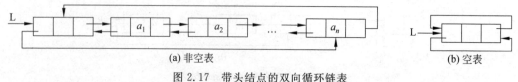

(a) 非空表　　　　　　　　　　　　　　　　　(b) 空表

图 2.17　带头结点的双向循环链表

设指针 p 指向双向循环链表中的某一结点,则双向循环链表具有如下的对称性:

p->prior->next=p=p-next->prior

结点 p 的存储地址既存放在其前趋结点的后继指针域中,也存放在其后继结点的前趋指针域中。在双向循环链表中求表长、按序号查找等操作的实现与单链表基本相同,不同的只是插入和删除操作时,需要修改两个方向的指针。由于双向循环链表是一种对称结构,这使得插入和删除操作都很容易,在此不再赘述。

2.3.6 静态链表

如果高级程序设计语言提供了指针类型,链表的实现是很简单也是很自然的。但是有的语言中没有提供指针类型,因此可以用数组来模拟实现链表结构。数组的一个分量表示一个结点,用数组元素的下标来模拟单链表的指针,称这种用数组描述的链表为**静态链表**(static linked list)。

静态链表的每个数组元素由两个域构成:data 域存放数据元素;next 域(也称游标)存放该元素的后继元素所在位置(即数组下标)。数组的第 0 个分量可看成头结点,其指针域指示链表的第一个结点。这种存储结构仍需要预先分配一个较大的空间,但在作线性表的插入和删除操作时不需要移动元素,只需修改相应指针,故仍具有链式存储结构的主要优点。

```
/* ----线性表的静态单链表存储结构---- */
#define MAXSIZE 100           /* 链表的最大长度 */
typedef struct {
    ElemType data;
    int cur;
}component;                   /* 元素类型 */
component   SLinkList[MAXSIZE];
```

SLinkList[MAXSIZE]为定义的静态链表。设 S 为 SLinkList 型变量,则 S[0].cur 指示第一个结点在数组中的位置,若设 $i=$S[0].cur,则 S[i].data 存储线性表的第一个数据元素,且 S[i].cur 指示第二个结点在数组中的位置。

一般情况下,若第 i 个分量表示链表的第 k 个结点,则 S[i].cur 指示第 $k+1$ 个点的位置。因此在静态链表中实现线性表的操作和动态链表相似,以整型游标 i 代替动态指针 p,$i=$S[i].cur 的操作实为指针后移(类似于 p=p->next)。

例如,在线性表($a_1,a_2,a_3,\cdots,a_n$)的第 i(假设 $i=3$)个元素之前插入元素 x,然后再删除第 i(假设 $i=4$)个元素,实现过程如图 2.18 所示。

从上述过程可以看出,指针修改的操作和前面描述的单链表中的插入与删除基本类似,所不同的是,由用户自己实现 malloc 和 free 这两个函数。为了辨明数组中哪些分量未被使用,解决的办法是将所有未被使用过以及被删除的分量用游标链成一个备用的链表,每当进行插入操作时便可从备用链表上取得第一个结点作为待插入的新结点;反之,在删除时将从链表中删除的结点链接到备用链表上。

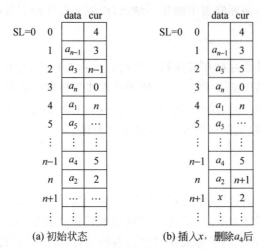

(a) 初始状态　　　　　　(b) 插入 x，删除 a_4 后

图 2.18　静态链表的插入和删除

例 2.4　以集合运算 $(A-B)\bigcup(B-A)$ 为例来讨论静态链表的算法。

假设从终端输入集合元素，首先建立表示集合 A 的静态链表 S，然后在输入集合 B 的元素的同时查找 S 表，如果存在和 B 相同的元素，则从 S 表中删除它，否则将此元素插入 S 表中。

为了使算法更加清晰，首先给出 3 个过程：

（1）将整个数组空间初始化为一个链表；

（2）从备用空间取得一个结点；

（3）将空闲结点链接到备用链表上。

上述 3 个过程分别通过算法 2.12、算法 2.13、算法 2.14 来描述。

算法 2.12　初始化备用空间

```
void InitSpace(SLinkList L)
{ /* 将一维数组 L 中各分量链成一个备用链表,L[0].cur 为头指针,0 表示空指针 */
  int i;
  for(i=0;i<MAXSIZE-1; ++i)
    L[i].cur=i+1;
  L[MAXSIZE-1].cur=0;
}/* InitSpace */
```

算法 2.13　从备用空间取得一个结点

```
int Malloc(SLinkList space)
{ /* 若备用链表非空,则返回分配的结点下标,否则返回 0 */
  int i=space[0].cur;
  if(i)                          /* 备用链表非空 */
    space[0].cur=space[i].cur;   /* 备用链表的头结点指向原备用链表的第二个结点 */
  return i;                      /* 返回新开辟结点的坐标 */
}/* Malloc */
```

算法 2.14 将空闲结点链接到备用链表中

```
void Free(SLinkList space,int k)
{  /* 将下标为 k 的空闲结点回收到备用链表(成为备用链表的第一个结点) */
    space[k].cur=space[0].cur;  /* 回收结点的游标指向备用链表的第一个结点 */
   space[0].cur=k;             /* 备用链表的头结点指向新回收的结点 */
}/* Free */
```

算法 2.15 求集合运算 $(A-B) \bigcup (B-A)$

```
void difference(SLinkList space,int S)
{ /* 依次输入集合 A 和 B 的元素,在一维数组 space 中建立集合 (A-B)∪(B-A) 的静态链表,S
     为其头指针 */
   /* 假设备用空间足够大,space[0].cur 为备用空间的头指针 */
   int r,m,n,i,j;
   InitSpace(space);            /* 初始化备用空间,InitSpace 操作见算法 2.12 */
   S=Malloc(space);             /* 生成 S 的头结点,Malloc 操作见算法 2.13 */
   r=S;                         /* r 指向 S 的当前最后结点 */
   printf("请输入集合 A 和 B 的元素个数 m,n:");
   scanf(m,n);                  /* 输入 A 和 B 的元素个数 */
   for(j=1;j<=m; ++j)           /* 建立集合 A 的链表 */
     { i=Malloc(space);         /* 分配结点 */
      scanf(space[i].data);     /* 输入 A 的元素值 */
      space[r].cur=i;           /* 插入到表尾 */
      r=i;
     }/* for */
   space[r].cur=0;              /* 尾结点的指针为空 */
   for(j=1;j<=n; ++j)
     { /* 依次输入 B 的元素,若不在当前表中,则插入,否则删除 */
      scanf(b);
       p=S;
       k=space[S].cur;          /* k 指向集合 A 中的第一个结点 */
       while(k!=space[r].cur&&space[k].data!=b)   /* 在当前表中查找 */
        { p=k;
          k=space[k].cur;
        }/* while */
     if(k==space[r].cur)
       { /* 当前表中不存在该元素,插入在 r 所指结点之后,且 r 的位置不变 */
         i=Malloc(space);
        space[i].data=b;
        space[i].cur=space[r].cur;
        space[r].cur=i;
       }/* if */
     else                       /* 该元素已在表中,删除之 */
       { space[p].cur=space[k].cur;
```

```
        Free(space,k);          /* Free 操作见算法 2.14 */
        if(r==k)
        r=p;                     /* 若删除的是尾元素,则需修改尾指针 */
    }/* else */
  }/* for */
}/* difference */
```

在算法 2.15 中,只有一个处于双重循环中的循环体(在集合 A 中查找一次输入的 b),其最大循环次数为:外循环 n 次,内循环 m 次,所以算法 2.15 的时间复杂度为 $O(m \times n)$。

2.4　一元多项式的表示及加法实现

符号多项式的操作已经成为表处理的典型用例。一般来讲,一个一元多项式 $P_n(x)$ 可以按照升幂写成:

$$P_n(x) = p_0 + p_1 x + p_2 x^2 + \cdots + p_n x^n$$

多项式由 $n+1$ 个系数唯一确定。可以通过一个线性表 P 来表示一元多项式,实现计算机处理:

$$P = (p_0, p_1, p_2, \cdots, p_n)$$

每一项的指数 i 隐含在其系数 p_i 的序号里。

如果 $Q_m(x)$ 是一个 m 次多项式,则可以用线性表 Q 表示如下:

$$Q = (q_0, q_1, q_2, \cdots, q_m)$$

在这里,假设 $m < n$,那么 $R_n(x) = P_n(x) + Q_m(x)$ 可以表示为

$$R = (p_0 + q_0, p_1 + q_1, p_2 + q_2, \cdots, p_m + q_m, p_{m+1}, \cdots, p_n)$$

对于 P、Q 采用顺序存储结构,很容易实现多项式的加法运算。但是,对于处理形如 $S(x) = 1 + 5x^{200} + 7x^{1000}$ 的多项式,如果还按照前述的方法,就需要开辟长度为 1001 的线性表,显然很浪费空间。可以采用存储非零系数项及相应指数的方法进行存储。

一般情况下,对于一元 n 次多项式可以写成

$$P_n(x) = p_1 x^{e_1} + p_2 x^{e_2} + \cdots + p_m x^{e_m}$$

其中,p_i 是指数为 e_i 的项的非零系数,且有 $0 \leqslant e_1 < e_2 < \cdots < e_m = n$。

可以用一个长度为 m 且每个元素包含两个数据项(系数项和指数项)的线性表 $((p_1, e_1), (p_2, e_2), \cdots, (p_m, e_m))$ 唯一确定多项式 $P_n(x)$。

线性表有两种存储结构,相应的采用线性表表示的一元多项式也有两种存储结构。如果只对多项式进行"求值"等不改变多项式的系数和指数的运算,则可以采用顺序存储结构,否则应该采用链式存储。在本书中主要讨论利用链式存储实现基本操作的一元多项式的运算。例如,对于一元多项式 $A_{15}(x) = 3 + 5x^2 + 7x^{12} + 2x^{15}$ 和一元多项式 $B_{12}(x) = x + 6x^2 - 7x^{12}$,可以表示如图 2.19 所示。

如果两个多项式相加,根据一元多项式相加的规则:两个一元多项式中所有指数相同的项,对应系数相加,如果和不为零,则和作为系数和指数一起构成"和多项式"中的一项;两个多项式中所有指数不同的项,则分别复制到"和多项式"中去。"和多项式"链表中

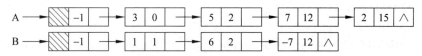

图 2.19　多项式表的单链表存储

的结点只需从两个多项式的链表中摘取即可。运算规则如下：令指针 qa 和 qb 分别指向多项式 A 和 B 中当前比较的某个结点，则比较两个结点中的指数项有 3 种情况：

（1）指针 qa 所指结点的指数值＜指针 qb 所指结点的指数值，则应该摘取 qa 指针所指结点插入到"和多项式"所对应的链表中。

（2）指针 qa 所指结点的指数值＝指针 qb 所指结点的指数值，则应将两个结点的系数相加，如果系数之和不为零，则修改 qa 所指结点的系数值为和值，同时释放 qb 所指结点；如果系数之和为零，则需要从多项式 A 中对应的链表中删除相应的结点，并释放指针 pa 和 pb 所指结点。

（3）指针 qa 所指结点的指数值＞指针 qb 所指结点的指数值，则应该摘取 qb 指针所指结点插入到"和多项式"所对应的链表中。

根据上述规则，图 2.19 表示的两个多项式相加得到的"和多项式"对应的链表如图 2.20 所示，图中空白框表示已经被释放的结点。

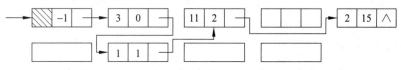

图 2.20　相加得到的和多项式

一元多项式的存储结构定义描述如下：

```
/* ---多项式的链式存储结构--- */
typedef struct Node {  /* 项的表示,多项式的项作为 LinkList 的数据元素 */
    float coef;        /* 系数 */
    int expn;          /* 指数 */
    Node * next;       /* 指针域 */
}Node, * PLinkList; /
```

PLinkList 就是所定义的一元多项式的存储结构，下面给出一元多项式的加法运算的算法。

算法 2.16　一元多项式的相加运算

```
PLinklist AddPolyn (Plinklist pa,Plinklist pb)  /* 两个多项式相加 */
{ PLinklist p,q,r,s;
    int cmp,x;
    p=pa->next;
    q=pb->next;
    r=pb;
    s=pa;                                    /* s 作为 p 的跟踪指针 */
```

```
while(p!=NULL&&q!=NULL)
  { if(p->exp<q->exp) cmp=-1;
    else if(p->exp>q->exp) cmp=1;
      else cmp=0;
    switch(cmp)           /* 根据指数的比较情况进行不同的处理 */
    {case -1:{s=p;p=p->next;break;}              /* p 指针后移,没有插入操作 */
      case 0: {x=p->coef+q->coef;
          if(x!=0)
        {p->coef=x; s=p; p=p->next; }            /* 修改结点的系数 */
          else{s->next=p->next;free(p); p=s->next;}  /* 删除 pa 表中的结点 */
          r->next=q->next;free(q);q=r->next;   /* 在 pb 表中也删除该结点 */
          break;}
      case 1:{r->next=q->next;q->next=s->next;   /* 将 pb 表中的结点插入 */
              s->next=q; s=q; q=r->next;
                break;}
    }/* switch */
  }/* while */
  if(q!=NULL)          /* 当 pb 链表还有剩余时接入到 pa 链表的尾部 */
    s->next=q;
  free(pb);
  return pa;
}/* AddPolyn */
```

关于两个一元多项式相乘的算法,可以利用加法来实现,因为乘法运算本质上可以分解为一系列的加法运算。假设 $A(x)$ 和 $B(x)$ 为两个一元多项式,则有:

$$M(x) = A(x) \times B(x)$$
$$= A(x) \times [b_1 x^{e_1} + b_2 x^{e_2} + \cdots + b_n x^{e_n}]$$
$$= \sum_{i=1}^{n} b_i A(x) x^{e_i}$$

其中,每一项都是一个一元多项式。

2.5　应用实例——约瑟夫环问题

1. 问题描述

约瑟夫环问题是由古罗马的史学家约瑟夫(Josephus)提出的,他参加并记录了公元66—公元 70 年犹太人反抗罗马的起义。约瑟夫作为一名将军,设法守住了裘达伯特城达47 天之久,在城市沦陷之后,他和 40 名将士在附近的一个洞穴中避难。在那里,这 40 名将士表决说"要投降毋宁死"。于是,约瑟夫建议每个人轮流杀死他旁边的人,而这个顺序是由抽签决定的。约瑟夫有预谋地抓到了最后一签,并且作为洞穴中的两个幸存者之一,他说服了另一位幸存者一起投降了罗马。

约瑟夫问题的具体描述是:设有编号为 $1, 2, 3, \cdots, n$ 的 $n(n>0)$ 个人按顺时针方向围坐一圈,每人手持一个随机产生的密码(正整数)。现从第 k 个人开始按顺时针的方向从 1 开始报数,报数上限是第一个人持有的密码 m,报到 m 的人出列。然后将出列人持有的密码作为新的 m 值,从下一个人开始重新从 1 开始报数,如此下去,直到所有人全部出列为止。要求设计一个程序模拟此过程,并输出他们的出列编号序列。

2. 问题分析

很显然这是一个线性结构,可以用线性表来表示。进行的主要操作是报数、出列,这相当于对线性表进行删除操作,因此宜选用链表存储结构,每个结点代表一个人。n 个人围坐成一圈循环报数,则利用单循环链表解决本问题更容易。因此需先创建一个含有 n 个结点的单循环链表,每个结点的数据域可以用来存储结点的编号和密码,密码可由随机函数产生。结点的指针域指向下一结点的位置。第一次报数前首先应找到第 k 个结点,然后从它开始报数。为了找到报数为 m 的结点,需要从第 k 个结点开始记数,当找到报数为 m 的结点后,删除该结点,并且需要把该结点的密码作为新的 m 值,从该结点开始重新报数,如此重复,直到链表为空为止。

3. 程序设计

```
/* ---单循环链表的存储结构--- */
typedef struct LNode
{ int num,pwd;
   struct LNode * next;
}LNode, * Linklist;
```

输入设计:在一行中输入总人数和从第几个人开始报数。

输出设计:首先输出每个人的编号及持有的密码,其次输出出列的编号次序。

基本操作:

Linklist Createlist(Linklist head,int n):创建含有 n 个结点的单循环链表 head。

rand():随机产生密码,为了方便可产生 1~10 之间的数。

void Printt(Linklist head):输出每个人持有的密码。

void Outlist(Linklist head,int k):初始从第 k 个人开始报数,输出出列次序。

main():主函数。

4. 程序代码

```
#include<stdio.h>
#include<stdlib.h>
#include<malloc.h>
#include<math.h>
#define NULL 0
typedef struct LNode
```

```
  { int num,pwd;
    struct LNode * next;
  }LNode, * Linklist;
Linklist Createlist(Linklist head,int n)    /* 创建含有 n 个结点的单循环链表 head */
{ int i;
   Linklist p,q;
   head=(Linklist)malloc(sizeof(LNode));      /* 生成第一个结点 */
   q=head;
   q->num=1;
   q->pwd=rand()%10+1;                        /* 第一个结点的密码 */
   for(i=2;i<=n;i++)
   { p=(Linklist)malloc(sizeof(LNode));       /* 产生第 2~n 个结点 */
     p->num=i;
     p->pwd=rand()%10+1;                      /* 产生 1~10 之间的数 */
     q->next=p;
     q=p;
   }/* for */
   p->next=head;                              /* 形成循环链表 */
   return head;
}/* Createlist */
void Printt(Linklist head)                    /* 输出每个人持有的密码 */
{ Linklist p,q;
  p=head;
  printf("输出每个人的密码\n");
  while(p->next!=head)
{ printf("第%d 个人的密码是：%d\n",p->num,p->pwd);
  p=p->next;
}/* while */
   printf("第%d 个人的密码是：%d\n",p->num,p->pwd);    /* 最后一个人的密码 */
   printf("\n");
}/* Printt */
void Outlist(Linklist head,int k)     /* 初始从第 k 个人开始报数,输出出列次序 */
  { Linklist p,q;
   int m,i;
   p=head;
   m=head->pwd;
   for(i=1;i<k;i++)                           /* 找第 k 个结点 */
     p=p->next;
   q=p;
   while(p)
   { for(i=1;i<m;i++)
     { q=p;p=p->next;}                        /* 报数 */
```

```
        m=p->pwd;          /将出列人的密码赋给 m,作为新的报数上限 * /
        printf("%3d%",p->num);                    /* 输出出列次序 * /
        q->next=p->next;
        free(p);                                   /* 删除出列的结点 * /
        p=q->next;
    }/* for * /
    printf("%3d%",p->num);                         /* 输出最后一个人的编号 * /
    free(p);
    printf("\n");
}/* Outlist * /
void main()
{   int k,n;
    Linklist L,head;
    L=NULL;
    printf("--------------------约瑟夫环问题----------------\n");
    printf("\n 请输入总人数和从第几个人开始报数 n k:\n");
    scanf("%d%d",&n,&k);
    head=Createlist(L,n);
    Printt(head);
    printf("\n 出队的次序是:\n");
    Outlist(head,k);
}/* main * /
```

5. 数据测试与运行结果

本实例的运行结果如图 2.21 所示。

图 2.21　运行结果

本 章 小 结

（1）非空线性表第一个元素无前趋只有后继，最后一个元素无后继只有前趋，其余每个元素均有唯一的前趋和唯一的后继。

（2）线性表有两种存储结构：顺序存储和链式存储。顺序存储结构用动态一维数组表示，给定下标，可以存取相应元素，属于随机存取结构；链表又分为单链表、双向链表和循环链表。链式存储不具有随机存取的特点。

（3）顺序存储结构和链式存储结构都可以实现线性表的查找、插入和删除等基本操作。顺序存储结构适合查找等引用型操作，由于采用顺序存储的插入和删除需要大量元素的移动，所以一般插入和删除操作更适合在链式存储结构上实现。

（4）静态链表是通过数组描述链表，存储上类似于顺序存储，在操作上类似于链表的操作。

（5）稀疏一元多项式适合采用链表存储，相应的加法操作可以转化为链表上的插入和删除操作。

习 题 2

一、选择题

1. 下述选项中，属于顺序存储结构的优点的是（　　）。

　　A. 插入运算方便　　　　　　　　B. 可方便地用于各种逻辑结构的存储表示

　　C. 存储密度大　　　　　　　　　D. 删除运算方便

2. 下面关于线性表的叙述错误的是（　　）。

　　A. 线性表采用顺序存储，必须占用一片地址连续的单元

　　B. 线性表采用顺序存储，便于进行插入和删除操作

　　C. 线性表采用链式存储，不必占用一片地址连续的单元

　　D. 线性表采用链式存储，不便于进行插入和删除操作

3. 若某线性表最常用的操作是存取任一个指定序号的元素和在最后进行插入和删除运算，则利用（　　）存储方式最节省时间。

　　A. 顺序表　　　　　　　　　　　B. 双链表

　　C. 带头结点的双循环链表　　　　D. 单循环链表

4. 在 n 个结点的线性表的数组实现中，算法的时间复杂度是 $O(1)$ 的操作是（　　）。

　　A. 访问第 i 个结点（$1 \leqslant i \leqslant n$）和求第 i 个结点的直接前趋（$2 \leqslant i \leqslant n$）

　　B. 在第 i 个结点后插入一个新结点（$1 \leqslant i \leqslant n$）

　　C. 删除第 i 个结点（$1 \leqslant i \leqslant n$）

　　D. 以上都不对

5. 链表不具有的特点是（　　）。

　　A. 插入和删除不需要移动元素　　　　B. 可随机访问任一元素

　　C. 不必事先估计存储空间　　　　　　D. 所需空间和线性长度成正比

6. 循环链表的主要优点是（　　　）。

　　A. 不再需要头指针了

　　B. 已知某个结点的位置后,能够容易找到它的直接前趋

　　C. 在进行插入、删除运算时,能更好地保证链表不断开

　　D. 从表中的任意结点出发都能扫描到整个链表

7. 单链表中,增加一个头结点的目的是为了（　　　）。

　　A. 使单链表至少有一个结点　　　　　B. 标识表结点中首结点的位置

　　C. 方便运算的实现　　　　　　　　　D. 说明单链表是线性表的链式存储

8. 若某线性表中最常用的操作是在最后一个元素之后插入一个元素和删除第一个元素,则采用（　　　）存储方式最节省运算时间。

　　A. 单链表　　　　　　　　　　　　　B. 仅有头指针的单循环链表

　　C. 双链表　　　　　　　　　　　　　D. 仅有尾指针的单循环链表

9. 静态链表中指针表示的是（　　　）。

　　A. 下一个元素的地址　　　　　　　　B. 内存储器的地址

　　C. 下一个元素在数组中的位置　　　　D. 左链或者右链指向的元素的地址

10. （1）静态链表既有顺序存储的优点,又有动态链表的优点,所以,它存取表中第 i 个元素的时间与 i 无关。

　　（2）静态链表中能容纳的元素个数的最大数在表定义时就确定了,以后不能增加。

　　（3）静态链表和动态链表在元素的插入和删除上类似,不需要做元素的移动。

　　以上错误的是（　　　）

　　　A. （1）,（2）　　　B. （1）　　　　C. （1）,（2）,（3）　　　　D. （2）

二、填空题

1. 带头结点的单链表 H 为空的条件是_____。

2. 非空单循环链表 L 中 *p 是尾结点的条件是_____。

3. 在一个单链表中 p 所指结点之后插入一个由指针 s 所指的结点,应执行"s—>next=_____;"和"p—>next=_____"的操作。

4. 在双向链表结构中,若要求在 p 指针所指的结点之后插入指针 f 所指的结点,则需执行的操作是_____、_____、_____、_____。

5. 链式存储的特点是利用_____来表示数据元素之间的逻辑关系。

三、判断题

1. 线性表的逻辑顺序与存储顺序总是一致的。　　　　　　　　　　　　　（　　　）

2. 用链表存储的线性表可以按序号随机存取。　　　　　　　　　　　　　（　　　）

3. 顺序表的插入和删除操作不需要付出很大的时间代价,因为每次操作平均只有近一半的元素需要移动,而链表的插入和删除则不需要移动元素。　　　　　　（　　　）

4. 线性表中的元素可以是各种各样的,但同一线性表中的数据元素具有相同的特性。　　　　　　　　　　　　　　　　　　　　　　　　　　（　　）

5. 在线性表的顺序存储结构中,逻辑上相邻的两个元素在物理位置上并不一定紧邻。　　　　　　　　　　　　　　　　　　　　　　　　　（　　）

6. 在线性表的链式存储结构中,逻辑上相邻的元素在物理位置上一定不相邻。
　　　　　　　　　　　　　　　　　　　　　　　　　　　　　　（　　）

7. 线性表的链式存储结构优于顺序存储结构。　　　　　　　　　（　　）

8. 在线性表的顺序存储结构中,插入和删除时,移动元素的个数与该元素的位置有关。　　　　　　　　　　　　　　　　　　　　　　　　　　　（　　）

9. 线性表的链式存储结构是用一组任意的存储单元来存储线性表中的数据元素的。
　　　　　　　　　　　　　　　　　　　　　　　　　　　　　　（　　）

10. 在单链表中,要取得某个元素,只要知道该元素的指针即可,因此,单链表是随机存取的存储结构。　　　　　　　　　　　　　　　　　　　　　　（　　）

四、应用题

简述以下算法的功能。

(1)
```
Status A (LinkedList L)   { //L是无表头结点的单链表
    if(L &&L->next){
    Q=L;  L=L->next;  P=L;
    While (P->next)  P=P->next;
    P->next=Q;  Q->next=NULL;
    }
    return OK;
}/* A */
```

(2)
```
void BB (LNode * s, LNode * q)
{  P=s ;
    while(p->next!=q) p=p->next ;
    p->next=s;
}/* BB */
void AA(LNode * pa,LNode * pb)
{ /* pa和pb分别指向单循环链表中的两个结点 */
    BB(pa,pb);
    BB(pb,pa);
}/* AA */
```

五、算法设计题

1. 已知两个链表 A 和 B 分别表示两个集合,其元素递增排列。编写一个函数,求 A 和 B 的交集,并存放于链表 A 中,且表中的元素也依值递增有序排列。

2. 设有两个无头结点的单链表,头指针分别为 ha 和 hb,链中有数据域 data、链域

next,两链表的数据都按照递增有序存放,现要求将 hb 表归并到 ha 表中,且归并后 ha 仍递增有序,归并中 ha 表中有的数据若 hb 也有,则 hb 中的数据不归并到 ha 中,hb 的链表在算法中不允许破坏。

3. 已知 L_1 和 L_2 分别为两个循环单链表的头结点指针,m,n 分别为 L_1、L_2 表中数据结点个数。要求设计一个算法,用最快速度将两表合并成一个带头结点的循环单链表。

4. 设顺序表 va 中的数据元素递增有序。试编写算法,将 x 插入到顺序表的适当位置上,以保持该表的有序性。

5. 试编写算法,实现顺序表的就地逆置,即利用原表的存储空间将线性表(a_1, a_2,…,a_n)逆置为(a_n,a_{n-1},…,a_1)。

6. 假设某个单项循环链表的长度大于 1,且表中既无头结点也无头指针。已知 s 为指向链表中某个结点的指针,试编写算法在链表中删除指针 s 所指结点的前趋结点。

7. 已知有一个单项循环链表,其每一个结点中都含 3 个域:prior、data 和 next,其中,data 为数据域,next 为指向后继结点的指针域,prior 也为指针域,但它的值为空(NULL),试编写算法将此单项循环链表改为双向循环链表,即使 prior 成为指向前趋结点的指针域。

第3章
限定性线性表——栈和队列

本章主要内容:

(1) 栈的定义与特点;

(2) 栈的两种存储结构描述及相关操作的实现;

(3) 队列的定义与特点;

(4) 队列的两种存储结构描述及相关操作的实现;

(5) 栈和队列在实际生活中的应用。

栈和队列是两种特殊的线性表,它们的逻辑结构和线性表相同,只是其操作规则受到了限制,因此,又称它们为操作受限的线性表。栈和队列在各种类型的软件系统中应用非常广泛,例如,在程序设计语言中利用栈实现递归,最后调用的最先返回;在文档打印时所有待打印的文档排成一个队列等候,先来先得到服务,等等。因此,讨论栈与队列的结构特征与操作实现特点,有着重要的意义。

3.1 栈

3.1.1 栈的定义

栈(stack)是限定仅在表的一端进行插入和删除的线性表。允许进行插入和删除的一端称为栈顶(top),另一个固定端称为栈底(bottom)。当栈中没有元素时称为空栈。栈的插入操作称为入栈,删除操作称为出栈。

例如,给定栈 $S=(a_1,a_2,\cdots,a_n)$,则称 a_1 为栈底元素,a_n 为栈顶元素。栈中元素按 $a_1,a_2,a_3,\cdots,a_n$ 的顺序进栈,而退栈的次序却是 $a_n,\cdots,a_3,a_2,a_1$。因此,栈又称为**后进先出**(Last In First Out)或**先进后出**(First In Last Out)的线性表,简称为 **LIFO** 表或 **FILO** 表。

图 3.1 描述了栈的进栈和出栈顺序。

日常生活中可以见到很多"后进先出"的例子,如洗碗过程。假设有两摞碗,一摞是放在左边的脏碗,另一摞是放在右边的干净碗,如图 3.2 所示。洗碗工不停地从左边的栈 1 中取出脏碗,在洗碗池里清洗后,将干净碗放到右边的栈 2 中。洗碗工从栈 1 中取碗时,最先取走的是这摞碗中最上面那只(出栈操作);而洗干净后放回到栈 2 时,则被放入到该摞碗的最下面(入栈操作)。

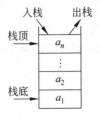

图 3.1　栈的示意图

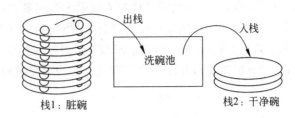

图 3.2　洗碗过程看作栈

下面给出栈的抽象数据类型定义：

ADT Stack {
　　数据对象：
　　　　　$D=\{\ a_i\ |\ a_i\in\text{ElemSet},\ i=1,2,\cdots,n,\ n\geqslant0\ \}$
　　数据关系：
　　　　　$R_1=\{<a_{i-1},a_i>|\ a_{i-1},a_i\in D,\ i=2,\cdots,n\ \}$
　　　　　　　　约定 a_n 端为栈顶，a_1 端为栈底。
　　基本操作：
　　InitStack(S)
　　操作结果：构造一个空栈 S。
　　IsEmpty(S)
　　操作结果：判断栈 S 是否为空，若为空，则返回 TRUE，否则返回 FALSE。
　　IsFull(S)
　　操作结果：若栈 S 已满，返回 TRUE，否则返回 FALSE。
　　GetTop(S, x)
　　操作结果：返回栈 S 的栈顶元素，并存入变量 x 中。
　　Push(S, x)
　　操作结果：在栈 S 中插入元素 x，使其成为新的栈顶元素。
　　Pop(S, x)
　　操作结果：删除 S 的栈顶元素，并用 x 返回其值。
} ADT Stack

栈的基本操作除了入栈（在栈顶插入）、出栈（删除栈顶）外，常用的还有栈的初始化、判空、判满及取栈顶元素等。

3.1.2　栈的表示和实现

和线性表类似，栈也有两种存储表示方法：顺序栈和链栈。

1. 栈的顺序存储结构——顺序栈

顺序栈，即栈的**顺序存储结构**，是利用一组**地址连续**的存储单元依次存放自栈底到栈顶的数据元素，同时附设指针 top 指示栈顶元素在顺序栈中的位置。通常的习惯做法是以 top=0 表示空栈，鉴于 C 语言中数组的下标约定从 0 开始，则当以 C 作描述语言时，如此设定会带来很大不便；另一方面，由于栈在使用过程中所需最大空间的大小很难估计，因此,一般来说,在初始化设空栈时不应限定栈的最大容量。一个较合理的做法是:先为栈分配一个基本容量,然后在应用过程中,当栈的空间不够使用时再逐段扩大。为此,可设定两个常量:STACK_ INIT_ SIZE(存储空间初始分配量)和 STACKINCREMENT(存储空间分配增量),并以下述类型说明作为顺序栈的定义。

```
/* ---栈的顺序存储结构--- */
#define TRUE 1
#define FALSE 0
#define STACK_INIT_SIZE 100
#define STACKINCREMENT 10
typedef struct
{ SelemType * base;            /* 栈的起始地址,当栈为空时,base 的值为 0 */
  SelemType * top;             /* 栈顶指针,始终指向栈顶元素的下一个位置 */
  int StackSize;               /* 当前已分配的存储空间大小,以元素为单位 */
}SeqStack;
```

SeqStack 就是所定义的顺序栈的类型。其中,base 可称为栈底指针,表示栈底的位置,若 base 为 NULL,则表明栈结构不存在;top 为栈顶指针,始终指向栈顶元素的下一个位置,其初值指向栈底,即 top=base 可作为空栈的标记,当插入元素时,top 指针加 1,删除元素时,top 指针减 1;StackSize 表示栈的当前长度。SelemType 是数据类型,它没有指定具体是什么类型,应视栈中的数据元素类型而定。图 3.3 展示了顺序栈的入栈和出栈过程及栈顶指针的变化情况。

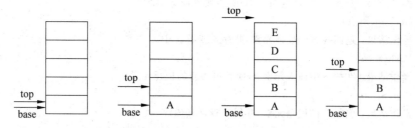

图 3.3　顺序栈的入栈、出栈过程及栈顶指针变化情况

顺序栈的基本操作实现如算法 3.1 至算法 3.5。

算法 3.1　栈的初始化

```
int  InitStack(SeqStack * S)
{ /* 构造一个空栈 S */
  S->base=(SelemType * )malloc(STACK_INIT_SIZE * sizeof(SelemType));
  if(!S->base) printf("空间已满\n");          /* 存储分配失败 */
  else
  { S->top=S->base;
    S->StackSize=STACK_INIT_SIZE;
  }
  return TRUE;
} /* InitStack */
```

首先根据初始分配量建立栈空间,然后初始化栈顶指针及当前容量。

算法 3.2 判断栈是否为空

```
int IsEmpty(SeqStack * S)            /* 若栈 S 为空栈,返回 TRUE,否则返回 FALSE */
{ if(S->top==S->base)
  return TRUE;
  else return FALSE;
}/* IsEmpty */
```

算法 3.3 入栈操作

```
int Push(SeqStack * S, SelemType x)           /* 插入元素 x 为新的栈顶元素 */
{ if((S->top)-(S->base)==S->StackSize)        /* 栈已满,追加空间 */
    { S->base=(SelemType * )realloc(S->base,
(S->StackSize+STACKINCREMENT) * sizeof(SelemType));
if(S->base==NULL) return FALSE;               /* 追加空间失败 */
S->top=S->base+S->StackSize;                  /* 求新空间的栈顶指针 */
S->StackSize=S->StackSize+STACKINCREMENT;     /* 新空间的容量 */
}                                             /* if */
 * S->top=x;                                  /* 在栈顶插入元素 x */
S->top++;                                     /* 修改栈顶指针 */
return(TRUE);
}/* Push */
```

注意:插入元素时首先判断空间是否已满,若满则追加空间,求出在新空间中的栈顶指针。由于栈顶指针指向栈顶元素的下一个位置,所以插入元素时是先将元素放入 top 所指位置,然后再修改 top 指针。

算法 3.4 出栈操作

```
int Pop(SeqStack * S, SelemType * x)    /* 若栈不空,则删除 S 的栈顶元素,并用 x 返
                                           回其值,并返回 TRUE,否则返回 FALSE */
{ if(S->top==S->base)                   /* 栈为空 */
  return(FALSE);
  else
{ S->top--;                             /* 修改栈顶指针,使其指向栈顶元素 */
 * x= * S->top;
    return(TRUE);
}/* else */
}/* Pop */
```

注意:在删除元素之前首先应判断栈是否为空,若为空则不能进行删除操作;其次先修改栈顶指针使其指向栈顶元素,然后再进行删除操作。

算法 3.5 取栈顶元素

```
int GetTop(SeqStack * S, SelemType * x)
{ /* 若栈不空,则用 x 返回 S 的栈顶元素,并返回 TRUE,否则返回 FALSE */
```

```
    if(S->top==S->base)     /* 栈为空 */
    return(FALSE);
    else
    { * x= * (S->top-1);
        return(TRUE);
    } /* else */
}/* GetTop */
```

注意：取栈顶元素和删除栈顶元素的区别为取元素时栈顶指针没有改变,而删除时栈顶指针减1。

以上栈的几种操作都是在栈顶进行,在每个算法中基本操作都只执行了一次,因此时间复杂度都是 $O(1)$。

当一个应用程序中需要使用多个栈时,为了提高空间的使用效率,要让多个栈共享存储空间,这样既能减少预分配空间过多造成的浪费,又能降低发生栈上溢而产生错误中断的可能性。

例如两栈共享一维数组空间,其共享方式如图 3.4 所示。

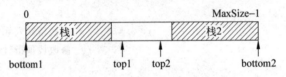

图 3.4   两栈共享空间示意图

仅当两个栈顶相遇才会发生上溢,栈顶可以越过中间点,显然比各用一半空间发生上溢的概率要小得多。

两栈共享的数据类型可如下定义：

```
typedef struct {
    SelemType data[MaxSize];      /* MaxSize 为数组长度,可依具体问题而定 */
    int   top1;                   /* 栈顶指针 1 */
    int   top2;                   /* 栈顶指针 2 */
}SharedStack;
```

两栈共享的基本操作实现见算法 3.6 至算法 3.8。

算法 3.6   共享栈的初始化

```
int InitSStack(SharedStack * S)
{  S->top1=0;                     /* 1 号栈空 */
   S->top2=MaxSize-1;             /* 2 号栈空 */
   return TRUE;
}                                 /* InitSStack */
```

算法 3.7   入栈操作

```
int PushSStack(SharedStack * S, SelemType x, int StackNumber)
/* 把元素 x 压入编号为 StackNumber 的栈中 */
```

```
{ if(S->top1-1==S->top2)        /* 共享栈满 */
    return FALSE;
    switch(StackNumber)
    { case 1:   S->data[S->top1++]=x;   break;
      case 2:   S->data[S->top2--]=x;   break;
    } /* switch */
  return TRUE;
} /* PushSStack */
```

算法 3.8　出栈操作

```
int PopSStack(SharedStack * S, SelemType * x, int StackNumber)
{  if(StackNumber==1)
    {   if(S->top1==0)               /* 栈 1 空 */
            return FALSE;
        * x=S->data[--S->top1];
    }                                /* if */
    else if(StackNumber==2)
    {  if(S->top2==MaxSize-1)  /* 栈 2 空 */
        return FALSE;
        * x=S->data[++S->top2];
    } /* if */
  return TRUE;
} /* PopSStack */
```

2. 栈的链式存储结构——链栈

栈的链式存储结构称为链栈。可以采用一个带头结点的单链表来表示一个链栈,其
结点结构和单链表相同。为了便于栈的插入和删除操作,将
单链表的头指针作为栈顶指针,这样栈的插入和删除操作都
在头结点后进行。如图 3.5 所示是一个链栈。

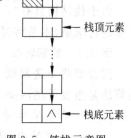

```
/--- * 栈的链式存储结构---- * /
typedef struct Node
{ SelemType data;
  struct Node * next;
}StackNode, * LinkStack;
LinkStack top;
```

图 3.5　链栈示意图

top 为链栈的栈顶指针,链栈相关操作的实现如算法 3.9 至算法 3.11。

算法 3.9　链栈的初始化

```
LinkStack InitLinkStack(LinkStack top)
{ top=(StackNode * )malloc(sizeof(StackNode));
  top->next=NULL;
  return top;
```

```
}/* InitLinkStack*/
```

算法 3.10　链栈的入栈操作

```
LinkStack PushLinkStack(LinkStack top, SelemType x)
{ StackNode * p;
  p=(StackNode * )malloc(sizeof(StackNode));      /* 申请一个结点空间 p */
  p->data=x;  p->next=top->next;   /* 将 p 插入在头结点后面,成为新的栈顶元素 */
  top->next=p;
  return top;
}/* PushLinkStack*/
```

算法 3.11　链栈的出栈操作

```
LinkStack PopLinkStack(LinkStack top, SelemType * x)
  { StackNode * p;
   if(top->next==NULL) retum NULL;       /* 栈为空 */
   else
   { p=top->next;                   /* p 指向栈顶元素 */
    * x=p->data;
    top->next=p->next;              /* top 指向新的栈顶 */
    free(p);
    return top;
  }/* else*/
}/* PopLinkStack*/
```

上述 3 个算法的时间复杂度同样为 $O(1)$。

3.2　栈的应用举例

由于栈结构具有"后进先出"的特性,在很多实际问题中都利用栈作为辅助的数据结构来进行求解,本节将讨论几个栈应用的典型例子。

例 3.1　数制转换。

假设要将十进制数 N 转换为 d 进制数,一个简单的转换算法是重复下述两步,直到 N 等于零。

$X = N \bmod d$　(mod 为求余运算)

$N = N \operatorname{div} d$　(div 为整除运算)

在上述计算过程中,第一次求出的 X 值为 d 进制数的最低位,最后一次求出的 X 值为 d 进制数的最高位,所以上述算法是从低位到高位顺序产生 d 进制数各位上的数。

例如,$(692)_{10} = (1010110100)_2$,其运算过程如图 3.6 所示。

由于计算过程是从低位到高位顺序产生二进制数的各个数位,而打印输出时应从高位到低位进行,恰好与计算过

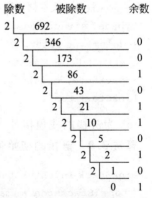

图 3.6　十进制数转换为二进制数的运算过程

程相反。因此,将计算过程中得到的二进制数的各位顺序进栈,则按出栈序列打印输出的
就是与给定的十进制数对应的二进制数。其运算过程描述如算法 3.12 所示。

算法 3.12　数制转换

```
void Conversion(int N)
{ /* 对于任意的一个非负十进制数 N,打印出与其等值的二进制数 */
  SeqStack S; int x;
  InitStack(&S);
  while(N>0)
    { x=N%2;
      Push(&S, x);                    /* 将转换后的数字压入栈 S */
      N=N/2;
    }/* while */
  while(!IsEmpty(&S))
  {  Pop(&S,&x);
     printf("%d",x);
  }/* while */
}/* Conversion */
```

注意:上述算法中用到的顺序栈类型定义及相关函数的实现见算法 3.1 至算法 3.5。
此外,因为此例的栈中的元素类型是整型,所以需要在头文件后添加"typedef int
SelemType;"语句。

例 3.2　括号匹配问题。

假设表达式中包含 3 种括号:圆括号、方括号和花括号,它们可互相嵌套,如([{ }]
([ ]))或((([ ][( )])))等均为正确的格式,而 { [ ] }) } 或 { [( )] 或 ([ ] } 均
为不正确的格式。现在需要设计一个算法,用来检验在输入的算术表达式中所使用括号
的合法性。

算术表达式中各种括号的使用规则为:出现左括号,必有相应的右括号与之匹配,并
且每对括号之间可以嵌套,但不能出现交叉情况。由此,在算法中设置一个栈,每读入一
个括号,若是左括号,则直接入栈,等待相匹配的同类右括号;若读入的是右括号,且与当
前栈顶的左括号同类型,则二者匹配,将栈顶的左括号出栈,否则属于不合法的情况。此
外,输入序列已读完,而栈中仍有等待匹配的左括号,或者读入了一个右括号,而栈中已无
等待匹配的左括号,均属不合法的情况。当输入序列和栈同时变为空时,说明所有括号完
全匹配。

算法 3.13　括号匹配问题

```
void BracketMatch(char * str)
/* str[]中为输入的字符串,利用栈来检查该字符串中的括号是否匹配 */
{ SeqStack S; int i;
  char ch;
  InitStack(&S);
  for(i=0; str[i]!='\0'; i++)                     /* 对字符串中的字符逐一扫描 */
```

```
{switch(str[i])
  { case '(':
    case '[':
    case '{':   Push(&S,str[i]);   break;
    case ')':
    case ']':
    case '}':   if(IsEmpty(&S))
                    { printf("\n 右括号多余!");  return;}
                else
                    { GetTop (&S, &ch);
                      if(Match(ch,str[i]))     /* 用 Match 判断两个括号是否匹配 */
                      Pop(&S,&ch);             /* 已匹配的左括号出栈 */
                      else
                      { printf("\n 对应的左右括号不同类!");  return; }
                    } / * else * /
  } / * switch * /
} / * for * /
if(IsEmpty(&S))
  printf("\n 括号匹配!");
else
  printf("\n 左括号多余!");
} / * BracketMatch * /
int Match(char ch1,char ch2)
{ if((ch1=='{'&&ch2=='}') ||(ch1=='['&& ch2==']') ||(ch1=='(' && ch2==')'))
  return 1;
else return 0;
} / * Match * /
```

注意：上述算法中用到的顺序栈同例 3.1，此处不再赘述。同例 3.1 相同的理由，需在头文件后添加"typedef char SelemType;"语句。

例 3.3　算术表达式求值。

表达式求值是高级语言编译中的一个基本问题，是栈的典型应用实例。这里介绍一种简单直观、广为使用的算法——算符优先法，即根据运算优先关系的规定来实现对表达式的编译或解释执行。

任何一个表达式都是由操作数（operand）、运算符（operator）和界限符（delimiter）组成的。操作数可以是常数或变量或常量的标识符；运算符分为算术运算符、关系运算符和逻辑运算符；界限符有左右括号和表达式开始、结束符等。这里仅讨论简单算术表达式的求值问题，运算符只含加、减、乘、除 4 种运算符。

例如，@3*(6-4)@，引入表达式起始、结束符"@"是为了方便。要对算术表达式求值，首先要了解算术四则运算的规则，即：

（1）从左算到右；

（2）先乘除，后加减；

（3）先括号内，后括号外。

运算符和界限符统称为算符。根据上述 3 条运算规则，在运算过程中，任意两个前后相继出现的算符 θ_1 和 θ_2 之间的优先关系必为下面 3 种关系之一：

$\theta_1 < \theta_2$：θ_1 的优先权低于 θ_2。

$\theta_1 = \theta_2$：θ_1 的优先权等于 θ_2。

$\theta_1 > \theta_2$：θ_1 的优先权高于 θ_2。

表 3.1 定义了算符之间的优先关系。

表 3.1　算符间的优先关系

前算符 θ_1 ＼ 后算符 θ_2	+	-	*	/	(	)	@
+	>	>	<	<	<	>	>
-	>	>	<	<	<	>	>
*	>	>	>	>	<	>	>
/	>	>	>	>	<	>	>
(	<	<	<	<	<	=	
)	>	>	>	>		>	>
@	<	<	<	<	<		=

为实现算符优先算法，需引入两个栈 Optr 和 Opnd，分别用于保存运算符与操作数。算法的基本思想是：

（1）首先将操作数栈 Opnd 置为空栈，将表达式起始符"@"压入运算符栈 Optr 中作为栈底元素。

（2）依次读入表达式中的每个字符，并做如下处理，直至当前读入字符与运算符栈的栈顶元素均为"@"时，说明整个表达式求值完毕（此时操作数栈的栈顶元素即为表达式运算结果），结束下列循环。

① 若是操作数则进 Opnd 栈。

② 若是运算符，则和 Optr 栈的栈顶运算符进行优先权比较，过程如下：

* 若栈顶运算符的优先级低于当前运算符，则将当前运算符进 Oper 栈，继续读入下一个字符。

* 若栈顶运算符的优先级高于当前运算符，则将栈顶运算符出栈，送入 θ，同时将操作数栈 Opnd 出栈两次，得到两个操作数 a、b，对 $b\theta a$ 进行运算后，将运算结果压入 Opnd 栈。

* 若栈顶运算符的优先级与当前运算符的优先级相同，说明左右括号相遇，只需将栈顶运算符（左括号）退栈，继续读入下一个字符。

图 3.7 给出了求表达式 $3*(6-4)$ 运算符栈与操作数栈的变化过程。

跟踪示例：@3*(6−4)@

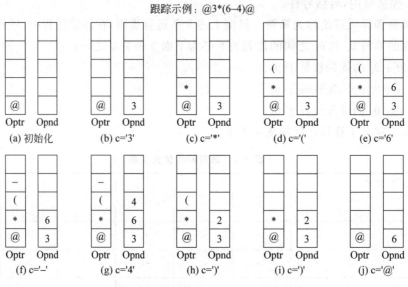

图 3.7　表达式 3 ∗ (6−4)跟踪示例

3.3　队　　列

3.3.1　队列的定义

队列(queue)是一种先进先出(Fist In Fist Out,FIFO)的线性表。它只允许在表的一端插入元素,而在另一端删除元素。这与日常生活中的排队是一致的,最早进入队列的人最早离开,新来的人总是加入到队尾。在队列中,允许插入的一端叫做**队尾**(rear),允许删除的一端则称为**队头**(front)。假设队列为 $q=(a_1,a_2,\cdots,a_n)$,那么, a_1 就是队头元素, a_n 则是队尾元素。队列中的元素是按照 $a_1,a_2,\cdots,a_n$ 的顺序进入的,退出队列也只能按照同样的次序依次出队,也就是说,只有在 $a_1,a_2,\cdots,a_{n-1}$ 都离开队列之后, a_n 才能退出队列。图 3.8 是队列的示意图。

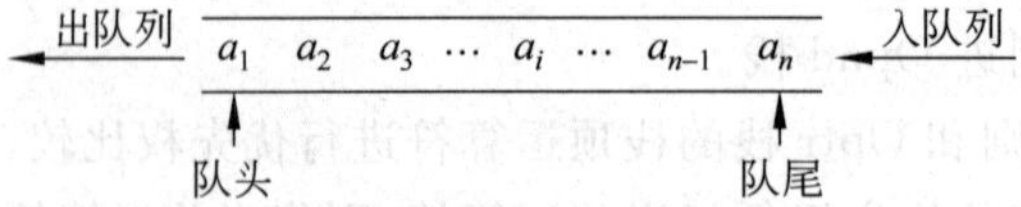

$$\longleftarrow 出队列 \quad \overline{a_1 \quad a_2 \quad a_3 \quad \cdots \quad a_i \quad \cdots \quad a_{n-1} \quad a_n} \quad 入队列 \longleftarrow$$

队头　　　　　　　　　队尾

图 3.8　队列的示意图

队列在程序设计中也经常出现。一个最典型的例子就是操作系统中的作业排队。在允许多道程序运行的计算机系统中,同时有几个作业运行。如果运行的结果都需要通过通道输出,那就要按请求输出的先后次序排队。每当通道传输完毕可以接受新的输出任务时,队头的作业先从队列中退出作输出操作。凡是申请输出的作业都从队尾进入队列。

队列的抽象数据类型定义如下:

```
ADT Queue {
    数据对象:
            D={a_i | a_i ∈ ElemSet, i=1,2,…,n, n≥0}
    数据关系:
            R_1={<a_{i-1},a_i> | a_{i-1}, a_i ∈ D, i=2,…,n}
        约定其中 a_1 端为队列头,a_n 端为队列尾
    基本操作:
        InitQueue(Q)
        操作结果:构造一个空队列。
        IsEmpty(Q)
        操作结果:判断队列是否为空,若为空返回 TRUE,否则返回 FALSE。
        QueueLength(Q)
        操作结果:求队列中元素的个数,即队列的长度。
        ClearQueue(Q)
        操作结果:将已存在的队列 Q 清为空队列。
        EnQueue(Q, x)
        操作结果:将元素 x 插入到队列 Q 中,并使 x 成为新的队尾元素。
        DeQueue(Q, x);
        操作结果:删除队头元素,将其值由 x 返回。
        GetHead(Q, x)
        操作结果:由 x 返回队头元素的值。
} ADT Queue
```

3.3.2　队列的表示和实现

与线性表类似,队列也可以有两种存储表示,即顺序表示和链式表示。

1. 队列的顺序表示和实现

队列的顺序存储结构实现称作顺序队列。与顺序表一样,顺序队列也是用一组地址连续的存储单元依次存放从队头到队尾的元素,此外,尚需附设两个指针 front 和 rear 分别指示队头元素和队尾元素在数组中的位置。为了在 C 语言中描述方便,我们约定:初始化建空队列时,令 front=rear=0;入队时,直接将新元素送入尾指针 rear 所指的单元,然后尾指针增 1;出队时,直接取出队头指针 front 所指的元素,然后头指针增 1。显然,在非空顺序队列中,队头指针始终指向队列头元素,而队尾指针始终指向队列尾元素的下一个位置。队列的基本操作如图 3.9 所示。

假设当前为队列分配的最大空间为 6,则当队列处于图 3.9(d)的状态时不能再继续插入新的队尾元素,否则会因数组越界而导致程序代码被破坏。然而此时队列的实际可用空间并未占满,将这种现象称为假溢出。

为了解决假溢出现象并使得队列空间得到充分利用,一个较巧妙的办法是将顺序队列看成一个环状的空间,即规定最后一个单元的后继为第一个单元,形象地称之为**循环队列**(circular Queue),如图 3.10 所示。

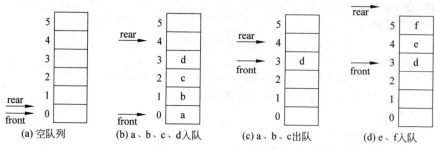

图 3.9　队列的基本操作

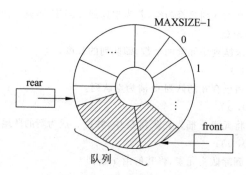

图 3.10　循环队列示意图

与一般的顺序队列相同,在循环队列中,指针和队列元素之间关系不变。如图 3.11(a)所示循环队列中,队列头元素是 e_3,队列尾元素是 e_5,当 e_6、e_7 和 e_8 相继入队后,队列空间被占满,如图 3.11(b)所示,此时 front＝rear。

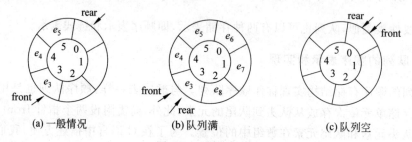

图 3.11　循环队列

反之,若 e_3、e_4 和 e_5 相继从图 3.11(a)的队列中删除,则得到空队列,如图 3.11(c)所示,此时也存在关系式 front＝rear。由此可见,只凭 front＝rear 无法判别队列的状态是"空"还是"满"。对于这个问题,可有两种处理方法:其一是少用一个元素空间,约定以"队尾指针的下一位置是队头指针"作为队列呈"满"状态的标志,这样队列"满"的条件为 (rear＋1)％MAXSIZE＝front,判队空的条件不变,仍为 rear＝front;其二是另设一个标志量以区别队列是"空"还是"满"。下面所有的算法都采用第一种方法实现。

循环队列的类型定义:

#define MAXSIZE 50　　　　　　　　　　　　/* 队列的最大长度 */

```
typedef struct
{ QelemType element[MAXSIZE];          /* 队列的元素空间 */
  int front;                            /* 头指针指示器 */
  int rear ;                            /* 尾指针指示器 */
}SeqQueue;
```

SeqQueue 就是我们定义的循环队列。其中，QelemType 是队列中元素的类型，随实际问题而定；front 是指向队头的指针；rear 是队尾指针，它始终指向队尾元素的下一位置。

循环队列基本操作的相关实现见算法 3.14 至算法 3.18。

算法 3.14　循环队列初始化

```
void InitQueue(SeqQueue * Q)
{ /* 将队列 Q 初始化为一个空的循环队列 */
  Q->front=Q->rear=0;
} /* InitQueue */
```

算法 3.15　判断循环队列是否为空

```
int IsEmpty (SeqQueue * Q)
{ /* 判断队列是否为空。如果队列空,返回 TRUE,否则返回 FALSE */
  if(Q->front==Q->rear) return TRUE;
  else return FALSE;
} /* IsEmpty */
```

算法 3.16　入队列

```
int EnQueue(SeqQueue * Q, QelemType x)
{ /* 将元素 x 入队 */
  if((Q->rear+1)%MAXSIZE==Q->front)     /* 队列已经满了 */
      return(FALSE);
  Q->element[Q->rear]=x;                /* 把 x 插入队尾 */
  Q->rear=(Q->rear+1)%MAXSIZE;          /* 重新设置队尾指针 */
  return(TRUE);                         /* 操作成功 */
} /* EnQueue */
```

算法 3.17　出队列

```
int DeQueue(SeqQueue * Q, QelemType * x)
{ /* 删除队列的队头元素,用 x 返回其值 */
  if(Q->front==Q->rear)                 /* 队列为空 */
      return(FALSE);
  *x=Q->element[Q->front];              /* 将队头元素放入变量 * x 中 */
  Q->front=(Q->front+1)%MAXSIZE;        /* 重新设置队头指针 */
  return(TRUE);                         /* 操作成功 */
} /* DeQueue */
```

算法 3.18   获取队头元素

```
int GetHead (SeqQueue * Q, QelemType * x)
{ /* 获取队列的队头元素,用 x 返回其值 */
  if(Q->front==Q->rear)                     /* 队列为空 */
  return(FALSE);
  * x=Q->element[Q->front];                 /* 队头元素放入 * x 中 */
  return(TRUE);
} /* GetHead */
```

上述几个算法的时间复杂度均为 $O(1)$。

2. 队列的链式表示和实现

用链表表示的队列简称为**链队列**。为了操作方便,采用带头结点的链表结构,并设置一个队头指针和一个队尾指针,如图 3.12 所示。队头指针始终指向头结点,队尾指针指向队列最后一个元素。空的链队列的队头和队尾指针均指向头结点。

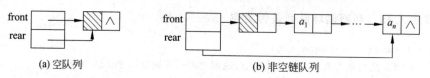

(a)空队列   (b)非空链队列

图 3.12   链队列示意图

```
/* ----队列的链式存储结构--- */
#define TRUE 1
#define FALSE 0
typedef struct Node               /* 结点结构 */
{ QelemType data;                 /* 数据域 */
  struct Node * next;             /* 指针域 */
}LinkQNode;
typedef struct
{ LinkQNode * front;              /* 队头指针 */
  LinkQNode * rear;              /* 队尾指针 */
} LinkQueue;
```

链队列基本操作的相关实现见算法 3.19 至算法 3.23。

算法 3.19   初始化链队列

```
void InitLinkQueue(LinkQueue * Q)
{ /* 将 Q 初始化为一个空的链队列 */
  Q->front=(LinkQNode * )malloc(sizeof(LinkQNode));
  Q->rear=Q->front;                   /* 头指针和尾指针都指向头结点 */
  Q->front->next=NULL;
} /* InitLinkQueue */
```

算法 3.20　判断链队列是否为空

```
int IsLQEmpty (LinkQueue * Q)
{ /* 判断队列是否为空。如队列为空,返回 TRUE,否则返回 FALSE */
  if(Q->front==Q->rear) return TRUE;
  else return FALSE;
} /* IsLQEmpty */
```

算法 3.21　入队列

```
int EnLinkQueue(LinkQueue * Q, QelemType x)
{  /* 将数据元素 x 插入到队列 Q 中 */
   LinkQNode * NewNode;
   NewNode=(LinkQNode * )malloc(sizeof(LinkQNode));
   if(NewNode!=NULL)
     {  NewNode->data=x;
        NewNode->next=NULL;
        Q->rear->next=NewNode; /* 在队尾插入结点 */
        Q->rear=NewNode;          /* 修改队尾指针 */
        return(TRUE);
     }
   else return(FALSE);           /* 溢出! */
} /* EnLinkQueue */
```

算法 3.22　出队列

```
int DeLinkQueue(LinkQueue * Q, QelemType * x)
{  /* 删除队列的队头元素,用 x 返回其值 */
   LinkQNode * p;
   if(Q->front==Q->rear)
      return(FALSE);
   p=Q->front->next;            /* P 指向队头元素 */
   Q->front->next=p->next;      /* 队头元素 p 出队 */
   if(Q->rear==p)               /* 如果队中只有一个元素 p,则 p 出队后成为空队 */
   Q->rear=Q->front;
   * x=p->data;
   free(p);                     /* 释放存储空间 */
   return(TRUE);
} /* DeLinkQueue */
```

算法 3.23　获取队头元素

```
int GetLQHead (LinkQueue * Q, QelemType * x)
{  /* 获取队列的队头元素,用 x 返回其值 */
   LinkQNode * p;
   if(Q->front==Q->rear)
      return(FALSE);
```

```
p=Q->front->next;              /* P指向队头元素 */
*x=p->data;                    /* 取得队头元素的值 */
free(p);                       /* 释放存储空间 */
return(TRUE);
} /* GetLQHead */
```

以上算法都仅仅是在队头或队尾修改指针,因此时间复杂度都是 $O(1)$。

3.4 队列的应用举例

例 3.4 试利用循环队列编写求 k 阶斐波那契序列中前 $n+1$ 项($f_0, f_1, \cdots, f_n$)的算法。要求满足:$f_n \leqslant \max$ 而 $f_{n+1} > \max$,其中,max 为某个约定的常数(注意:本题所用循环队列的容量仅为 k,则在算法执行结束时,留在循环队列中的元素应是所求 k 阶斐波那契序列中的最后 k 项 $f_{n-k+1}, \cdots, f_n$)。

解题思路:k 阶斐波那契序列的定义为

$$f_j = 0 \quad (0 \leqslant j < k-1), \quad f_{k-1} = 1, \quad f_j = f_{j-k} + f_{j-k+1} + \cdots + f_{j-1} \quad (j \geqslant k)$$

为求 f_j,需要用到在序列中它前面的 k 个数据 f_{j-k}、f_{j-k+1}、$\cdots$、f_{j-1},使用大小为 k 的循环队列正好可以保存它的前 k 个数据。因为使用这个循环队列时只进队不出队,可直接定义队列存储数组 $Q[k]$ 和队尾指针 rear。此外,假定阈值 maxValue 大于 1。

算法 3.24 k 阶斐波那契序列

```
long Fib_SeqQueue(long Q[ ],int k, int rear,int n, long maxValue)
{ long sum;
  int i;
  for(i=0;i<k-1;i++)   Q[i]=0;      /* 给前 k 项赋初值 */
  Q[k-1]=1;
  rear=n=k-1;              /* 队尾指针指示队尾位置,n 为 fj 计数,sum 为 fj 的值 */
  sum=1;
  while(1)
{ for(i=1;i<k;i++)   sum=sum+Q[(rear-i+k)%k];  /* 求 fj 的值 */
  if(sum>maxValue) break;           /* 若 sum 超过阈值,程序结束 */
  n++;
  rear=(rear+1)%k;                  /* 队列中仅存入到 fn 项 */
  Q[rear]=sum;                      /* sum 存入队列取代已无用的项 */
} /* while */
return Q[rear];                     /* 所求 fj 的值 */
} /* Fib_SeqQueue */
```

例 3.5 模拟打印机缓冲区。

在主机将数据输出到打印机时,会出现主机速度与打印机的打印速度不匹配的问题。这时主机就要停下来等待打印机。显然,这样会降低主机的效率。为此,人们设想了一种办法:为打印机设置一个打印数据缓冲区,当主机需要打印数据时,先将数据依次写入这个缓冲区,写满后主机转去做其他的事情,而打印机就从缓冲区中按照先进先出的原则依次读取数据并打印,这样做既保证了打印数据的正确性,又提高了主机的效率。由此可见,打印机缓冲区实际上就是一个队列结构。

例 3.6　双端队列。

双端队列(double-ends queue)是操作系统的工作调度所采用的一种数据结构,这种队列的两端都可以存取数据元素,其结构如图 3.13 所示。

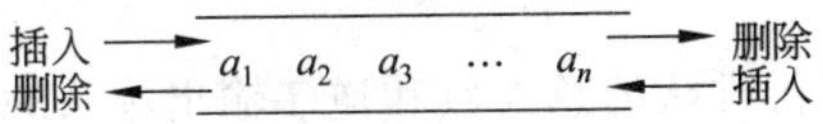

插入 ——→　┌─────────────────┐　←—— 删除
删除 ←——　│ a_1　a_2　a_3　…　a_n │　——→ 插入
　　　　　　└─────────────────┘

图 3.13　双端队列结构示意图

只要把图 3.13 从中间切成两半,其中一半就构成一个独立的栈结构。所以可以说双端队列是将两个栈的栈底结合起来形成的。双端队列与队列一样,需要两个指针分别指向结构的两端以方便操作。

CPU 调度在多人使用的计算机系统中是一个重要的概念。因为多人同时使用一个 CPU,在每一段时间内 CPU 只能运行一个作业。所以将每个人的作业先集中排在一个等待队列中,等待 CPU 有空时再接着运行下面的工作。通常把决定谁先谁后的处理称为工作调度。调度的方法有很多种,双端队列也有各种不同的设计。这里只简介其中两种双端队列。

(1) 输入受限的双端队列:它限制插入只能在一端进行,删除却可以在两端的任何一端进行。由于两端都可以删除,所以队列输出的组合就会有许多种。

(2) 输出受限的双端队列:与输入受限的双端队列刚好相反,它限制删除只能在一端进行,而插入却可以在两端的任何一端进行。

3.5　应用实例——银行排队服务模拟

1. 问题描述

假设银行只有一个窗口对外营业,顾客到银行办理业务,首先要取一个顺序号,然后排队等待叫号。被叫到号的顾客到柜台接受服务,服务完毕后离开。到了下班时间不再接收新来的顾客。编写算法模拟银行一天共有多少顾客接受了服务,并按逆序输出接受服务的顾客顺序号。

2. 问题分析

顾客到银行办理业务,必须按照先来先得到服务的原则,因此可以把顾客信息用一个队列来存储,顾客到达后先取号,然后进入队列(插入队尾)等待;被叫到号的顾客接受服务,然后离开(队头元素出列);银行下班后不再接收新来的顾客,即将队列中的元素依次出队列。到达银行的顾客的顺序号随机产生(1~100 之间)。设置命令:A 表示顾客到达银行;D 表示顾客离开银行;P 表示下班不再接收新顾客。为了逆序输出已接受服务的顾客顺序号,可以设置一个栈,在顾客接受完服务后,将顾客的顺序号存入栈中,待下班后,依次取出栈中元素并输出,即为所求。

3. 程序设计

本题采用带头结点的链队列和顺序栈作为存储结构。

输入设计：当输入命令 A 时，进行入队操作；当输入命令 D 时，进行出队操作；当输入命令 P 时，如果排队队列不空，则依次删除所有元素。在删除元素的过程中，把删除的元素同时入栈，并计数。

输出设计：输出进入银行排队的总人数和逆序输出排队的顾客顺序号。

基本操作：

void InitLinkQueue(LinkQueue ∗ Q)：初始化链队列。

void InitStack(SeqStack ∗ S)：初始化顺序栈。

int IsLQEmpty(LinkQueue ∗ Q)：判断链队列是否为空。

int IsEmpty(SeqStack ∗ S)：判断栈是否为空。

int EnLinkQueue(LinkQueue ∗ Q, int x)：在链队列的队尾插入一个元素 x。

int DeLinkQueue(LinkQueue ∗ Q, int ∗ x)：删除链队列的队头元素并存入 x 所指单元中。

int Push(SeqStack ∗ S, int x)：在顺序栈的栈顶插入一个元素 x。

int Pop(SeqStack ∗ S, int ∗ x)：在顺序栈的栈顶删除一个元素并存入 x 所指单元中。

void Process(LinkQueue ∗ Q, SeqStack ∗ S)：对到达银行的顾客进行处理。

main() 主函数。

4. 程序代码

```
#include<stdio.h>
#include<string.h>
#include<stdlib.h>
#include<math.h>
#define   TRUE 1
#define   FALSE 0
#define STACK_INIT_SIZE 100
#define STACKINCREMENT 10
typedef struct Node              /* 结点结构 */
{  int data;                     /* 顾客顺序号 */
   struct Node * next;           /* 指针域 */
}LinkQNode;
  typedef struct                 /* 链队列结构 */
{ LinkQNode * front;             /* 队头指针 */
  LinkQNode * rear;              /* 队尾指针 */
}LinkQueue;
  typedef struct                 /* 顺序栈结构 */
{ int * base;                    /* 栈的起始地址,当栈为空时,base 的值为 0 */
```

```
    int * top;                          /* 栈顶指针,始终指向栈顶元素的下一个位置 */
    int Stacksize;                      /* 当前已分配的存储空间大小,以元素为单位 */
}SeqStack;
void InitLinkQueue(LinkQueue * Q)
{ /* 将 Q 初始化为一个空的链队列 */
    Q->front=(LinkQNode * )malloc(sizeof(LinkQNode));
    Q->rear=Q->front;                   /* 头指针和尾指针都指向头结点 */
    Q->front->next=NULL;
}/* InitLinkQueue */
void InitStack(SeqStack * S)
{ /* 构造一个空栈 S */
S->base=(int * )malloc(STACK_INIT_SIZE * sizeof(int));
if(!S->base) printf("空间已满\n");      /* 存储分配失败 */
else
  { S->top=S->base;
    S->Stacksize=STACK_INIT_SIZE;
  }/* else */
} /* InitStack */
int EnLinkQueue(LinkQueue * Q, int x)
{   /* 将数据元素 x 插入到队列 Q 中 */
LinkQNode  * NewNode;
  NewNode=(LinkQNode * )malloc(sizeof(LinkQNode));
if(NewNode!=NULL)
{  NewNode->data=x;
   NewNode->next=NULL;
   Q->rear->next=NewNode;        /* 在队尾插入结点 */
   Q->rear=NewNode;              /* 修改队尾指针 */
   printf("顺序号为%d 的顾客进入\n",Q->rear->data);
return(TRUE);
} /* if */
  else return(FALSE);           /* 溢出! */
} /* EnLinkQueue */
int DeLinkQueue(LinkQueue * Q, int * x)    /* 删除队列的队头元素,用 x 返回其值 */
{  LinkQNode * p;
   if(Q->front==Q->rear)
   return FALSE;
   p=Q->front->next;            /* p 指向队头元素 */
   Q->front->next=p->next;      /* 队头元素 p 出队 */
   if(Q->rear==p)               /* 如果队中只有一个元素 * p,则 * p 出队后成为空队 */
   Q->rear=Q->front;
   * x=p->data;
   free(p);                     /* 释放存储空间 */
return TRUE;
}/* DeLinkQueue */
```

```
int Push(SeqStack * S, int x)      /* 插入元素 x 为新的栈顶元素 */
  { if(S->top-S->base==S->Stacksize)              /* 栈已满,追加空间 */
     { S->base=(int *)realloc(S->base,
          (S->Stacksize+STACKINCREMENT) * sizeof(int));
       if(S->base==NULL) return FALSE;            /* 追加空间失败 */
       S->top=S->base+S->Stacksize;              /* 求新空间的栈顶指针 */
       S->Stacksize=S->Stacksize+STACKINCREMENT;        /* 新空间的容量 */
     } /* if */
      * S->top=x;              /* 在栈顶插入元素 x */
      S->top++;               /* 修改栈顶指针 */
      return(TRUE);
} /* Push */
int IsLQEmpty (LinkQueue * Q)
{ /* 判断队列是否为空。如果队列为空,返回 TRUE,否则返回 FALSE */
if(Q->front==Q->rear) return TRUE;
    else return FALSE;
} /* IsLQEmpty */
int IsEmpty(SeqStack * S)      /* 若栈 S 为空栈,返回 TRUE,否则返回 FALSE */
{ if(S->top==S->base)
return TRUE;
else return FALSE;
} /* IsEmpty */
int Pop(SeqStack * S, int * x)    /* 若栈不空,则删除 S 的栈顶元素,并用 x 返回其值,并
                                     返回 TRUE,否则返回 FALSE */
{ if(S->top==S->base)        /* 栈为空 */
  return FALSE;
  else
{ S->top--;                /* 修改栈顶指针,使其指向栈顶元素 */
  * x= * S->top;
  return TRUE;
} /* else */
} /* Pop */
void Process(LinkQueue * Q, SeqStack * S)
{  char ch,ch1,A,D,P;
   int flag,sum=0;                /* 进入银行的顾客总人数,flag 为算法结束标记 */
   int num;                  /* num 为顾客的顺序号 */
   printf("----------------银行排队系统模拟----------------\n");
   printf("  A--表示顾客到达    D--表示顾客离开    P--表示停止顾客进入\n");
   printf("请输入: A or D or P\n");
   flag=1;
   while(flag)
     { scanf("%c",&ch);
       ch1=getchar();
       switch(ch)
```

```
          { case 'A': num=rand()%100+1;        /* 产生 1~100 之间的顺序号 */
                      EnLinkQueue(Q,num);       /* 入队列 */
                      break;
            case 'D': if(IsLQEmpty(Q)) printf("无顾客排队\n");
                      else {
                      DeLinkQueue(Q,&num);
                      sum=sum+1;                 /* 已接受服务的顾客人数 */
                      printf("顺序号为%d 的顾客离开\n",num);
                      Push(S,num);               /* 已接受服务的顾客入栈 */
                      }
                      break;
            case 'P': printf("停止顾客进入\n");
                      printf("还在排队的顾客有: ");
                      while(!IsLQEmpty(Q))
                      {DeLinkQueue(Q,&num);
                      printf("%sd",num);
                      sum=sum+1;                 /* 得到服务的顾客人数 */
                      Push(S,num);
                      }
                      flag=0;
                      break;
            default: printf("无效的命令\n");
                      break;
          } /* switch */
    } /* while */
    printf("\n");
    printf("到达银行的顾客人数为: %d\n",sum);
    while(!IsEmpty(S))
    { Pop(S,&num);
      printf("第%d 位顾客,顺序号为: %d\n",sum,num);
      sum=sum-1;
    } /* while */
} /* Process */
  main()
  { LinkQueue * Q;
    SeqStack * S;
    Q=(LinkQueue * )malloc(sizeof(LinkQueue));
    S=(SeqStack * )malloc(sizeof(SeqStack));
    InitLinkQueue(Q);
    InitStack(S);
    Process(Q,S);
} /* main */
```

5. 数据测试与运行结果

本例运行结果如图 3.14 所示。

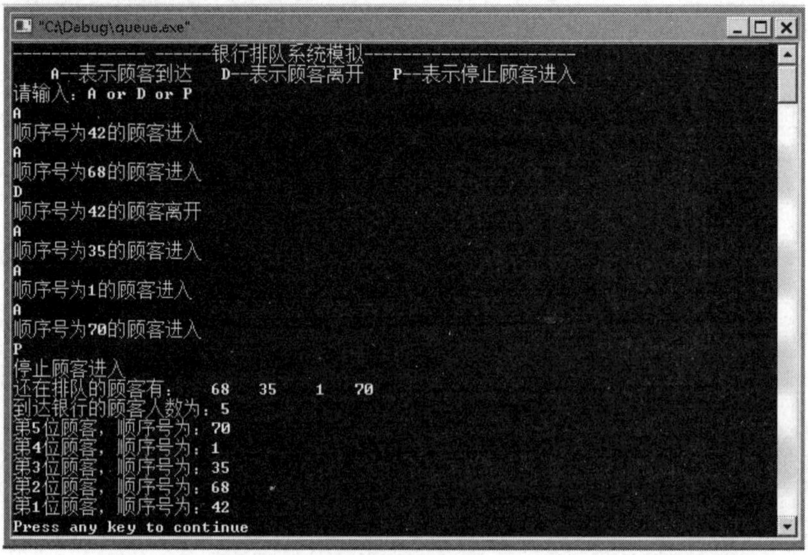

图 3.14 运行结果

本 章 小 结

（1）栈和队列都是操作受限的线性表。栈的特点是后进先出；队列的特点是先进先出。

（2）栈有两种存储方式：顺序栈和链栈。在栈的顺序存储结构中，插入和删除元素都在栈顶进行，栈顶指针始终指向栈顶的下一个位置。当栈顶指针和栈底指针相等时，栈为空。栈的链表存储也称为链栈，链表的头指针即为链栈的栈顶指针，插入和删除操作仅修改栈顶指针即可。

（3）队列也有两种存储方式：循环队列和链队列。插入元素时在队尾进行，删除元素时在队头进行。在循环队列中，队头指针指向队头元素，队尾指针指向队尾的下一位置，因此，要注意循环队列队空和队满的条件。在链队列中，共设两个指针：队头指针和队尾指针，分别指向队头元素和队尾元素，当队头指针和队尾指针相等时，链队列为空。

习 题 3

一、选择题

1. 假设以 I 和 O 分别表示入栈和出栈操作，栈的初态和终态均为空，入栈和出栈的操作序列可表示为仅由 I 和 O 组成的序列，下面所示的序列中合法的是(　　　　)。

    A. IOIIOIOO   B. IOOIOIIO   C. IIIOIOIO   D. IIIOOIOO

2. 一个栈的入栈序列是 abcde,则在下列输出序列中不可能的是(　　)。

    A. edcba   B. decba   C. dceab   D. abcde

3. 循环队列的队满条件为 (　　)。

    A. (sq. rear+1)％maxsize==(sq. front+1)％maxsize

    B. (sq. rear+1％maxsize==sq. front+1

    C. sq. (rear+1)％maxsize==sq. front

    D. sq. rear==sq. front

4. 设有一顺序栈 S,元素 $s_1s_2s_3s_4s_5s_6$ 依次进栈,如果 6 个元素出栈的顺序是 $s_2s_3s_4$ $s_6s_5s_1$,则栈的容量至少应该是(　　)。

    A. 2   B. 3   C. 5   D. 6

5. 在一个链队中,若 f、r 分别为队首、队尾指针,则插入 s 所指结点的操作为(　　)。

    A. f->next=c;f=s   B. r->next=s;r=s

    C. s->next=r;r=s   D. s->next=f;f=s

6. 链栈与顺序栈相比,有一个比较明显的优点是(　　)。

    A. 插入操作更方便   B. 通常不会出现栈满的情况
    C. 不会出现栈空的情况   D. 删除操作更方便

7. 一个队列的输入序列是 1234,则队列的输出序列是(　　)。

    A. 4321   B. 1234   C. 1432   D. 3241

8. 设计一个判别表达式中左、右括号是否配对出现的算法,采用(　　)数据结构最佳。

    A. 线性表的顺序存储结构   B. 栈
    C. 队列   D. 线性表的链式存储结构

9. 以下说法正确的是(　　)。

    A. 顺序队和循环队的队满和队空判断条件是一样的

    B. 栈可以作为实现过程调用的一种数据结构

    C. 插入和删除是数据结构中最基本的两种操作,所以这两种操作在数组中也经常使用

    D. 在循环队列中,front 指向队列中第一个元素的前一位置,rear 指向实际的队尾元素,队列为满的条件 front==rear

10. 设 C 语言数组 Data[m+1]作为循环队列 SQ 的存储空间,front 为队头指针,rear 为队尾指针,则执行出队操作的语句为(　　)

    A. front=front+1   B. front=(front+1)％m
    C. rear=(rear+1)％m   D. front=(front+1)％(m+1)

二、填空题

1. 栈修改的原则是_____。在栈顶进行插入运算,被称为_____;在栈顶进行删除运算,被称为_____。

2．一般地,栈和线性表类似,有两种实现方法,即_____实现和_____实现。

3．实现在顺序栈上判栈空的条件为_____。

4．在队列中,新插入的结点只能添加到_____,被删除的只能是排在_____的结点。

5．实现在循环队上的入队列,主要语句为_____。

6．实现在循环队上判队空的条件为_____。

7．栈和队列都是_____结构;对于栈,只能在_____插入和删除元素;对于队列,只能在_____插入和_____删除元素。

8．在具有 n 个单元的循环队列中,队满时共有_____个元素。

9．向顺序栈中压入元素的操作是_____,_____。

10．从循环队列中删除一个元素时,_____,_____。

三、判断题

1．栈是一种对所有插入、删除操作限于在表的一端进行的线性表,是一种后进先出型结构。 （　　）

2．栈和链表是两种不同的数据结构。 （　　）

3．两个栈共享一片连续内存空间时,为提高内存利用率,减少溢出机会,应把两个栈的栈底分别设在这片内存空间的两端。 （　　）

4．队是一种插入与删除操作分别在表的两端进行的线性表,是一种先进后出型结构。 （　　）

5．一个栈的输入序列是 12345,则栈的输出序列不可能是 12345。 （　　）

6．循环队列也存在空间溢出问题。 （　　）

7．栈是实现过程和函数等子程序所必需的结构。 （　　）

四、简答题

1．栈的特点是什么? 队列的特点是什么?

2．循环队列的优点是什么?

3．对于循环队列,写出求队列中元素个数的公式。

五、算法设计题

1．若用数组 S[100] 作为两个栈 S_1 和 S_2 的共用存储结构,对任何一个栈,只有当 S[100] 全满才不能做入栈操作,试为这两个栈的分配设计一个最佳方案。

2．假设以带头结点的循环链表表示队列,并且只设一个指针指向队尾元素结点(注意不设头指针),试编写相应的队列初始化、入队列和出队列的算法。

3．设将循环队列定义为:以域变量 rear 和 length 分别指示循环队列中队尾元素的位置和内含元素的个数。试给出此循环队列的队满条件,并写出相应的入队列和出队列的算法(在出队列的算法中要返回队头元素)。

4．从键盘输入一个整数序列 $a_1 a_2 a_3 \cdots a_n$,试编写算法实现:用栈结构存储输入的整数,当 $a_i \neq -1$ 时,将 a_i 进栈;当 $a_i = -1$ 时,输出栈顶整数并出栈。算法应对异常情况(入栈满等)给出相应的信息。

5. 设 A 是一个栈,栈中共有 n 个元素,依次为 $A_1, A_2, \cdots, A_n$,栈顶元素为 A_n;B 是一个循环队列,队列中 n 个元素依次为 $B_1, B_2, \cdots, B_n$,队列的头元素为 B_1。A、B 均采用顺序存储结构且存储空间足够大,现要将栈中元素全部移到队列中,使得队列中元素与栈中元素交替排列,即 B 中元素为 $B_1, A_1, B_2, A_2, \cdots, B_n, A_n$。问:至少需要多少次基本操作才能完成上述工作? 请写出具体步骤。

6. 试写一个算法,借助栈逆置一个单链表。

7. 引入标志位 flag 区分循环队列是否为空,设计循环队列的插入和删除算法。

第4章 串、数组和广义表

本章主要内容：

(1) 串的定义、表示和实现；

(2) 串的简单模式匹配和改进的 KMP 算法；

(3) 数组的顺序存储和实现；

(4) 稀疏矩阵的压缩存储方法；

(5) 广义表的定义、特性与存储。

计算机处理的对象分为数值数据和非数值数据，字符串是最基本的非数值数据。字符串处理在语言编译、信息检索、文字编辑等问题中有广泛的应用。线性表、栈、队列和串中的数据元素都是非结构的原子类型，元素的值是不可再分解的。数组和广义表可以看成是线性表在下述含义上的扩展：表中的数据元素本身也是一个数据结构。本章将讨论串、数组和广义表的基本存储结构和基本操作。

4.1 串 的 定 义

串(string)是由零个或多个字符组成的有限序列。一般记为

$$S='a_1a_2\cdots a_n' \quad (n\geqslant 0)$$

其中，S 是串的**名字**；用单引号括起来的字符序列是串的**值**；$a_i(1\leqslant i\leqslant n)$可以是字母、数字或其他字符；$n$ 是串中字符的个数，称为串的**长度**，$n=0$ 时的串称为**空串**(null string)。

串中任意个连续的字符组成的子序列称为该串的**子串**。包含子串的串相应地称为**主串**。通常将字符在串中的序号称为该字符在串中的**位置**。子串在主串中的位置则以子串的第一个字符在主串中的位置来表示。

例如，有串 A='China Beijing'，B='Beijing'，C='China'，则它们的长度分别为 13、7 和 5。B 和 C 是 A 的子串，B 在 A 中的位置是 7，C 在 A 中的位置是 1。

当且仅当两个串的值相等时，称这两个串是**相等**的。即只有当两个串的长度相等，并且各个对应位置的字符都相等时才相等。

需要特别指出的是，串值必须用一对单引号括起来(C 语言中是双引号)，但单引号是界限符，它本身不属于串。

在各种应用中,空格常常是串的字符集合中的一个元素,因而可以出现在其他字符中间。由一个或多个空格组成的串称为**空格串**(blank string),其长度为串中空格字符的个数。请注意**空格串**和**空串**的区别。

串的抽象数据类型定义如下:

ADT String {
    数据对象:
        $D = \{ a_i \mid a_i \in \text{CharacterSet}, i = 1, 2, \cdots, n, n \geqslant 0 \}$
    数据关系:
        $R_1 = \{ <a_{i-1}, a_i> \mid a_{i-1}, a_i \in D, i = 2, \cdots, n \}$
    基本操作:
        StrAssign(s,chars)
        操作结果: 将串常量 chars 的值赋给串 s。
        StrCompare(s,t)
        操作结果: 比较串 s 和 t,若 s>t,则返回值>0;若 s=t,则返回值=0;若 s<t,则返回值<0。
        StrLength(s)
        操作结果: 返回串 s 中字符的个数。
        Concat(t,s1,s2)
        操作结果: 将串 s2 连接到串 s1 之后,由 t 返回连接而成的新串。
        SubString(sub,s,pos,len);
        操作结果: 由 sub 返回从串 s 的第 pos 个字符开始,长度为 len 的子串。其中,$1 \leqslant pos \leqslant \text{StrLength}(s), 0 \leqslant len \leqslant \text{StrLength}(s) - pos + 1$。
        Index(s,t,pos)
        操作结果: 主串 s 中存在和非空串 t 值相同的子串,则返回它在主串 s 中第 pos 个字符之后第一次出现的位置;否则函数值为 0。其中,$1 \leqslant pos < \text{StrLength}(s)$。
        StrCopy(t,s)
        操作结果: 把串 s 的值复制到串 t 中。
        StrInsert(s,pos,t)
        操作结果: 在串 s 的第 pos 个字符之前插入串 t。其中,$1 \leqslant pos \leqslant \text{StrLength}(s) + 1$。
        Replace(s,t,r)
        操作结果: 用串 r 替换串 s 中出现的所有与串 t 相等的不重叠的子串。其中,t 为非空串。
        StrDelete(s,pos,len)
        操作结果: 从串 s 中删除第 pos 个字符起长度为 len 的子串。其中,$1 \leqslant pos \leqslant \text{StrLength}(s) - len + 1$。
    }ADT String

4.2 串的表示和实现

如果在程序设计语言中,串只是作为输入或输出的常量出现,则只需存储此串的串值,即字符序列即可。但在多数非数值处理的程序中,串也以变量的形式出现。下面分别介绍串常用的 3 种机内表示方法:定长顺序存储表示、堆分配存储表示和块链存储表示。

4.2.1　定长顺序存储表示

类似于线性表的顺序存储结构，用一组地址连续的存储单元存储串的字符序列。在串的定长顺序存储结构中，按照预定义的大小，为每一个串变量分配一个固定长度的存储区，可用定长数组来描述。

```
/* ---串的定长顺序存储结构--- */
#define MAXLEN 255                          /* MAXLEN 为字符串数组的最大长度 */
typedef unsigned char SString[MAXLEN+1]; /* 0号单元存放串的长度 */
```

在这种存储结构下如何实现串的操作？下面以串连接和求子串为例讨论。

1. 串连接

在实现串的连接运算时，要注意两串 s1 和 s2 连接后的结果串 t 超过定长的问题，即 s1[0]+s2[0]>MAXLEN，此时算法中应输出相应信息。

算法 4.1　串连接

```
void Concat(SString t, SString s1, SString s2)   /* 将串 s2 连接到串 s1 之后，由 t
                                                    返回连接而成的新串 */
{ int i,j;
  int m,n;
  m=s1[0];
  n=s2[0];
  if(m+n>MAXLEN)                             /* 连接后串长大于 MAXLEN */
  printf("两个串连接后超过串的定长! \n");
  else
    { for (i=1;i<=m; i++)
      t[i]=s1[i];                            /* 复制串 s1 到 t 中 */
      for(j=1;j<=n; j++)
      t[m+j]=s2[j];                          /* 将 s2 连接到 s1 后存到 t 中 */
      t[0]=m+n;                              /* 计算结果串 t 的长度 */
    } /* else */
} /* Concat */
```

该算法的时间开销主要在于复制两个串中字符到结果串中，其复制字符个数为两个串的长度之和，故其时间复杂度为 $O(s1[0]+s2[0])$。

2. 求子串

在设计求子串算法时要注意算法的健壮性要求，即要检查子串的起始位置 pos 和子串长度 len 的合法性。当 pos<1 或 pos>s[0]时，子串起始位置非法；当 len<0 或 len>s[0]−pos+1 时，长度非法。对于这些非法的数据(参数)，要给出相应的错误信息。

算法 4.2　求子串

```
void SubString(SString sub, SString s, int pos,int len)
                        /* 将串 s 中序号 pos 起 len 个字符复制到 sub 中 */
{ int i;
if(pos<1 || pos>s[0] || len<0 || len>s[0]-pos+1)
   { printf("子串的开始位置或长度错误! \n");}
else {
   for (i=1;i<=len;i++)
       sub[i]=s[i+pos-1];
     sub[0]=len;
   } /* else */
} /* SubString */
```

该算法的主要时间开销在于从主串 s 中取出子串存于 sub 中,而子串的最大长度等于主串,主串最长为预先定义好的定长 MAXLEN,所以其时间复杂度为 $O(\text{MAXLEN})$。

4.2.2　堆分配存储表示

这种存储方法仍然以一组地址连续的存储单元存放串的字符序列,但它们的存储空间是在程序执行过程中动态分配而得。

堆式动态存储分配的思想是:应用系统在内存中开辟一个容量很大且地址连续的一片存储空间,作为存放所有串的可利用空间即堆空间,例如,一维数组 heap［MAXSIZE］表示堆空间,并设整型变量 free 指向 heap 中未分配区域的开始地址(初始化时 free＝0)。每当产生一个新串时,应用程序就从 free 指示的位置起,为新串分配一个长度与串长相同的存储空间,并修改 free 的值,同时建立该串的描述,这种存储结构称为**堆结构**。

借助此结构可以在串名和串值之间建立一个对应关系,称为串名的**存储映像**。系统中所有串名的存储映像构成一个符号表。图 4.1 是一个堆存储及符号表,其中,a＝'a program',b＝'string',c＝'process',free＝23。

a	p	r	o	g	r	a	m	s	t	r	i	n	g
p	r	o	c	e	s	s							

(a) 堆heap[0..MAXSIZE−1]

符号名	len	start
a	9	0
b	7	9
c	7	16

(b) 符号表

图 4.1　串的堆式存储映像示意图

在 C 语言中,存在一个称为"堆"的自由存储区,并可用动态分配函数 malloc()和 free()来管理。下面讨论在堆式动态存储分配下串的基本运算的实现。堆存储分配的类型定义如下:

```
/* ---堆分配存储--- */
typedef struct
{ char * ch;                   /* ch 域指示串的起始地址 */
  int len;                     /* len 域指示串的长度 */
} HString;
```

这种存储结构表示的串操作仍是基于"字符序列的复制"进行的。例如,串复制操作 StrCopy(t,s)的实现算法是:若串 t 已存在,则先释放串 t 所占空间,当串 s 不空时,先为串 t 分配大小和串 s 长度相等的存储空间,然后将串 s 的值复制到串 t 中。又如,插入操作 StrInsert(s,pos,t)的实现算法是:为串 s 重新分配大小等于串 s 和串 t 长度之和的存储空间,然后进行串值复制。下面给出堆分配存储下串操作的几种实现算法。

1. 串连接

算法 4.3　串连接

```
void Concat(HString * t, HString * s1, HString * s2)
                       /* 将串 s2 连接到串 s1 之后,由 t 返回连接而成的新串 */
{ int i;
  if(t->ch)  free(t->ch);              /* 释放旧空间 */
  if(!(t->ch=(char *)malloc((s1->len+s2->len) * sizeof(char))))
  printf("溢出错误! \n");
  else
    { for (i=0;i<s1->len; i++)
    t->ch[i]=s1->ch[i];                /* 复制串 s1 到 t 中 */
    for (i=0; i<s2->len; i++)
    t->ch[i+s1->len]=s2->ch[i];        /* 将 s2 连接到 s1 后存到 t 中 */
    t->len=s1->len+s2->len ;           /* 计算结果串 t 的长度 */
    } /* else */
} /* Concat */
```

2. 求子串

算法 4.4　求子串

```
void SubString(HString * sub, HString * s, int pos, int len)
                       /* 将串 s 中从 pos 起的 len 个字符复制到 sub 中 */
{ int i;
  if(pos<1 || pos>s->len || len<0 || len>s->len-pos+1)
    { printf("子串的开始位置或长度错误! \n");}
  if(sub ->ch)  free(sub ->ch);        /* 释放旧空间 */
```

```
    if(!len){sub->ch=null;sub->len=0;}    /* 空子串 */
    else { sub->ch=(char *)malloc(len * sizeof(char));
        for (i=0;i<len;i++)
            sub->ch[i]=s->ch[i+pos-1];
            sub->len=len;
    } /* else */
} /* SubString */
```

4.2.3 串的块链存储表示

和线性表的链式存储结构相类似,也可采用链表方式存储串值。由于串的特殊性(每个元素是一个字符),在具体实现时,每个结点可以存放一个字符,也可以存放多个字符。例如,图 4.2(a)是结点大小为 1 的链表,图 4.2(b)是结点大小为 4(每个结点存放 4 个字符)的链表。

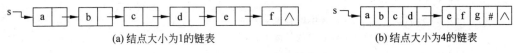

(a) 结点大小为1的链表　　　　　　　　(b) 结点大小为4的链表

图 4.2 串的链式存储方式

每个结点称为**块**,整个链表称为块链结构,为便于操作,再增加一个尾指针。块链结构可定义如下:

```
/* --- 串的块链存储结构 --- */
#define CHUNKSIZE 80                    /* 可由用户定义的块大小 */
typedef struct Chunk{
  char ch[CHUNKSIZE];
  struct Chunk * next;
} Chunk;
  typedef struct {
  Chunk * head, * tail;
  int len;
} LString;
```

当 CHUNKSIZE=1 时,每个结点存放一个字符,便于进行插入和删除运算,但存储空间利用率太低;当 CHUNKSIZE>1 时,每个结点存放多个字符,当最后一个结点未存满时,不足处用特定字符(如'♯')补齐。此时提高了存储密度,但插入、删除的处理方法比较复杂,需要考虑结点的分拆和合并,这里不再详细讨论。

4.3 模 式 匹 配

子串的定位运算通常称为串的**模式匹配**,是串处理中最重要的运算之一,在文本编辑、文件检索中有着广泛的应用。设串 $S='s_1s_2\cdots s_n'$,串 $T='t_1t_2\cdots t_m'$($m \leqslant n$),子串定位是在主串 S 中找到第一个与子串 T 相同的子串。通常把主串 S 称为**目标**,把子串 T 称为**模**

式,把从目标串 S 中查找模式为 T 的子串的过程称为"模式匹配"。

4.3.1　简单模式匹配

　　串的模式匹配的最简单的实现思想是:从目标串 S 的第一个字符 s_1 开始和模式串 T 的第一个字符 t_1 比较,若相等,则继续逐个比较后续字符;否则从目标串 S 的下一个字符开始重新与模式串 T 的第一个字符比较。依此类推,直到模式串 T 中的每个字符依次和目标串 S 中的一个连续字符序列相等,则称**匹配成功**,函数返回模式串 T 中的第一个字符在目标串 S 中的位置;否则称**匹配失败**,返回 0。

　　下面采用定长顺序存储结构,给出具体的串匹配算法。

　　算法 4.5　简单的模式匹配

```
int index(SString s,SString t)
{
    int i,j;
    int n=s[0];        /* s 串的长度 */
    int m=t[0];        /* t 串的长度 */
    i=1;j=1;
    while(i<=n && j<=m)
    { if(s[i]==t[j])   /* 相应位置的字符进行比较 */
        {i++;j++;}
      else
        {i=i-j+2;j=1;}
    } /* while */
    if(j>m)
        return i-m;
    else
        return 0;
} /* index */
```

　　例如,设主串 s = 'ababcabcacbab',模式 t = 'abcac',匹配过程如图 4.3 所示。

　　简单模式匹配算法易于理解,在许多应用场合如文本编辑等,匹配效率也较高。算法的时间复杂度最好情况下为 $O(n+m)$,即每趟第一对字符比较时就匹配不成功。在最坏情况下,即每趟都是在模式串 T 的最后一个字符和主串比较时才发生匹配不成功,例如,当模式串为 t = '00000001',主串 s = '00000000000000000 000000000000000000000000000000001'时,由于模式中前 7 个字符都为 0,主串中前 52 个字符均为 0,每趟比较都在模式的最后一个字符出现不等,此时需将指针 i 回溯到 i−6 的位置上,并从模式的第一个字符开始重

第1趟匹配
```
              ↓i=3
ababcabcacbab
abc
              ↑j=3
```

第2趟匹配
```
              ↓i=2
ababcabcacbab
a
              ↑j=1
```

第3趟匹配
```
              ↓i=7
ababcabcacbab
abcac
              ↑j=5
```

第4趟匹配
```
              ↓i=4
ababcabcacbab
a
              ↑j=1
```

第5趟匹配
```
              ↓i=5
ababcabcacbab
a
              ↑j=1
```

第6趟匹配
```
              ↓i=11
ababcabcacbab
abcac
              ↑j=6
```

图 4.3　简单模式匹配的匹配过程

新比较,整个匹配过程中指针 i 需回溯 45 次,则 while 循环次数为 $46×8$(index$×m$)。可见,算法 4.5 在最坏情况下的时间复杂度为 $O(n×m)$,算法效率很低,时间主要浪费在指针的回溯上。下面介绍一种改进的模式匹配算法。

4.3.2　一种改进的模式匹配

这种改进的模式匹配算法是 D. E. Knuth 与 J. H. Morris 和 V. R. Pratt 同时发现的,因此人们称它为克努特—莫里斯—普拉特算法,简称为 KMP 算法。该算法主要消除了主串指示器变量 i 的回溯,利用已经得到的部分匹配结果将模式串尽可能远地向右滑动一段距离后再继续比较,从而使算法效率提高到 $O(n+m)$ 的时间数量级。

回顾上述示例的匹配过程,在第 3 趟的匹配中当 $i=7$、$j=5$ 字符比较不等时,又从 $i=4$、$j=1$ 重新开始比较。仔细观察可以发现,$i=4$ 和 $j=1$、$i=5$ 和 $j=1$ 及 $i=6$ 和 $j=1$ 这 3 次比较都没必要进行,这是因为从第 3 趟部分匹配的结果就可以得出主串中的第 4、5、6 个字符和模式串中的第 2、3、4 个字符同为 b、c、a,而模式串中的第一个字符是 a,故无须再和这 3 个字符进行比较,仅需将模式串向右滑动 3 个字符的位置进行 $i=7$、$j=2$ 时的字符比较即可。同理,在第一趟匹配中出现字符不等时,仅需将模式串向右滑动两个字符位置进行 $i=3$、$j=1$ 时的字符比较。

显然,现在问题的关键是对于主串 S$=$'$s_1 s_2 \cdots s_n$'和模式串 T$=$'$t_1 t_2 \cdots t_m$',当匹配过程中 $s_i \neq t_j$ 产生失配时,模式串向右滑动多远距离,或者说失配时 i 指示器变量不回溯,主串中第 i 个字符应该与模式串中哪个字符再继续比较。

假设此时应与模式串中第 $k(k<j)$ 个字符比较,则模式 T 中前 $k-1$ 个字符序列需满足关系式(4.1),且不可能存在 $k'>k$ 满足该关系式:

$$'t_1 t_2 \cdots t_{k-1}' = 's_{i-k+1} s_{i-k+2} \cdots s_{i-1}' \tag{4.1}$$

而已经得到的"部分匹配"结果是:

$$'t_{j-k+1} t_{j-k+2} \cdots t_{j-1}' = 's_{i-k+1} s_{i-k+2} \cdots s_{i-1}' \tag{4.2}$$

由式(4.1)和式(4.2)可得:

$$'t_1 t_2 \cdots t_{k-1}' = 't_{j-k+1} t_{j-k+2} \cdots t_{j-1}' \tag{4.3}$$

式(4.3)说明在某趟匹配过程中 $s_i \neq t_j$ 失配时,如果模式串中前 $j-1$ 个字符中存在首尾相同的最大子串长度为 $k-1$,即模式中的头 $k-1$ 个字符与 t_j 前面的 $k-1$ 个字符对应相等时,模式 T 就可以向右滑动至使模式中第 k 个字符和主串中第 i 个字符对齐,令 s_i 与 t_k 继续比较即可。

模式中的每一个 t_j 都对应一个 k 值,该值仅依赖于模式 T,而与主串 S 无关。若令 next$[j]$ 表示 t_j 对应的 k 值,则 next$[j]$ 表明当模式中第 j 个字符与主串中相应字符"失配"时,模式中需重新和主串中该字符进行比较的字符的位置。由此可引出模式串的 next 函数的定义。

$$\text{next}[j] = \begin{cases} 0 & \text{当 } j=1 \text{ 时} \\ \text{Max}\{k \mid 1<k<j, \quad \text{且 } 't_1 \cdots t_{k-1}' = 't_{j-k+1} \cdots t_{j-1}'\} & \text{当此集合不空时} \\ 1 & \text{当不存在首尾相同的子串时} \end{cases}$$

例如,由 next 函数的定义可推出模式'abcac'的 next 函数值为

j	1	2	3	4	5
模式串 T	a	b	c	a	c
next[j]	0	1	1	1	2

求得模式的 next 函数之后,匹配可如下进行:令指示器变量 i 和 j 的初值都为1,若在匹配过程中 $s_i=t_j$,则 i 和 j 分别加1;否则 i 不变而 j 退到 next[j]的位置再比较,若相等,i 和 j 各加1,否则 j 再退到下一个 next 值的位置,依此类推,直到下面两种可能:

（1）j 退到某 next 值（next[next[…next[j]…]]）时字符比较相等,指示器变量值各加1后继续比较。

（2）j 退到值为0（即模式的第一个字符失配）时,i 和 j 也要分别加1,表明从主串的下一个字符 s_{i+1} 起和模式重新开始匹配。

下面给出利用 next 函数进行对简单模式匹配的示例,如图4.4所示。

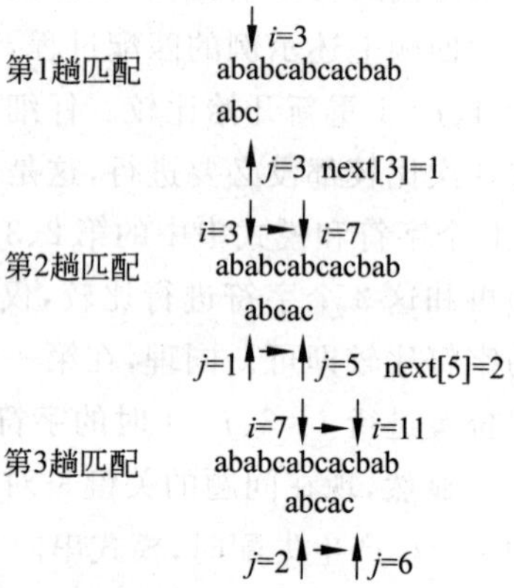

假设在已有 next 函数的情况下,KMP 算法如下。

算法 4.6 改进模式匹配算法（KMP 算法）

```
int index_KMP(SString s,SString t)
{  /* 改进模式匹配算法 */
     int i=1,j=1;
   while(i<=s[0] && j<=t[0])
   {  if(j==0||s[i]==t[j])
        { i++; j++; }        /* 继续比较后续字符 */
      else  j=next[j]; }      /* 模式串向右移动 */
   if(j>t[0])
     return  i-t[0];         /* 匹配成功,返回存储位置 */
   else return  0;
} /* index_KMP */
```

第1趟匹配
```
     i=3
ababcabcacbab
abc
     j=3 next[3]=1
```
第2趟匹配
```
i=3    i=7
ababcabcacbab
abcac
j=1    j=5 next[5]=2
```
第3趟匹配
```
i=7    i=11
ababcabcacbab
    abcac
  j=2    j=6
```

图 4.4 利用 next 函数进行匹配的过程示例

KMP 算法是在已知模式串的 next 函数值的基础上进行的,那么,如何求得模式串的 next 函数值呢? 由以上讨论可知,next 函数值仅取决于模式本身而和主串无关,即把求 next 函数值的问题看成是一个模式匹配问题,整个模式串本身既是主串又是模式串。根据 next 函数的定义,仿照 KMP 算法,采用递推的方法可求得 next 函数值,具体算法如下。

算法 4.7 求 next 函数值

```
void GetNext(SString t, int next[])
{  /* 求模式串 t 的 next 函数值并存入数组 next[] */
     int i=1,j=0;
     next[1]=0;
```

```
while(i<t[0])
{   if(j==0 || t[i]==t[j])
    {   i++; j++;
        next[i]=j;
    } /* if */
    else j=next[j];
} /* while */
} /* GetNext */
```

最后,需要说明的是,算法 index 的时间复杂度虽然是 $O(m \times n)$,但在一般情况下其实际执行时间近似于 $O(m+n)$,所以至今仍被采用。index_KMP 算法仅当模式串与主串之间存在许多部分匹配的情况下才显得比算法 index 快得多。index_KMP 算法的最大特点是主串的指示器变量 i 无须回溯,整个匹配过程只需对主串从头到尾扫描一遍,特别适用于从外设读入庞大文件,可以边读入边匹配,无须回头重读。

4.4　数　　组

4.4.1　数组的定义

数组是我们十分熟悉的一种数据类型,几乎所有的程序设计语言都把数组作为固有的数据类型。从逻辑结构上看,数组可以看成是线性表的推广。

数组的抽象数据类型定义如下:

ADT Array {
  数据对象:
    $D=\{a_{j1}, a_{j2}, \cdots, a_{ji}, a_{jn} \mid j_i=0, \cdots, b_i-1, i=1,2,\cdots, n\}$
  数据关系:
    $R=\{R_1, R_2, \cdots, R_n\}$
    $R_i=\{<a_{j1}, \cdots, a_{ji}, \cdots, a_{jn}, a_{j1}, \cdots, a_{ji+1}, \cdots, a_{jn}> \mid 0 \leqslant j_k \leqslant b_k-1, 1 \leqslant k \leqslant n$ 且 $k \neq i, 0 \leqslant$
      $j_i \leqslant b_i-2, i=2, \cdots, n\}$
  基本操作:
    InitArray(A, n, bound1, $\cdots$, bound$n$)
    操作结果:若维数 n 和各维长度合法,则构造相应的数组 A。
    DestroyArray(A)
    操作结果:销毁数组 A。
    Value(A, e, index1, $\cdots$, index$n$)
    操作结果:若下标不越界,则将数组 A 的指定元素值赋给 e。
    Assign(A, e, index1, $\cdots$, index$n$)
    操作结果:若下标不越界,则将 e 的值赋给数组 A 的指定元素。
} ADT Array

可以把二维数组看成是这样一个定长线性表:它的每个数据元素也是一个定长线性表。例如,可以把图 4.5 所示的二维数组看成一个线性表 $A=(a_0, a_1, \cdots, a_{n-1})$,其中,

$a_j (0 \leqslant j \leqslant n-1)$ 本身也是一个线性表,称为**列**向量,即 $\alpha_j = (a_{0j}, a_{1j}, \cdots, a_{m-1,j})$,如图 4.6 所示。

$$A_{m \times n} = \begin{bmatrix} a_{00} & a_{01} & \cdots & a_{0, n-1} \\ a_{10} & a_{11} & \cdots & a_{1, n-1} \\ \vdots & \vdots & & \vdots \\ a_{m-1, 0} & a_{m-1, 1} & \cdots & a_{m-1, n-1} \end{bmatrix}$$

图 4.5 $A_{m \times n}$ 的二维数组

$$A_{m \times n} = ((a_{00}, a_{10}, \cdots, a_{m-1, 0}), (a_{01}, a_{11}, \cdots, a_{m-1, 1}), \cdots, (a_{0, n-1}, a_{1, n-1}, \cdots, a_{m-1, n-1}))$$

图 4.6   将矩阵 $A_{m \times n}$ 看成 n 个列向量的线性表

同样,还可以将数组 A 看成另外一个线性表 $B = (\beta_0, \beta_1, \cdots, \beta_{m-1})$,其中,$\beta_i (0 \leqslant i \leqslant m-1)$ 本身也是一个线性表,称为**行**向量,即 $\beta_i = (a_{i0}, a_{i1}, \cdots, a_{i, n-1})$,如图 4.7 所示。

$$A_{m \times n} = ((a_{00}, a_{01}, \cdots, a_{0, n-1}), (a_{10}, a_{11}, \cdots, a_{1, n-1}), \cdots, (a_{m-1, 0}, a_{m-1, 1}, \cdots, a_{m-1, n-1}))$$

图 4.7   将矩阵 $A_{m \times n}$ 看成 m 个行向量的线性表

上面以二维数组为例介绍了数组的结构特性,实际上数组是一组有固定数目的元素的集合。也就是说,数组一旦被定义,它的维数和维界就不再改变。因此,对于数组的操作一般只有两类:获得特定位置的元素值和修改特定位置的元素值。

4.4.2   数组的顺序存储与实现

由于数组一般不作插入和删除操作,也就是说,一旦建立了数组,则该数组中元素的个数和元素之间的关系就不再改变,因此对于数组而言,采用顺序存储结构比较合适。

计算机中内存单元的结构是一维的,而数组是个多维的结构,用一维的内存表示多维数组,就必须按某种次序,将数组元素排成一个线性序列,然后将这个线性序列存放在存储器中。

数组的顺序存储结构有两种:一种是按行序存储,如高级语言 BASIC、COBOL 和 C 语言都是以行序为主;另一种是按列序存储,如高级语言中的 FORTRAN 语言就是以列序为主。显然,二维数组 $A_{m \times n}$ 以行序为主序的存储序列为

$$a_{00}, a_{01}, \cdots, a_{0, n-1}, a_{10}, a_{11}, \cdots, a_{1, n-1}, \cdots, a_{m-1, 0}, a_{m-1, 1}, \cdots, a_{m-1, n-1}$$

而以列序为主序的存储序列为

$$a_{00}, a_{10}, \cdots, a_{m-1, 0}, a_{01}, a_{11}, \cdots, a_{m-1, 1}, \cdots, a_{0, n-1}, a_{1, n-1}, \cdots, a_{m-1, n-1}$$

上述存放规则可推广到多维数组。由此,对于数组,一旦规定了它的维数和各维的长度,便可将数组按顺序存储结构存放在计算机中了。反之,只要给出一组下标便可求得相应数组元素在存储器中的位置。因此,数组的顺序存储是一种随机存取结构。

以二维数组 $A_{m \times n}$ 为例,假设每个元素占 L 个存储单元,以行序为主序存放数组,则二维数组 A 中任一元素 a_{ij} 的存储位置可由下式确定:

$$\text{Loc}[i, j] = \text{Loc}[0, 0] + (n \times i + j) \times L$$

其中,$\text{Loc}[0, 0]$ 是数组首元素 a_{00} 的存储位置。

将上式推广,就可以得到 n 维数组中任一元素存储位置的计算公式。

4.4.3 矩阵的压缩存储

矩阵是在很多科学与工程计算中遇到的数学模型。在用高级语言编制程序时,矩阵通常都是用二维数组的形式来描述。然而在一些高阶矩阵中,可能有许多值相同的元素或零元素,为了节省存储空间,可以对这类矩阵进行**压缩存储**。所谓压缩存储,是指为多个值相同的元素只分配一个存储空间,对零元素不分配空间。

假如值相同的元素或者零元素在矩阵中的分布有一定规律,则此类矩阵称为**特殊矩阵**;反之,称为**稀疏矩阵**。下面分别讨论它们的压缩存储。

1. 特殊矩阵

1) 三角矩阵

三角矩阵大体分为三类:对称矩阵、下三角矩阵和上三角矩阵。对于一个 n 阶矩阵 A,若矩阵中的所有元素均满足 $a_{ij}=a_{ji}(1\leqslant i,j\leqslant n)$,则称此矩阵为**对称矩阵**;若当 $i<j$ 时,有 $a_{ij}=c(c$ 为常数或 $0)$,则称此矩阵为**下三角矩阵**;若当 $i>j$ 时,有 $a_{ij}=c(c$ 为常数或 $0)$,则称此矩阵为**上三角矩阵**。

对称矩阵的特点是 $a_{ij}=a_{ji}$。一个 $n\times n$ 的方阵,共有 n^2 个元素,而实际上在对称矩阵中有 $n(n-1)/2$ 个元素可以通过其他元素获得。不失一般性,这里以行序为主序存储其中必要的 $n(n+1)/2$ 个(主对角线和下三角)元素。

假设以一维数组 $sa[n(n+1)/2]$ 作为 n 阶对称矩阵 A 的存储结构,则 $sa[k]$ 和矩阵元素 a_{ij} 之间的一一对应关系如下:

$$k = \begin{cases} \dfrac{i(i-1)}{2}+j-1 & \text{当 } i\geqslant j \text{ 时} \\[2mm] \dfrac{j(j-1)}{2}+i-1 & \text{当 } i<j \text{ 时} \end{cases}$$

这种压缩存储的方法也适用于其他三角矩阵。对下(上)三角矩阵,除了和对称矩阵一样,只存储其下(上)三角中的元素之外,再加一个存储常数 c 的存储空间即可。

2) 带状矩阵

所谓带状矩阵,是指在矩阵 A 中,所有的非零元素都集中在以主对角线为中心的带状区域中。其中最常见的是三对角带状矩阵,如图 4.8 所示。

$$\begin{bmatrix} a_{11} & a_{12} & & & & \\ a_{21} & a_{22} & a_{23} & & & \\ & a_{32} & a_{33} & a_{34} & & \\ & & a_{43} & a_{44} & a_{45} & \\ & & & \cdots & \cdots & \cdots \end{bmatrix}$$

图 4.8 三对角带状矩阵

对于三对角带状矩阵的压缩存储,以行序为主序进行存储,并且只存储非零元素。具体压缩存储方法如下:

(1) 确定存储该矩阵所需的一维向量空间的大小;

(2) 确定非零元素在一维数组中的位置。

假设每个非零元素所占空间的大小为一个单元。观察图 4.8 可知,三对角带状矩阵中除了第一行和最后一行只有两个非零元素外,其余各行均有 3 个非零元素,由此得到所需一维向量空间的大小为 $2+2+3(n-2)=3n-2$,如图 4.9 所示。

$Loc[i,j]=Loc[1,1]+$ 前 $i-1$ 行非零元素个数 $+$ 第 i 行中 a_{ij} 前非零元素个数;

数组C	a_{11}	a_{12}	a_{21}	a_{22}	a_{23}	a_{32}	$\cdots$	a_{nn}
Loc(i, j)	0	1	2	3	4	5		$3n-3$

图 4.9　三对角带状矩阵的压缩形式

前 $i-1$ 行非零元素个数 $=3\times(i-1)-1$（因为第一行只有两个非零元素）；

第 i 行中 a_{ij} 前非零元素个数 $=j-i+1$。

由此得到：

$$\text{Loc}[i,j]=\text{Loc}[1,1]+3(i-1)-1+j-i+1=\text{Loc}[1,1]+2(i-1)+j-1$$

2. 稀疏矩阵

设 $m\times n$ 矩阵中有 t 个非零元素且 $t\ll m\times n$，这样的矩阵称为**稀疏矩阵**。在存储稀疏矩阵时，为了节省存储空间，很自然的压缩方法是只存储非零元素。但对于这类矩阵，通常零元素分布没有规律，因此，为了能找到相应的元素，除了存储非零元素的值之外，还必须同时记下它所在行和列的位置 (i,j)。反之，一个三元组 (i,j,a_{ij}) 唯一确定了矩阵 A 的一个非零元素。

将三元组按行优先的顺序，同一行中列号从小到大的规律排列成一个线性表，称为**三元组表**，采用顺序存储结构存储该表，称之为三元组顺序表。有时为了运算方便，矩阵的行、列值也同时存储。

例如，如图 4.10 所示的稀疏矩阵 A 对应的三元组表如图 4.11 所示。

$$A=\begin{bmatrix} 19 & 0 & 0 & 42 & 0 & -5 \\ 0 & 22 & 3 & 0 & 0 & 0 \\ 0 & 0 & 0 & 7 & 0 & 0 \\ 0 & 0 & 0 & 0 & 0 & 0 \\ 65 & 0 & 0 & 0 & 0 & 0 \\ 0 & 0 & 0 & 0 & 0 & 0 \end{bmatrix}$$

图 4.10　稀疏矩阵 A

	i	j	a_{ij}
1	1	1	19
2	1	4	42
3	1	6	−5
4	2	2	22
5	2	3	3
6	3	4	7
7	5	1	65

图 4.11　稀疏矩阵 A 的三元组表

1）三元组顺序表

```
/* 三元组顺序表的存储表示 */
#define MAXSIZE 1000          /* 非零元素的个数最多为 1000 */
typedef struct
{ int i, j;                   /* 该非零元素的行下标和列下标 */
  ElementType e;              /* 该非零元素的值 */
}Triple;
typedef struct
{ Triple data[MAXSIZE+1];     /* 非零元素的三元组表,data[0]未用 */
  int mu,nu,tu;               /* 矩阵的行数、列数和非零元素的个数 */
}TSMatrix;
```

下面以稀疏矩阵的转置运算为例,介绍三元组顺序表的实现。转置运算是一种最简单的矩阵运算。对于一个 $m×n$ 的矩阵 A,它的转置矩阵 B 是一个 $n×m$ 的矩阵,且 $B(i, j)=A(j,i)$,其中,$1≤i≤n,1≤j≤m$。

　　例如,如图 4.10 所示的矩阵 A 的转置 B 及其三元组表如图 4.12、图 4.13 所示。

$$B=\begin{bmatrix} 19 & 0 & 0 & 0 & 65 & 0 \\ 0 & 22 & 0 & 0 & 0 & 0 \\ 0 & 3 & 0 & 0 & 0 & 0 \\ 42 & 0 & 7 & 0 & 0 & 0 \\ 0 & 0 & 0 & 0 & 0 & 0 \\ -5 & 0 & 0 & 0 & 0 & 0 \end{bmatrix}$$

	i	j	e
1	1	1	19
2	1	5	65
3	2	2	22
4	3	2	3
5	4	1	42
6	4	3	7
7	6	1	-5

图 4.12　A 的转置 B　　　　　　图 4.13　B 的三元组表

　　显然,稀疏矩阵的转置仍旧是稀疏矩阵,那么,如何由 A 得到 B 呢? 由 A 求 B 需要完成将 A 的行、列转化成 B 的列、行;将 $A.$data 中每一个三元组的行列交换后转化到 $B.$data 中;重排三元组之间的次序。

算法思路:

　　(1) A 的行、列转化成 B 的列、行。

　　(2) 在 $A.$data 中依次找第一列、第二列,直到最后一列,并将找到的每个三元组的行、列交换后顺序存储到 $B.$data 中即可。

　　算法 4.8　稀疏矩阵的转置

```
void TransposeTSMatrix(TSMatrix  A,  TSMatrix  * B)
{ /* 求矩阵 A 的转置矩阵 B,矩阵用三元组表表示 */
  int p,q, k ;
  B->mu=A.nu ; B->nu=A.mu ; B->tu=A.tu ;
  if(B->tu)
    { q=1;
      for(k=1; k<=A.nu; k++)
        for(p=1; p<=A.tu; p++)
          if(A.data[p].j==k)
          { B->data[q].i=A.data[p].j
            B->data[q].j=A.data[p].i;
            B->data[q].e=A.data[p].e;
            q++;
          } /* if */
    } /* if */
} /* TransposeTSMatrix */
```

　　分析该算法,其时间主要耗费在 k 和 p 的二重循环上,所以时间复杂度为 $O($nu$×$tu$)$,显然,当非零元素的个数 tu 和 mu$×$nu 同数量级时,算法的时间复杂度为 $O($mu$×$nu$^2)$。我们知道,一般矩阵的转置算法时间复杂度为 $O($mu$×$nu$)$,因此,该算法虽然节省了存储空间,但时间复杂度提高了。因此,该算法仅适用于 tu≪ mu×nu 的情况。

另一种方法是:依次按三元组表 **A** 的次序进行转置,转置后直接放到三元组表 **B** 的**正确位置**上。这种转置算法称为快速转置算法。

为了将 **A** 中元素一次定位到 **B** 的**正确位置**上,需要预先计算以下数据:

(1) **A** 的每一**列**中非零元素的个数;

(2) **A** 的每一**列**中**第一个**非零元素在 **B** 中的正确位置。

为此,需要设两个数组 num[ ]和 cpot[ ]。其中,num[col]表示 **A** 中第 col 列中非零元素个数;cpot[col]指示 **A** 中第 col 列中第一个非零元素在 **B** 中的正确位置。

num[col]的计算方法:将 **A** 扫描一遍,对于其中列号为 k 的元素,给相应的 num[k]加 1。

cpot[col]的计算方法:

$$\begin{cases} \text{cpot}[1] = 1 \\ \text{cpot}[col] = \text{cpot}[col-1] + \text{num}[col-1] & 2 \leqslant col \leqslant A.nu \end{cases}$$

例如,如图 4.10 所示的矩阵 **A** 的 num[col]和 cpot[col]的值如图 4.14 所示。

具体算法如下。

col	1	2	3	4	5	6
num[col]	2	1	1	2	0	1
cpot[col]	1	3	4	5	7	7

图 4.14　矩阵 **A** 的 num 与 cpot 值

算法 4.9　快速转置算法

```
FastTransposeTSMatrix (TSMatrix A, TSMatrix * B)
{ /* 基于矩阵的三元组表示,采用快速转置法,求矩阵 A 的转置矩阵 B */
  int col, t, p,q;
  int num[MAXSIZE+1], cpot [MAXSIZE+1] ;
  B->tu=A.tu ; B->nu=A.mu ; B->mu=A.nu ;
  if(B->tu)
    { for(col=1;col<=A.nu;col++)
         num[col]=0;
      for(t=1;t<=A.tu;t++)
         num[A.data[t].j]++;          /* 计算每一列的非零元素的个数 */
      cpot [1]=1;
      for(col=2;col<=A.nu;col++) /* 求 col 列中第一个非零元素在 B->data[ ]中的
                                   正确位置 */
         cpot [col]=cpot [col-1]+num[col-1];
      for(p=1;p<=A.tu;p++)
      { col=A.data[p].j;  q=cpot [col];
        B->data[q].i=A.data[p].j;
        B->data[q].j=A.data[p].i;
        B->data[q].e=A.data[p].e;
        cpot [col]++;
      }
    } /* if */
} /* FastTransposeTSMatrix */
```

快速转置算法的时间主要耗费在 4 个并列的单循环上,这 4 个并列的单循环分别执行了 $A.$nu、$A.$tu、$A.$nu-1、$A.$tu 次,因而总的时间复杂度为 $O(A.$nu$+A.$tu$)$。当 A 中非零元素个数 tu 和 mu×nu 等数量级时,其时间复杂度和经典算法的时间复杂度 $O($mu × nu$)$相同。快速转置算法在空间耗费上比前一个算法多用了两个辅助向量空间。

2) 行逻辑链接的顺序表

三元组顺序表中,非零元素在表中按行序有序存储,因而适用于按行顺序处理的矩阵运算。然而,如果需要随机存取某一行中的非零元素,则需要从头开始查找。因此,为了便于随机存取任一行的非零元素,需要在三元组顺序表中增加指示"行"信息的辅助数组 rpot。称这种带行链接信息的三元组表为行编辑链接的顺序表。其类型定义如下:

```
/* 行逻辑链接顺序表类型 */
typedef struct {
    Triple data[MAXSIZE+1];          /* 非零元素的三元组表 */
    int rpot[MAXRC+1];               /* 各行第一个非零元素的位置表 */
    int mu, nu, tu;                  /* 矩阵的行数、列数和非零元素的个数 */
} RLSMatrix;
```

下面以两个稀疏矩阵相乘为例,讨论行逻辑链接顺序表的应用。两个矩阵相乘是矩阵的一种常用的运算。设 M 是 $m_1 \times n_1$ 矩阵,N 是 $m_2 \times n_2$ 矩阵,当 $n_1 = m_2$ 时,得到结果矩阵 $Q = M \times N$(一个 $m_1 \times n_2$ 的矩阵)。经典的矩阵相乘算法关键代码如下:

```
for(i=1;i<=m1;i++)
  for(j=1;j<=n2;j++)
  {  Q[i][j]=0;
     for(k=1;k<=n1;k++)
     Q[i][j]=Q[i][j]+M[i][k]*N[k][j];
}
```

其时间复杂度为 $O(m_1 \times n_2 \times n_1)$。当矩阵 M、N 是稀疏矩阵时,可以采用三元组表的表示形式来实现矩阵的相乘。

例 4.1　已知矩阵 M、N,求 $M \times N$。

$$M = \begin{bmatrix} 2 & 0 & 0 & 5 \\ 0 & -1 & 0 & 0 \\ 3 & 0 & 0 & 0 \end{bmatrix} \quad N = \begin{bmatrix} 0 & 1 \\ 2 & 0 \\ 3 & 4 \\ 0 & 0 \end{bmatrix} \quad Q = M \times N = \begin{bmatrix} 0 & 2 \\ -2 & 0 \\ 0 & 3 \end{bmatrix}$$

矩阵 M 的三元组表 $M.$data、矩阵 N 的三元组表 $N.$data、矩阵 Q 的三元组表 $Q.$data 分别为

i	j	e
1	1	2
1	4	5
2	2	-1
3	1	3

$M.$data

i	j	e
1	2	1
2	1	2
3	1	3
3	2	4

$N.$data

i	j	e
1	2	2
2	1	-2
3	2	3

$Q.$data

经典两个矩阵相乘算法中,不论 $M[i][k]$、$N[k][j]$ 是否为零,都要进行一次乘法运算,而实际上,这是没有必要的。采用三元组表的方法来实现时,因为三元组只存储矩阵的非零元素,所以只需对 M 中元素 (i,k,M_{ik})($1 \leqslant i \leqslant m_1$,$1 \leqslant k \leqslant n_1$),在 N 中找到所有相应的元素 (k,j,N_{kj})($1 \leqslant k \leqslant m_2$,$1 \leqslant j \leqslant n_2$)进行相乘、累加从而得到 $Q[i][j]$。为此需在 N.data 中寻找矩阵 N 中第 k 行的所有非零元素,N.rpot 为我们提供了有关信息。rpot[row] 表示矩阵 N 中第 row 行第一个非零元素在 N.data 中的位置。显然,rpot[row+1]−1 指向矩阵 N 中第 row 行最后一个非零元素在 N.data 中的位置。

以矩阵 N 为例,其 rpot 值如图 4.15 所示。

row	1	2	3	4
rpot[row]	1	2	3	5

图 4.15　矩阵 N 的 rpot 值

稀疏矩阵相乘基本操作:对于三元组 M 中每个元素 M.data[p](p=1,2,3,…,M.tu),找出三元组 N 中所有满足条件 M.data[p].j=N.data[q].i 的元素 N.data[q],求得 M.data[p].e 与 N.data[q].e 的乘积,而这个乘积只是 $Q[i,j]$ 的一部分,应对每个元素设一个累计和变量,其初值为零;然后扫描三元组 M,求得相应元素的乘积并累加到适当的求累计和的变量上。

需要注意的是:两个稀疏矩阵相乘的结果不一定是稀疏矩阵。反之,相乘的每个分量 $M[i,k] \times N[k,j]$ 不为零,但累加的结果 $Q[i,j]$ 可能是零。

两个稀疏矩阵相乘的具体算法如下。

算法 4.10　两个稀疏矩阵相乘

```
int MultSMatrix(RLSMatrix M, RLSMatrix N,RLSMatrix * Q)
{ /* 求稀疏矩阵乘积 Q=M×N * /
  int arow,brow,p,q,ccol,ctemp[MAXRC+1];
  if(M.nu!=N.mu)                  /* 矩阵 M 的列数应和矩阵 N 的行数相等 * /
    return 0;
  Q->mu=M.mu;                     /* Q 初始化 * /
  Q->nu=N.nu;
  Q->tu=0;
  M.rpot[M.mu+1]=M.tu+1;          /* 为方便后面的 while 循环临时设置 * /
  N.rpot[N.mu+1]=N.tu+1;
  if(M.tu * N.tu!=0)              /* M 和 N 都是非零矩阵 * /
  { for(arow=1;arow<=M.mu;++arow)
    { /* 从 M 的第一行开始,到最后一行,arow 是 M 的当前行 * /
      for(ccol=1;ccol<=Q->nu;++ccol)
        ctemp[ccol]=0;          /* Q 的当前行的各列元素累加器清零 * /
      Q->rpot[arow]=Q->tu+1; /* Q 当前行的第一个元素位于上一行最后一个元素之后 * /
      for(p=M.rpot[arow];p<M.rpot[arow+1];++p)
                                /* 取出 M 当前行中每一个非零元素 * /
      { brow=M.data[p].j;     /* 找到对应元素在 N 中的行号(M 当前元素的列号) * /
        for(q=N.rpot[brow];q<N.rpot[brow+1];++q)
                                /* 取出 N 中行号等于 brow 的每一个非零元素 * /
        { ccol=N.data[q].j;   /* 乘积元素在 Q 中列号 * /
          ctemp[ccol]+=M.data[p].e * N.data[q].e;
```

```
                          /* Q 中那一列的临时结果 */
      }
   }                              /* 求得 Q 中第 arow 行的非零元素 */
   for(ccol=1;ccol<=Q->nu;++ccol)      /* 压缩存储该行非零元素 */
     if(ctemp[ccol])
     {  if(++Q->tu>MAXSIZE)
          return 0;
        Q->data[Q->tu].i=arow;
        Q->data[Q->tu].j=ccol;
        Q->data[Q->tu].e=ctemp[ccol];  }
   } /* for */
  }/* if */
  return 1;
} /* MultSMatrix */
```

该算法的时间复杂度为 $O(\boldsymbol{M}.\mathrm{mu}*\boldsymbol{N}.\mathrm{nu}+\boldsymbol{M}.\mathrm{tu}*\boldsymbol{N}.\mathrm{tu}/\boldsymbol{N}.\mathrm{mu})$。

3) 十字链表

当矩阵中的非零元素的位置和个数在操作过程中变化较大时,就不宜采用顺序存储结构来表示三元组的线性表。例如 $\boldsymbol{A}=\boldsymbol{A}+\boldsymbol{B}$,将矩阵 $\boldsymbol{B}$ 加到矩阵 $\boldsymbol{A}$ 上,此时,若还用三元组顺序表结构,势必会为了保持三元组表"以行序为主序"而大量移动元素。为了避免大量移动元素,对这类矩阵采用链式存储结构表示三元组的线性表更为恰当。

在链表中,矩阵的每一个非零元素用一个结点表示,该结点除了 (i,j,e)(分别表示该非零元素的行、列下标和值)以外,还有以下两个链域。

(1) right:用于链接同一行中下一个非零元素。

(2) down:用于链接同一列中下一个非零元素。

整个结点的结构如图 4.16 所示。同一行的非零元素通过 right 域链接成一个单链表,同一列的非零元素通过 down 域链接成一个单链表。这样,矩阵中任一非零元素 a_{ij} 既是第 i 行行链表中的一个结点,又是第 j 列列链表中的一个结点,整个矩阵构成一个十字交叉的链表,故称这样的存储结构为十字链表。同时附设一个存放所有行链表的头指针的一维数组和一个存放所有列链表的头指针的一维数组。

例 4.2 如图 4.17 所示的稀疏矩阵 $\boldsymbol{M}$ 的十字链表如图 4.18 所示。

$$\boldsymbol{M}=\begin{bmatrix} 2 & 0 & 0 & 5 \\ 0 & -1 & 0 & 0 \\ 3 & 0 & 0 & 0 \end{bmatrix}$$

图 4.16 十字链表的结点结构　　　　　　图 4.17 稀疏矩阵 $\boldsymbol{M}$

```
/* 十字链表的结构类型 */
typedef struct OLNode
   { int i,j;                          /* 非零元素的行下标和列下标 */
     ElementType e;                    /* 非零元素的值 */
     struct OLNode * right,* down;     /* 非零元素所在行表、列表的后继链域 */
   } OLNode, * OLink;
```

```
typedef struct
{ OLink * rhead, * chead;           /* 行、列链表的头指针向量 */
    int mu,nu,tu;                   /* 稀疏矩阵的行数、列数、非零元素的个数 */
} CrossList;
```

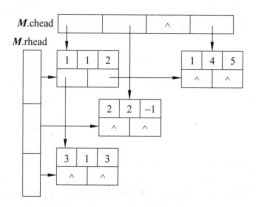

图 4.18　稀疏矩阵 *M* 的十字链表

算法 4.11　采用十字链表存储结构创建稀疏矩阵

```
void CreateCrossList (CrossList * M)
{ /* 采用十字链表存储结构创建稀疏矩阵 M */
int i,x,y;
int m,n,t;
OLink p, q;
printf("请输入矩阵的行、列及非零元素个数");
scanf("%d%d%d",&m,&n,&t);              /* 输入 M 的行数、列数和非零元素的个数 */
M->mu=m;M->nu=n;M->tu=t;
if(!(M->rhead=(OLink *)malloc((m+1) * sizeof(OLink)))) exit(0);
if(!(M->chead=(OLink *)malloc((n+1) * sizeof(OLink)))) exit(0);
for (x=1; x<=M->mu; x++)
    M->rhead[x]=NULL;                 /* 初始化各行、列头指针,分别为 NULL */
for (x=1; x<=M->nu; x++)
    M->chead[x]=NULL;
printf("请按三元组的格式输入数组:");
for (i=1; i<=M->tu; i++)
{ scanf("%d%d%d",&x,&y,&m);    /* 按任意顺序输入非零元素(以普通三元组形式输入) */
    if(!(p=(OLink) malloc(sizeof(OLNode)))) exit(0);
                                /* 开辟新结点,用来存储新元素 */
    p->i=x;
    p->j=y;
    p->e=m;
    if(M->rhead[x]==NULL || M->rhead[x]->j>y)
    { p->right=M->rhead[x];
        M->rhead[x]=p;
```

```
  } /* if */
  else
  {  for (q=M->rhead[x]; (q->right) && (q->right->j<y); q=q->right);
                                  /* 查找结点在行表中的插入位置 */
     p->right=q->right;
     q->right=p;                  /* 完成行插入 */
  } /* else */
  if(M->chead[y]==NULL || M->chead[y]->i>x)
  {  p->down=M->chead[y];
     M->chead[y]=p;
  } /* if */
  else
  {  for (q=M->chead[y]; (q->down) && (q->down->i<x); q=q->down);
                                  /* 查找结点在列表中的插入位置 */
     p->down=q->down;
     q->down=p;                   /* 完成列插入 */
  } /* else */
  } /* for */
} /* CreateCrossList */
```

创建十字链表的算法的时间复杂度为 $O(tu \times s)$，$s = \max(mu, nu)$。

4.5　广　义　表

4.5.1　广义表的定义

广义表(lists)又称列表，是线性表的推广。线性表是由 n 个数据元素组成的有限序列，其中每个组成元素被限定为单个元素。**广义表**是 $n(n \geqslant 0)$ 个数据元素 $a_1, a_2, \cdots,$ $a_i, \cdots, a_n$ 的有序序列，一般记作：

$$LS = (a_1, a_2, \cdots, a_i, \cdots, a_n)$$

其中，LS 是广义表的名称；n 是它的长度；每个 $a_i (1 \leqslant i \leqslant n)$ 是 LS 的成员，它可以是单个元素，也可以是一个广义表，分别称为广义表 LS 的**原子**和**子表**。习惯上，用大写字母表示广义表的名称，用小写字母表示原子。当广义表 LS 非空时，称第一个元素 a_1 为 LS 的**表头**(head)，称其余元素组成的表 $(a_2, \cdots, a_i, \cdots, a_n)$ 为 LS 的**表尾**(tail)。

广义表的抽象数据类型定义如下：

```
ADT Glist {
    数据对象:
        D={e_i|i=1,2,···,n;n≥0;e_i∈AtomSet 或 e_i∈GList, AtomSet 为某个数据对象}
    数据关系:
        R1={<e_{i-1}, e_i>| e_{i-1},e_i∈D, 2≤i≤n}
    基本操作:
        InitGList(L)
```

操作结果：创建空的广义表 L。

DestroyGList(L)

操作结果：销毁一个已经存在的广义表 L。

GListLength(L)

操作结果：求广义表 L 的长度。

GListDepth(L)

操作结果：求广义表 L 的深度。

GListEmpty(L)

操作结果：判断广义表 L 是否为空。

GetHead(L)

操作结果：求广义表 L 的表头。

GetTail(L)

操作结果：求广义表 L 的表尾。

} ADT Glist

　　显然，广义表的定义是递归的，因为在定义广义表时又用到了广义表的概念。下面列举一些广义表的例子。

　　例 4.3　广义表 A、B、C、D、E。

　　(1) A ＝ ()：A 是一个空表，其长度为 0。

　　(2) B ＝ (z)：B 是长度为 1 的广义表，它的元素是一个原子 z。

　　(3) C ＝ (w,(x,y,z))：C 是长度为 2 的广义表，第一个元素是原子 w，第二个元素是子表(x,y,z)。

　　(4) D ＝ (A,B,C)：D 是长度为 3 的广义表，3 个元素都是子表。

　　(5) E ＝ (y,E)：E 的长度为 2，第一个元素是原子，第二个元素是 E 自身，展开后它是一个无限的广义表。

　　从上面的例子可以看出：

　　(1) 广义表的元素可以是子表，而子表还可以是子表……，由此，广义表是一个多层次的结构。

　　(2) 广义表还可以为其他表所共享，例如，表 A、B、C 是表 D 的共享子表。

　　(3) 广义表可以是递归的表，即可以是其自身的子表，例如，表 E 就是一个递归的表。

　　广义表有两个特殊的基本操作，即 GetHead 和 GetTail。

　　根据前面对广义表的表头、表尾的定义可知：任意一个非空广义表的表头是表中第一个元素，可能是原子也可能是列表，而表尾必为列表。例如：

```
GetHead(B)=z    GetTail(B)=()
GetHead(D)=A    GetTail(D)=(B,C)
GetHead(E)=y    GetTail(E)=(E)
```

　　值得注意的是广义表()和(())不同。前者是长度为 0 的空表；而后者是长度为 1 的非空表，对其可以做取表头和取表尾的操作，得到的结果均是空表()。

4.5.2　广义表的存储结构

　　由于广义表中的数据元素可以具有不同的结构，因此很难用顺序存储结构来表示，通常采用链式的存储结构来存储广义表,每个数据元素可用一个结点表示。

广义表中有两种结构的结点:一种是原子结点;一种是表结点。从 4.5.1 节得知:任何一个非空的广义表都可以分解为表头和表尾两部分;反之,一对确定的表头和表尾可以唯一确定一个广义表。由此,一个**表结点**可由 3 个域组成:标志域、指向表头的指针域和指向表尾的指针域;而**原子结点**只需两个域:标志域和值域,如图 4.19 所示。

(a) 表结点   (b) 原子结点

图 4.19 头尾表示法的结点形式

```
/* ---广义表的头尾链表存储结构--- */
typedef enum {ATOM, LIST} ElemTag;        /* ATOM=0,表示原子;LIST=1,表示子表 */
typedef struct GLNode
{ ElemTag tag;                            /* 标志位 tag 用来区别原子结点和表结点 */
  union
  { AtomType data;                        /* 原子结点的值域 data */
    struct { struct GLNode * hp, * tp;} ptr;
                                          /* 表结点的指针域 ptr,包括表头指针域 hp 和表尾指针域 tp */
  };
} * GList;
```

例 4.4 广义表 A、B、C、D、E 的存储结构如图 4.20 所示。

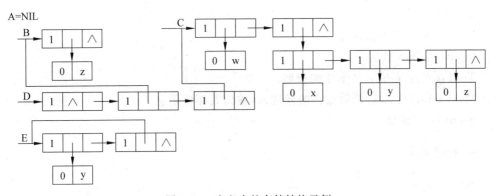

图 4.20 广义表的存储结构示例

4.6 应用实例——投票选举

1. 问题描述

某校学生会主席由全校学生投票选举产生,共有 m 名候选人报名参选($0 < m < 10$),全校有 n 名学生($0 < n < 20\,000$),每人都可以投票,但每人只能投一票,每票只能选一名候选人。请设计一个程序,能够统计出哪个候选人得票最多,得了多少票。

2. 问题分析

需要设计一个结构体数组,数组中包含 m 个元素,每个元素中的信息应包括候选人的姓名(字符型)和得票数(整型)。初始,每个候选人的得票数均为 0。接下来用键盘输入来模拟学生投票:输入被选人的姓名,然后与数组元素中的"姓名"成员比较,如果相同,就给这个元素中的"得票数"成员的值加 1;共有 n 名学生投票,所以上述过程重复 n 次。最后比较 m 个元素的"得票数"成员,输出该值最大的元素"姓名"及相应的"得票数"。

3. 程序设计

选用结构体作为候选人的存储结构。

```
/--- * 候选人的存储结构--- * /
struct person
{ char name[20];                    /* 候选人的姓名 * /
  int count;                        /* 候选人的得票数 * /
}
```

输入设计:第一行给出候选人数目 $m(m<10)$ 和作为选民的学生数目 $n(0<n<20\,000)$,接着输入 m 个候选人的姓名。

输出设计:输出得票数最多的候选人姓名及其相应的得票数。

基本操作:

Init():初始化界面设计。

Input():输入数据。

TouPiao():完成 n 名学生的投票。

MaxCount():求得票数最多的候选人,输出其相应信息。

main():主函数。

4. 程序代码

```
#include<string.h>
#include<stdio.h>
#define M 10
#define N 20000
struct person                    /* 定义结构体数组 * /
{ char name[20];
  int count;
}leader[M];
int m,n;                         /* 全局变量 * /
void Init()                      /* 初始界面 * /
{  printf(" **************投票选举**********\n\n");
   printf("请输入候选人数 m(m<=10)和学生数 n(n<=20000)(中间用逗号分隔):\n\n");
```

```
} /* init */
void Input()                          /* 输入数据 */
{ int i;
  char leader_name[20];
  scanf("%d,%d",&m,&n);               /* 输入候选人数目 m 和学生数目 n */
  printf("\n请输入%d个候选人姓名：",m);
  for(i=0;i<m;i++)
  { printf("\n请输入第%d个候选人姓名：",i+1);
    scanf("%s",leader[i].name);       /* 输入候选人姓名 */
  } /* for */
} /* Input */
void TouPiao()                        /* 完成 n 名学生的投票 */
{ int i,j;
  char leader_name[20];
  for(i=0;i<m;i++)
    leader[i].count=0;                /* 初始化所有候选人的得票数为 0 */
  printf("\n请输入%d个被选人姓名：",n);
  for(i=0;i<n;i++)
  { printf("\n请输入第%d个被选人姓名：",i+1);
    scanf("%s",leader_name);          //输入被选人姓名
    for(j=0;j<m;j++)
     if(strcmp(leader_name,leader[j].name)==0)
       leader[j].count++;
  } /* for */
} /* TouPiao */
void MaxCount()                       /* 求得票数最多的候选人,输出其相应信息 */
{ int i,k;
   k=0;
   for(i=1;i<m;i++)
     if(leader[i].count>leader[k].count)
        k=i;                          /* 求得票数最多的候选人在数组中的下标 */
printf("\n得票最多的人是：%5s,票数是%d\n",leader[k].name,leader[k].count);
} /* MaxCount */
int main()
{ Init();
  Input();
TouPiao();
MaxCount();
return 0;
} /* main */
```

5. 程序测试与运行结果

本例的运行结果如图 4.21 所示。

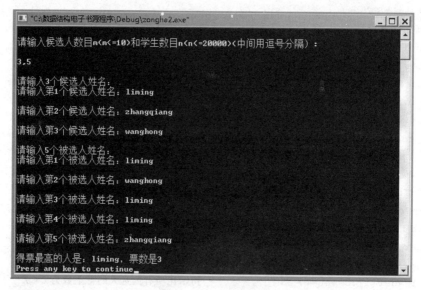

图 4.21　运行结果

本 章 小 结

（1）串是一种特殊的线性表，它的每个元素仅由一个字符组成。计算机上非数值处理的对象基本上是字符串数据。

（2）串可以用顺序存储形式表示（包括定长顺序存储和堆存储），也可以用链式存储形式表示。链串的优点是便于插入、删除，但链串的结点大小可能不同。

（3）串的模式匹配是串处理系统中最重要的操作之一，KMP算法是一种经典的模式匹配算法。

（4）数组可以看做是线性表的推广。数组的顺序存储结构有两种：一种是以行序为主序存储；另一种是以列序为主序存储。

（5）矩阵通常都是用二维数组的形式来描述。特殊矩阵的压缩存储思想是：根据矩阵中相同的元素或零元素分布的规律，将矩阵元素压缩到一维数组中，并给出每个非零元素的行列值与一维数组下标间的对应关系。

（6）稀疏矩阵中的非零元素分布没有规律可循，压缩存储时必须同时给出非零元素的行、列和值，称为非零元素的三元组。其压缩存储方法主要有三元组顺序表和十字链表。三元组顺序表适用于按行顺序处理并且非零元素个数和位置在操作过程中变化不大的矩阵的运算，如矩阵转置、矩阵相乘等；实现矩阵相加运算时，采用十字链表更合适。

（7）广义表是线性表的推广。表中的数据元素可以是原子，也可以是一个表。广义表中的数据元素可以具有不同的结构，因此很难用顺序存储结构来表示，通常采用链式存储结构表示，常用的是头尾表示法。

习　题　4

一、选择题

1. 串是一种特殊的线性表,其特殊性体现在(　　)。

A. 可以顺序存储　　　　　　　　　　B. 数据元素是一个字符

C. 可以链式存储　　　　　　　　　　D. 数据元素可以是多个字符

2. 设串 $s_1=$'ABCDEFG', $s_2=$'PQRST', 函数 $con(x,y)$ 返回串 x 和串 y 的连接串, $subs(s,i,j)$ 返回串 s 的从序号 i 开始的 j 个字符组成的子串, $len(s)$ 返回串 s 的长度,则 $con(subs(s_1,2,len(s_2)),subs(s_1,len(s_2),2))$ 的结果串是(　　)。

A. BCDEF　　　　B. BCDEFG　　　　C. BCPQRST　　　　D. BCDEFEF

3. 串是任意有限个(　　)。

A. 符号构成的集合　　　　　　　　　B. 符号构成的序列

C. 字符构成的集合　　　　　　　　　D. 字符构成的序列

4. 对稀疏矩阵进行压缩存储可以(　　)。

A. 节省存储空间　　　　　　　　　　B. 提高矩阵运算速度

C. 简化矩阵运算　　　　　　　　　　D. 便于对矩阵元素存取

5. 对于基于三元组的稀疏矩阵转置的处理方法,以下说法正确的是(　　)。

A. 按照矩阵 A 的列序来进行转置,算法的时间复杂度为 $O(nu+tu)$

B. 按照矩阵 A 的三元组 $A.data$ 的次序进行转置,算法的时间复杂度为 $O(nu*tu)$

C. 按照矩阵 A 的列序来进行转置的方法称为快速转置

D. 按照矩阵 A 的列序进行转置对于 $tu \ll mu \times nu$ 才有意义。

6. 稀疏矩阵的压缩存储方法是只存储(　　)。

A. 非零元素　　　　B. 三元组 (i,j,a_{ij})　　　　C. a_{ij}　　　　D. i,j

7. 三角矩阵可压缩存储到数组(　　)中。

A. $M[1:n(n+1)/2+1]$　　　　　　　B. $M[1:n(n+1)/2]$

C. $M[n(n+1)/2+1]$　　　　　　　　D. $M[n(n+1)/2]$

8. 二维数组 $M[i,j]$ 的元素是 4 个字符(每个字符占一个存储单元)组成的串,行下标 i 的取值从 0 到 4,列下标 j 的取值从 0 到 5。M 按行存储时元素 $M[3,5]$ 的起始地址与 M 按列存储时元素(　　)的起始地址相同。

A. $M[2,4]$　　　　B. $M[3,4]$　　　　C. $M[3,5]$　　　　D. $M[4,4]$

9. 设有两个串 p 和 q,求 q 在 p 中首次出现的位置的运算称作(　　)。

A. 连接　　　　B. 模式匹配　　　　C. 求子串　　　　D. 求串长

二、填空题

1. _____称为空串;_____称为空白串。

2. 设 S='A;/document/Mary.doc',则 strlen(s)=_____,"/"的字符定位的位置

为_____。

3. C 语言规定,字符串常量按_____处理,它的值在程序的执行过程中是不能改变的;而串变量与其他变量不一样,不能由_____语句对其赋值。

4. 当且仅当两个串的_____相等并且各个对应位置上的字符都_____时,这两个串相等。一个串中任意个连续字符组成的序列称为该串的_____串,该串称为它所有子串的_____串。

5. 串的顺序存储有两种方法:一种是每个单元只存放一个字符,称为_____格式;另一种是每个单元存放多个字符,称为_____格式。

6. 通常采用_____存储结构来存放数组。对二维数组可有两种存储方法:一种是以_____为主序的存储方式;另一种是以_____为主序的存储方式。C 语言数组用的是以_____为主序的存储方式。

7. 需要压缩存储的矩阵可分为_____矩阵和_____矩阵两种。

8. 假设每个数组元素占一个存储单元,二维数组 $A[0..m-1][0..n-1]$ 按列优先顺序存储,则元素 $A[i][j]$ 的地址为_____。

9. 设广义表 L=(a,(b,(),c),((d),e)),则 L 的长度是_____,深度是_____。

三、名词解释

1. 串、顺序串、链串、模式匹配
2. 特殊矩阵、稀疏矩阵
3. 广义表

四、应用题

1. 设有 A='　　',B='mule',C='old',D='my',试计算下列运算的结果(注:A+B 是 CONCAT(A,B)的简写,A='　　'的 '　　'含有两个空格)。

(1) SUBSTR(B,3,2)

(2) SUBSTR(C,1,0)

(3) LENGTH(A)

(4) INDEX(C,'d')

(5) INSERT(D,2,C)

2. 令 s='aabb',t='abcabaa',试分别求其 next 函数值。

3. 设有三对角矩阵 $(a_{ij})n \times n$,将其三条对角线上的元素逐行存于数组 B(1:3n−2)中,使得 $B[k]=a_{ij}$,求:

(1) 用 i、j 表示 k 的下标变换公式。

(2) 用 k 表示 i、j 的下标变换公式。

4. 画出下列广义表的图形表示和它们的存储表示:

(1) D(A(c),B(e),C(a,L(b,c,d)))

(2) J1(J2(J1,a,J3(J1)),J3(J1))

5. 设某单位职工工资表 ST 由"工资"、"扣除"和"实发金额"三项组成,其中,"工资"项包括"基本工资"、"津贴"和"奖金","扣除"项包括"水"、"电"和"煤气"费用等。

(1) 请用广义表形式表示所描述的工资表 ST,并用 GetHead(ST)和 GetTail(ST)函数提取表中的"奖金"项。

(2) 用 C 语言描述广义表中的元素结构,并画出该工资表 ST 的存储结构。

6. 求下列广义表操作的结果:

(1) GetHead(p,h,w)

(2) GetTail (b,k,p,h)

(3) GetHead((a,b),(c,d))

(4) GetTail((a,b),(c,d))

(5) GetHead(GetTail((a,b),((c,d))))

(6) GetTail(GetHead((a,b),((c,d))))

五、算法设计题

1. 若 X 和 Y 是用结点大小为 1 的单链表表示的串,设计一个算法找出 X 中第一个不在 Y 中出现的字符。

2. 在顺序串上实现串的判等运算 EQUAL(S,T)。

3. 设计一个算法以较高的效率将数组 A[0..n-1]中所有奇数移到所有偶数之前。

4. 稀疏矩阵用三元组的表示形式,试写一个算法实现两个稀疏矩阵相加,结果仍用三元组表示。

第5章 树和二叉树

本章主要内容:

(1) 树和二叉树的定义及基本操作;

(2) 二叉树的性质和存储表示;

(3) 二叉树的遍历方法;

(4) 二叉树的线索化;

(5) 树的存储结构、树和森林的遍历及与二叉树之间的转换;

(6) 哈夫曼树的定义及其应用。

5.1 树的基本概念

前面几章介绍的线性表、栈和队列等都是线性结构,数据元素之间的关系是一对一的简单关系。树则是一种非线性结构,它既有分支关系,又有层次关系,它非常类似于自然界中的树。树形结构在现实世界中广泛存在,家谱、各企事业单位的行政组织机构等都可用树来表示。树在计算机领域中也有着广泛的应用,DOS 和 Windows 操作系统中对磁盘文件的管理就采用了树形目录结构;在数据库中,树形结构也是数据的重要组织形式之一。一般来说,一些需要分等级的分类方案都可用树结构来表示。

5.1.1 树的定义

树[①](tree)是 $n(n \geqslant 0)$ 个结点的有限集合。若 $n=0$,则称为空树;否则对任意一棵非空树应满足以下条件:

(1) 有且仅有一个特定的结点被称为树根(root);

(2) 当 $n>1$ 时,其余结点被分成 $m(m \geqslant 0)$ 个互不相交的有限集 $T_1, T_2, \cdots, T_m$,其中每个子集又是一棵树,它们被称为子树。

显然,树的定义是递归的,即在树的定义中又用到了树的概念。它反映了树的固有特性,即树中每一个结点都是该树中某一棵子树的根。

---

① 有些书中树的定义要求至少有一个结点。

图 5.1 是树形结构示意图。图 5.1(a)是一棵只有一个根结点的树,图 5.1(b)是一棵一般的树。在图 5.1(b)中,A 是根结点,其余结点分成三棵互不相交的子树 $T=\{T_1,T_2,T_3\}$,由结点 B、E、F、K、L 构成 A 的第一棵子树 $T_1=\{B,E,F,K,L\}$;由结点 C 和 G 构成 T 的第二棵子树 $T_2=\{C,G\}$;由结点 D、H、I、J、M 构成 T 的第三棵子树 $T_3=\{D,H,I,J,M\}$。B 又是子树 T_1 的根,它有两棵子树,分别是 $T_{11}=\{E\}$、$T_{12}=\{F,K,L\}$,C 是子树 T_2 的根,它有一棵子树 $T_{21}=\{G\}$;D 是子树 T_3 的根,它有三棵子树,分别是 $T_{31}=\{H,M\}$、$T_{32}=\{I\}$、$T_{33}=\{J\}$。

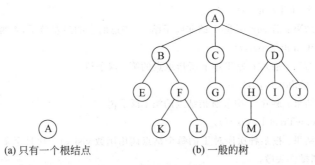

(a) 只有一个根结点　　　　　　　　　(b) 一般的树

图 5.1　树形结构示意图

从图 5.1(b)可以看出,树的根结点 A 没有直接前趋结点,其他结点都有一个唯一的直接前趋结点,例如,B、C、D 的直接前趋结点为 A,E、F 的直接前趋结点为 B。而每个结点可以有多个直接后继结点,例如,B 的直接后继结点为 E、F,D 的直接后继结点为 H、I、J。结点 E、K、L、G、M、I、J 没有直接后继结点。

树的抽象数据类型定义如下:

ADT Tree {
　　数据对象 D:D 是具有相同特性的数据元素的集合。
　　数据关系 R:若 D 为空集,则称为空树。
　　若 D 仅含一个数据元素,则 R 为空集,否则 R={H},H 是如下二元关系:
　　　　(1) 在 D 中存在唯一的称为根的数据元素 root,它在关系 H 下无前趋。
　　　　(2) 若 D-{root}$\neq\varnothing$,则存在 D-{root}的一个划分 $D_1,D_2,\cdots,D_m(m>0)$,对任意 $j\neq k$ $(1\leqslant j,k\leqslant m)$ 有 $D_j\cap D_k=\varnothing$,且对任意的 $i(1\leqslant i\leqslant m)$,唯一存在数据元素 $x_i\in D_i$,有 $<root,x_i>\in$ H。
　　　　(3) 对应于 D-{root}的划分,H-$\{<root,x_1>,\cdots,<root,x_m>\}$有唯一的一个划分 H_1, $H_2,\cdots,H_m(m>0)$,对任意 $j\neq k(1\leqslant j,k\leqslant m)$,有 $H_j\cap H_k=\varnothing$,且对任意 $i(1\leqslant i\leqslant m)$,$H_i$ 是 D_i 上的二元关系,$(D_i,\{H_i\})$ 是一棵符合本定义的树,称为根 root 的子树。
　　基本操作 P:
　　　　InitTree(T);
　　　　操作结果:构造空树 T。
　　　　DestroyTree(T)
　　　　操作结果:销毁树 T。
　　　　CreateTree(T, definition)
　　　　操作结果:按给定条件 definition 构造树 T。

TreeEmpty(T)

操作结果：若 T 为空树,则返回 TRUE,否则返回 FALSE。

TreeDepth(T)

操作结果：返回 T 的深度。

TreeRoot(T)

操作结果：返回 T 的根。

RightSibling(T,cur_e)

操作结果：若 cur_e 有右兄弟,则返回它的右兄弟,否则函数值为"空"。

LeftChild(T,cur_e)

操作结果：若 cur_e 是 T 的非叶子结点,则返回它的最左孩子,否则返回"空"。

InsertChild(T,p,i,c)

操作结果：插入 c 为 T 中 p 所指结点的第 i 棵子树。

DeleteChild(T,p,i)

操作结果：删除 T 中 p 所指结点的第 i 棵子树。

TraverseTree(T,Visit())

操作结果：按某种次序对 T 的每个结点调用函数 visit()一次且至多一次。一旦 visit()失败,则操作失败。

}ADT Tree

树的表示方法很多,可以用如图 5.1 所示的树形表示法表示,这种方法非常直观、清楚;此外,还可以用其他方法表示,如图 5.2 所示。其中,嵌套集合表示法(又称文氏图表示法)是一些集合的集体,对于其中任何两个集合,或者不相交,或者一个包含另一个;凹入表示法类似于书的目录,层次分明。还可以用广义表的形式来表示,根作为由子树森林组成的表的名字写在表的左边。表示方法的多样化说明了树结构在日常生活中及计算机程序设计中的重要性。

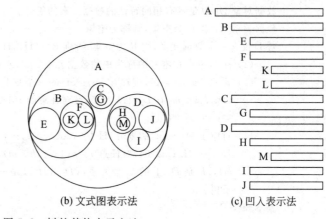

(A(B(E)(F(K)(L)))(C(G))(D(H(M))(I)(J)))

(a) 括号表示法　　　　　　(b) 文式图表示法　　　　　　(c) 凹入表示法

图 5.2　树的其他表示方法

5.1.2　树的基本术语

下面列出树结构中的一些基本术语,为讨论方便,引入树和家谱中的若干习惯术语。

1. 树的结点

它包含一个数据元素及若干指向子树的分支。

2. 结点的度和树的度（degree）

一个结点所拥有的孩子结点的个数称为该结点的度。图 5.1(b)所示的树中 A 的度为 3，B 的度为 2，C 的度为 1，D 的度为 3。一棵树的度是树中结点的最大度数。图 5.1(b)中树的度为 3。

3. 叶子结点（leaf）和分支结点（branch）

树中度为零的结点称为叶子结点或终端结点。树中度不为零的结点称为分支结点或非终端结点。除根结点外的分支结点统称为内部结点。在图 5.1(b)中，结点 E、K、L、G、M、I、J 是叶子结点，其余结点是分支结点。

4. 双亲结点（parent）、孩子结点（child）、兄弟结点（sibling）

树中每个结点的子树的根称为该结点的孩子结点，相应的，该结点称为孩子结点的双亲结点。具有同一双亲的孩子互称为兄弟结点。在图 5.1(b)中，A 是 B、C、D 的父结点，E、F 是 B 的孩子结点，E 和 F 互为兄弟结点。

5. 路径（path）和路径长度（path length）

如果树中有一结点序列 $K_1,K_2,\cdots,K_j$ 满足如下关系：结点 K_i 是结点 K_{i+1} 的双亲结点（$1\leqslant i<j$），则称该结点序列是树中从结点 K_1 到结点 K_j 的一条路径。显然，在树中路径是唯一的。称这条路径上经过的边的条数为路径长度。在图 5.1(b)中，结点 A 到结点 M 有一条路径 ADHM，它的路径长度为 3。

6. 结点的层数（level）和树的深度（depth）

规定根结点的层数为 1，对其余任何结点，若某结点在第 k 层，则其孩子结点在第 $k+1$ 层；树中所有结点的最大层数称为树的深度（或高度）。在图 5.1(b)中，结点 B、C 和 D 处于第 2 层，而树的深度为 4。

7. 祖先（ancestor）和子孙（descendant）

如果从结点 x 到结点 y 有一条路径，那么就称 x 为 y 的祖先，而称 y 为 x 的子孙。显然，以某结点为根的子树中的任一结点都是该结点的子孙。在图 5.1(b)中，D 和 H 都是 M 的祖先，而 E、F、K 和 L 都是 B 的子孙。

8. 森林（forest）

森林是 $m(m>0)$ 棵互不相交的树的集合。如果删去一棵树的树根，留下的子树就构成了一个森林。在图 5.1(b)中，若删除根结点 A，就可以得到由 B、C、D 为根的三棵树构成的森林。

5.2　二　叉　树

5.2.1　二叉树的定义

二叉树是 $n(n \geqslant 0)$ 个结点的有限集合,它必须满足下列条件:它或为空二叉树($n=0$),或是由一个根结点和两棵互不相交的子树组成,这两棵子树分别称为左子树和右子树,且其左右子树均满足二叉树定义。

显然,二叉树的定义是一个递归定义。根据二叉树根结点、左子树和右子树的不同情况,可以得到 5 种基本形态的二叉树,如图 5.3 所示。

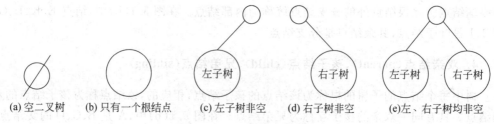

(a) 空二叉树　(b) 只有一个根结点　(c) 左子树非空　(d) 右子树非空　(e)左、右子树均非空

图 5.3　二叉树的 5 种形态

图 5.3(a)是空二叉树;图 5.3(b)是只有根结点的二叉树,根的左、右子树均为空;图 5.3(c)是只有左子树,右子树为空的二叉树;图 5.3(d)是只有右子树,左子树为空的二叉树;图 5.3(e)是左、右子树都有的二叉树。

树与二叉树的主要区别:

(1) 树中结点的最大度数没有限制,而二叉树结点的最大度数为 2。

(2) 树的结点无左和右之分,而二叉树的结点有左和右之分。

以下是二叉树的抽象数据类型定义。

ADT BinaryTree {

数据对象 D: D 是具有相同特性的数据元素的集合。

数据关系 R: 若 D 为空集,则称为空树。

　　若 D 仅含一个数据元素,则 R 为空集,否则 R={H},H 是如下二元关系:

　　(1) 在 D 中存在唯一的称为根的数据元素 root,它在关系 H 下无前趋。

　　(2) 若 D-{root} $\neq \varnothing$,则存在 D-{root}={D_1, D_r},且 $D_1 \bigcap D_r = \varnothing$。

　　(3) 对应于 $D_1 \neq \varnothing$,则 D_1 中存在唯一的元素 x_1,<root,x_1>$\in$H,且存在 D_1 上的关系 $H_1 \subset H$;若 $D_r \neq \varnothing$,则 D_r 中存在唯一的元素 x_r,<root,x_r>$\in$H,且存在 D_r 上的关系 $H_r \subset H$;H={<root,x_1>,<root,x_r>,H_1,H_r}。

　　(4) ($D_1,\{H_1\}$)是一棵符合本定义的二叉树,称为根 root 的左子树,($D_r,\{H_r\}$)是一棵符合本定义的二叉树,称为根 root 的右子树。

基本操作 P:

InitBiTree()

操作结果:创建一棵空的二叉树。

BiTreeEmpty（Bt）

操作结果：若二叉树为空树，则返回 TRUE,否则返回 FALSE。

BiTree Preorder(Bt)

操作结果：先序遍历以 Bt 为根的二叉树。

BiTree Inorder(Bt)

操作结果：中序遍历以 Bt 为根的二叉树。

BiTree Postorder(Bt)

操作结果：后序遍历以 Bt 为根的二叉树。

BiTreeRoot(Bt)

操作结果：返回二叉树 Bt 的根,若为空二叉树,则返回 NULL。

BiTreeDepth（Bt）

操作结果：返回二叉树 Bt 的深度。

Parent(Bt,e)

操作结果：若 e 是 Bt 的非根结点,则返回它的双亲,否则返回 NULL。

LeftChild(Bt,e)

操作结果：返回 e 的左孩子,若 e 无左孩子,返回 NULL。

RightChild(Bt,e)

操作结果：返回 e 的右孩子,若 e 无右孩子,返回 NULL。

TraverseBiTree (Bt,Visit())

操作结果：按某种次序对二叉树 Bt 的每个结点调用函数 visit()一次且至多一次。一旦 visit()失败,则操作失败。

} ADT BinaryTree

5.2.2　二叉树的性质

二叉树具有以下 5 个重要性质。

性质 1　在二叉树的第 i 层上至多有 2^{i-1} 个结点（$i \geqslant 1$）。

证明：用数学归纳法。

当 $i=1$ 时,仅有一个根结点,其层数为 1,因此 $i=1$ 时结论成立。

假定当 $i=j(j \geqslant 1)$ 时,结论成立,即第 j 层上至多有 2^{i-1} 个结点。对于二叉树的任意结点,其子结点的度数最大为 2,故第 $j+1$ 层上至多有 $2 \times 2^{i-1}=2^{j}$ 个结点,因此当 $i=j+1$ 时,命题成立。

由数学归纳法可知,对于所有的 $i \geqslant 1$,命题成立。

证毕。

性质 2　深度为 k 的二叉树中至多有 2^k-1 个结点（$k \geqslant 1$）。

证明：显然,当深度为 k 的二叉树上每一层都达到最大结点数时,整个二叉树的结点数是最多的。假设每一层的最大结点数为 m_i,由性质 1 可知,深度为 k 的二叉树中,最大结点个数 n 为

$$n = \sum_{i=1}^{k} m_i = \sum_{i=1}^{k} 2^{i-1} = 2^k - 1$$

证毕。

性质 3　对于一棵非空的二叉树,假设叶子结点个数为 n_0,度为 2 的结点个数为 n_2,则有 $n_0 = n_2 + 1$。

证明:设一棵非空二叉树有 n 个结点,度为 1 的结点个数为 n_1,因为二叉树中所有结点的度均不大于 2,所以有:

$$n = n_0 + n_1 + n_2 \tag{5.1}$$

在二叉树中,除根结点外,其余每个结点都有且只有一个前趋。假设边的总数为 B,则有:

$$B = n - 1 \tag{5.2}$$

又由于二叉树中的边都是由度为 1 和度为 2 的结点发出,所以有:

$$B = n_1 + 2 \times n_2 \tag{5.3}$$

综合式(5.1)、式(5.2)、式(5.3)可得:

$$n_0 = n_2 + 1$$

证毕。

下面介绍两种特殊形态的二叉树:满二叉树和完全二叉树。

定义 1　**满二叉树**是指高度为 k,且具有 $2^k - 1$ 个结点的二叉树。

由性质 2 可知,高度为 k 的二叉树至多有 $2^k - 1$ 个结点,因此满二叉树的每一层结点数都达到最多,而且叶子结点都分布在第 k 层上,即除叶子结点外,每个结点的度都为 2。

可以按层次次序(从第一层到第 k 层,在每一层中从左到右)将一棵满二叉树的所有结点从 1 开始连续编号。例如,图 5.4(a)就给出了高度为 k 的满二叉树中由 1 至 n 的那些结点的编号。

定义 2　**完全二叉树**是一棵具有 n 个结点,高度为 k 的二叉树,当且仅当树中每个结点都与深度为 k 的满二叉树中编号从 1 至 n 的那些结点一一对应。

完全二叉树的特点是除最后一层外,其余各层的结点数都达到了最大值,而最后一层或者结点数达到了最大值,或者在最右边缺少若干个连续结点,在完全二叉树中,叶子结点只能分布在最后两层上。显然,一棵满二叉树一定是一棵完全二叉树,反之,则不然。

图 5.4(b)是一棵完全二叉树,图 5.4(c)则是一棵非完全二叉树。

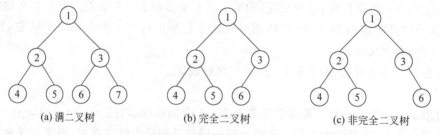

图 5.4　特殊形态的二叉树

性质 4　具有 n 个结点的完全二叉树的高度 k 为 $\lfloor \log_2 n \rfloor + 1$。

证明:根据性质 2 和完全二叉树的定义可知:

$$2^{k-1} - 1 < n \leqslant 2^k - 1 \quad 即 \quad 2^{k-1} \leqslant n < 2^k$$

对不等式的每项取对数有:

$$k-1 \leqslant \log_2 n < k$$

由于 k 为整数,所以 k 一定是不大于 $\log_2 n + 1$ 的最大整数,记为 $\lfloor \log_2 n \rfloor + 1$。

证毕。

性质 5　对于具有 n 个结点的完全二叉树,如果按照从上到下、从左到右的顺序对二叉树中的所有结点从 1 到 n 进行编号,则对于任意下标为 i 的结点,有:

(1) 如果 $i=1$,则它是根结点,没有双亲结点;如果 $i>1$,则它的双亲结点的下标为 $\lfloor i/2 \rfloor$。

(2) 如果 $2i \leqslant n$,则 i 的左孩子是结点 $2i$;否则,i 没有左孩子。

(3) 如果 $2i+1 \leqslant n$,则 i 的右孩子是结点 $2i+1$;否则,i 没有右孩子。

证明请读者自行完成。

例 5.1　具有 1000 个结点的完全二叉树有多少个叶子结点?

分析 1:设树的深度为 k,根据完全二叉树的定义,所有的叶子结点都集中在最下面两层。

由性质 4 可知:$k=\lfloor \log_2 1000 \rfloor + 1$,可得 $k=10$,即完全二叉树的高度为 10;

由性质 2 可知,前 9 层的结点总个数为 $2^9 - 1 = 511$;

所以,第 10 层的叶子结点为 $1000 - 511 = 489$;

由完全二叉树的特性可知:叶子结点分布在第 9 层和第 10 层上;

由性质 1 可知,第 9 层的结点总数为 $2^8 = 256$,而第 10 层上 489 个结点所需的父结点个数为 $\lceil 489/2 \rceil = 245$,即第 9 层 245 个结点有孩子结点,则剩下的 $256 - 245 = 11$ 个结点为叶子结点。

因此,总的叶子结点个数为 $489 + 11 = 500$。

分析 2:根据完全二叉树的定义,度为 1 的结点个数只能是 0 或者 1。即 $n_1 = 0$ 或 1。

由性质 3 可知:

$$n_0 = n_2 + 1 \tag{5.4}$$

假设 $n_1 = 0$,则有:

$$n_0 + n_2 = 1000 \tag{5.5}$$

解式(5.4)、式(5.5),可得 n_0 和 n_2 为小数,故不可能。

假设 $n_1 = 1$,则有:

$$n_0 + n_2 = 999 \tag{5.6}$$

解式(5.4)和式(5.6),可得 $n_0 = 500$,$n_2 = 499$。

分析 3:按由上到下、从左到右对完全二叉树中的结点从 1 开始编号,则最后一个结点的编号为 1000,根据性质 5 中的(1),它的父结点的编号为 500,即下标为 500 的结点是最后一个有孩子的结点,则编号从 501 到 1000 都是叶子结点,共 500 个。

5.2.3　二叉树的存储结构

与一般线性表的存储类似,二叉树也可以采用顺序和链式两种不同的存储方式。下面分别介绍这两种存储结构。

1. 二叉树的顺序存储结构

二叉树的顺序存储也是采用一组连续的存储单元来存放二叉树的结点,但由于二叉树是非线性结构,所以结点之间的逻辑关系难以从存储的先后次序确定。但由二叉树的性质 5 可知,如果对完全二叉树中的每个结点按照从上至下、从左至右进行从 1 到 n 的编号,然后存放到一维数组中,这样,只要通过数组元素的下标关系就可以确定二叉树中结点间的逻辑关系。例如,完全二叉树上编号为 i 的结点存储在一维数组中下标为 $i-1$ 的分量中。二叉树的顺序存储结构描述如下:

```
/* ----二叉树的顺序存储结构---- */
#define MAX_ TREE_ SIZE 100              /* 二叉树的最大结点数 */
typedef ElemType SqBiTree[MAX_ TREE_ SIZE];   /* 0 号单元存储根结点 */
SqBiTree bt;
```

图 5.5 是一棵完全二叉树的顺序存储结构示意图。

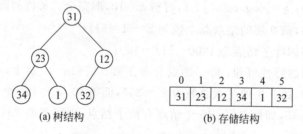

图 5.5　完全二叉树的顺序存储

对于一棵一般的二叉树,如果采用顺序存储,则要对它的结点进行扩充,即增加一些并不存在的空结点,使之成为一棵完全二叉树,然后再用一维数组顺序存储。在二叉树中人为增加的空结点,在数组所对应的元素中,可以用一个特殊的值表示。

图 5.6(a)是一棵一般的二叉树及增加结点后的状态,图 5.6(b)是图 5.6(a)的顺序存储表示。

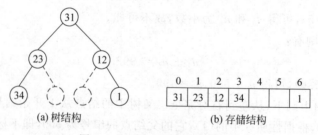

图 5.6　一般二叉树的顺序存储

显然,顺序存储方式比较适合满二叉树和完全二叉树,它能充分利用存储空间,是存储满二叉树和完全二叉树的最简单、最节省空间的存储方法。对于一棵一般的二叉树,如果它基本接近完全二叉树的形态,那么需要增加的空结点数目还不算多,故仍可采用顺序存储;否则就不宜采用该存储方式。最坏的情况下,一个高度为 k 且只有 k 个结点的右单支二叉树却需要一个长度为 2^k-1 的数组,随着 k 的增大,将造成空间的极大浪费。

2. 二叉树的链式存储结构

二叉树的链式存储结构是用一个链表来存储一棵二叉树中的所有结点。二叉树中每个结点最多有两个孩子,用链表存储二叉树时,每个结点除了存储结点本身的数据外,还应设置两个指针域 lchild 和 rchild,分别指向该结点的左孩子和右孩子,这种链表结构称为二叉链表。二叉链表的结点结构如图 5.7 所示。

lchild	data	rchild

图 5.7 二叉链表的结点结构

其中,data 称为数据域,用于存储二叉树结点本身的数据信息;lchild 和 rchild 分别称为左孩子指针域和右孩子指针域,用于存放结点的左孩子和右孩子的存储位置(即指针)。当结点的某个孩子结点为空时,相应的指针域为空指针。具有 n 个结点的二叉链表中一共有 $2n$ 个指针域,其中只有 $n-1$ 个用来指向结点的左右孩子,其余的 $n+1$ 个指针域为空。

```
/* 二叉树的二叉链表存储结构 */
typedef char dataType;              /* 用户可根据具体应用定义 dataType 的实际类型 */
typedef struct node{
    dataType data;
    struct node * lchild, * rchild;    /* 左右孩子指针 */
}BinTree;                           /* 结点类型 */
BinTree * root                      /* 指向二叉树的根结点 */
```

BinTree 为所定义的二叉链表类型。图 5.8(a)、图 5.8(b)分别是一棵二叉树及其二叉链表。在二叉链表这种存储结构上,二叉树的多数基本运算如求根、求左孩子、求右孩子等很容易实现,但求双亲运算的实现却比较麻烦,而且其时间性能不高。假如在给定的实际问题中需要经常作求双亲的运算,那么以二叉链表为存储结构显然不适合,这时可以采用三叉链表作为存储结构。

三叉链表是二叉树的另一种链式存储结构。三叉链表与二叉链表的主要区别在于,它的结点比二叉链表的结点多一个指针域,该域用于存储一个指向其双亲的指针(parent)。图 5.8(a)所示的二叉树的三叉链表如图 5.8(c)所示。

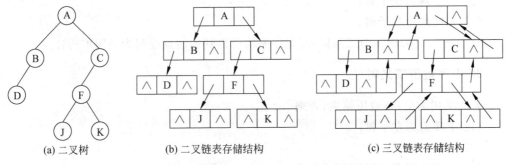

(a) 二叉树　　　　(b) 二叉链表存储结构　　　　(c) 三叉链表存储结构

图 5.8 二叉树的二叉链表和三叉链表存储表示

在不同的存储结构中,实现二叉树的操作方法各有不同。例如,找结点的双亲 Parent(root,e)在三叉链表中很容易实现,而在二叉链表中则需从根指针出发查询。尽管如此,由于二叉链表结构灵活,操作方便,对于一般情况的二叉树,甚至比顺序存储结构还节省空间。因此,二叉链表是最常用的二叉树存储方式。本书后面所涉及的二叉树的链式存储结构如不加特别说明都是指二叉链表。

5.3　二叉树的遍历

5.3.1　二叉树的遍历算法

遍历是二叉树的重要运算之一,也是二叉树进行其他运算的基础。遍历二叉树是指以一定的次序访问二叉树中的每个结点,并且每个结点访问且仅被访问一次。所谓访问结点,是指对结点进行各种操作的简称。例如,查询结点数据域的内容,或输出它的值,或找出结点位置,或是执行对结点的其他操作等,但要求这种访问不破坏它原来的数据结构。

遍历二叉树的过程实质是把二叉树的结点进行线性排列的过程。假设遍历二叉树时访问结点的操作就是输出结点数据域的值,那么遍历的结果得到一个线性序列。

从二叉树的递归定义可知,一棵非空的二叉树由根结点、左子树和右子树这 3 个部分组成。因此,若能依次遍历这 3 个部分,便是遍历了整个二叉树。假设以 L、D、R 分别表示遍历左子树、访问根结点和遍历右子树,则可有 DLR、LDR、LRD、DRL、RDL、RLD 共 6 种遍历二叉树的方式。前 3 种方式的遍历次序与后 3 种是对称的,故在这里只讨论按先左后右的次序遍历,DLR、LDR、LRD 这 3 种遍历方式分别称为先序(根)遍历(Preorder)、中序(根)遍历(Inorder)和后序(根)遍历(Postorder)。基于二叉树的递归定义,二叉树的 3 种递归遍历算法定义如下。

1. 先序遍历二叉树

若二叉树为空,则遍历结束;否则
(1)访问根结点;
(2)先序遍历左子树;
(3)先序遍历右子树。
对于图 5.8(a)所示的二叉树,按先序遍历所得到的结点序列为 ABDCFJK。

2. 中序遍历二叉树

若二叉树为空,则遍历结束;否则
(1)中序遍历左子树;
(2)访问根结点;
(3)中序遍历右子树。
对于图 5.8(a)所示的二叉树,按中序遍历所得到的结点序列为 DBAJFKC。

3. 后序遍历二叉树

若二叉树为空,则遍历结束;否则

(1) 后序遍历左子树;

(2) 后序遍历右子树;

(3) 访问根结点。

对于图 5.8(a)所示的二叉树,按后序遍历所得到的结点序列为 DBJKFCA。

可以看出,3 种遍历算法都是递归的,递归终止的条件是二叉树为空。假设二叉树采用二叉链表作为存储结构,根结点的"访问"仅为输出结点信息,则算法 5.1 给出了实现中序遍历二叉树的算法。其他两种遍历算法和中序遍历算法类似,不同之处在于输出结点信息的次序,读者可以自己完成。

算法 5.1　中序遍历二叉树

```
void Inorder (BinTree * bt)
{ /* 采用二叉链表存储结构,中序遍历二叉树,对每个结点输出其值 */
if(bt!=NULL)                          /* 二叉树 bt 不为空 */
  { Inorder(bt ->lchild);             /* 遍历左子树 */
    printf("%c", bt ->data);          /* 输出根结点的值 */
    Inorder(bt ->rchild);             /* 遍历右子树 */
  }
} /* Inorder */
```

下面讨论中序遍历的非递归算法。中序遍历的过程是首先中序遍历左子树,然后访问根结点,最后中序遍历右子树。对于根的左子树和右子树而言,遍历的过程相同。如果用非递归方法,首先应该找到左子树上最先遍历的结点,该结点就是左子树上最左下的结点,因此要从根结点开始顺着左子树的左链搜索到该结点。这就要求在遍历左子树之前,先保存搜索路径上根结点的地址(指针),以便在完成左子树的遍历之后,能够取出根结点的地址访问根结点,然后中序遍历右子树。同样,在中序遍历右子树的左子树之前,也要先保存左子树的根结点地址,依此类推。可以看出,对这些地址的保存和取出符合后进先出的原则,因此可设一个辅助栈来保存所经过的结点的地址。中序遍历二叉树的非递归算法如算法 5.2 所示。

算法 5.2　中序遍历二叉树的非递归算法

```
void InorderTraverse(BinTree * bt)
{ /* 中序遍历二叉树 bt 的非递归算法 */
  BinTree * stack[100],* p;           /* 定义顺序栈 stack,最大容量为 100 */
  int top=0;                          /* 定义栈顶指针 top */
  p=bt;
  do{
    while(p!=NULL)                    /* 顺着左链搜索走到尽头 */
    { stack[top++]=p;                 /* 当二叉树不空时根指针入栈 */
      p=p->lchild;                    /* 顺着左链搜索 */
```

```
    } /* while */
    if(top>0)
      {  p=stack[top-1];                    /* 栈不空时取出栈顶元素 */
         printf("%c",stack[top-1]->data);    /* 输出当前访问的根结点 */
         top--;
         p=p->rchild;                        /* 顺着右链搜索 */
      } /* if */
    }while(top!=0||p!=NULL);                 /* 当遍历没有结束时,继续访问结点 */
} /* InorderTraverse */
```

对二叉树进行遍历除了上述的 3 种方法外,还可以按层次遍历。所谓二叉树的层次遍历,是指从二叉树的第一层(根结点)开始,从上至下逐层遍历,在同一层中,则按从左至右的顺序对结点逐个访问。对于图 5.8(a)所示的二叉树,按层次遍历得到的结果序列为ABCDFJK。

显然,遍历二叉树算法中的基本操作是访问结点,则不论按哪种次序进行遍历,对含有 n 个结点的二叉树,其时间复杂度均为 $O(n)$。所需空间为遍历过程中栈的最大容量,即树的深度,最坏情况下,空间复杂度也为 $O(n)$。

5.3.2 二叉树遍历算法的应用

例 5.2 统计二叉树中叶子结点的个数。

解题思路: 中序(先序或后序)遍历二叉树,在遍历过程中查找叶子结点并计数。由此,需在遍历算法中增加一个计数器,并将算法中"访问结点"的操作改为:若是叶子,则计数器增 1。算法 5.3 是按中序遍历的方法求叶子结点的个数。

算法 5.3 按中序遍历的方法求叶子结点的个数

```
void CountLeaf(BinTree *T, int *count)      /* count 返回叶子结点的个数 */
{
    if(T) {
        if((!T->lchild)&& (!T->rchild))
            (*count)++;                       /* 对叶子结点计数 */
        CountLeaf(T->lchild, count);
        CountLeaf(T->rchild, count);
    } // if
}
```

例 5.3 求二叉树的深度。

解题思路:首先分析二叉树的深度和它的左、右子树深度之间的关系。从二叉树深度的定义可知,二叉树的深度应为其左、右子树深度的最大值加 1。由此,需先分别求得左、右子树的深度,算法中"访问结点"的操作为:求得左、右子树深度的最大值,然后加 1。算法 5.4 是按后序遍历的方法求二叉树的深度。

算法 5.4 求二叉树的深度

```
int Depth (BinTree *T)
```

```
{ /* 返回二叉树 T 的深度 */
  int hl,hr;
  if(!T)  return 0;
  else  {  hl=Depth(T->lchild);
           hr=Depth(T->rchild);
           if(hl>=hr) return hl+1;
           else return hr+1;
        } /* else */
} /* Depth */
```

例 5.4　建立二叉树的链式存储结构。

不同的定义方法相应有不同的建立算法,下面用字符串的形式来定义一棵二叉树。字符串的输入顺序为:先输入根结点,再输入左子树,最后输入右子树,结点值的类型为字符型。例如,当树为空时,可用字符串"#"表示(#也可用其他字符代替);当树中只有一个根结点 A 时,可用字符串"A##"表示。如图 5.9 所示的二叉树,可按下列顺序读入字符。

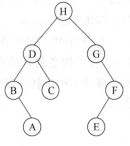

図 5.9　二叉树

$$HDB\#A\#\#C\#\#G\#FE\#\#\#$$

注意:"#"表示空指针,也可用其他字符代替。

解题思路:建立二叉链表的过程和建立单链表的过程类似,也是不断插入结点和修改指针的过程。因此,每输入一个字符,就需要申请一个结点空间,然后修改相应的指针,把它插入到二叉树中,重复此过程,直到字符串输入完毕为止。按先序遍历二叉树的方法来建立二叉树的算法如算法 5.5 所示。

算法 5.5　建立二叉树

```
BinTree * CreateBiTree()
{ /* 输入字符序列,先序遍历建立二叉链表 */
  BinTree * bt=NULL;
  char ch;
  ch=getchar();                                 /* 输入一个字符 */
  if(ch!='#')
      { bt=(BinTree *)malloc(sizeof(BinTree));  /* 申请一个结点空间 */
        bt ->data=ch;
        bt ->lchild=CreateBiTree();             /* 创建左子树 */
        bt ->rchild=CreateBiTree();             /* 创建右子树 */
      }
  return bt;                                     /* 返回指向根结点的指针 */
} /* CreateBiTree */
```

例 5.5　由结点先序序列和中序序列构造对应的二叉树。

由前面的讨论可知,任意一棵二叉树中结点的先序、中序、后序和层次遍历次序是唯一的。反过来讲,由一种遍历次序能否唯一确定一棵二叉树呢? 回答是否定的。然而,可以由结点的先序序列和中序序列构造对应的二叉树。

解题思路：二叉树的先序序列是由根结点、左子树和右子树组成；中序序列是由左子树、根结点和右子树组成。因此，先序序列中的第一个结点就是根结点，在中序序列中根结点必然将结点分割成为两个序列，根结点前的子序列是其左子树的中序序列，而根结点后的子序列是其右子树的中序序列。然后可以根据这两个子序列在先序序列中找到对应的左子序列和右子序列，两个子序列在先序中的第一个结点是根结点；此时左右子树的根结点又分别把左右子序列各划分成两个子序列。依此类推，由先序序列确定各级子树的根结点，由中序序列确定隶属于各级子树的左右子树中的结点，当取尽前序序列中的所有结点时，各级子树中的左右孩子都唯一确定了，二叉树也就构造完成，而且这棵二叉树是唯一的。

例如，已知二叉树的先序序列为 ABCDEFG，中序序列为 CBDAEGF，则二叉树的构造过程为：由先序序列确定根结点 A；由中序序列可知 CBD 为左子树的结点，而 EGF 为右子树的结点，如图 5.10(a)所示；其次，由先序序列可以确定左右子树的根分别为 B 和 E，由中序序列可知 C 为 B 的左孩子，D 为 B 的右孩子，如图 5.10(b)所示；左子树已构造完毕，右子树还剩有结点 GF，由中序序列可知 E 没有左孩子，则由先序序列可知 F 是 E 的右孩子，再由中序序列可知 G 是 F 的左孩子，至此，二叉树构造完毕，如图 5.10(c)所示。

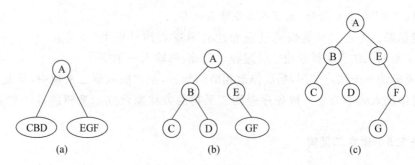

图 5.10　由先序序列和中序序列构造二叉树的过程

和上述方法类似，后序序列和中序序列也可以唯一确定一棵二叉树，但先序序列和后序序列却不能构造一棵二叉树，因为根据两个序列只能确定树根，而不能确定其左右子树。其他情况读者可自己思考。

5.4　线索二叉树

5.4.1　线索二叉树的定义

从前面的讨论可知，遍历二叉树就是将非线性结构的二叉树线性化，即按一定规则将二叉树中的结点排列成一个线性序列。如图 5.9 所示的二叉树，根据 3 种不同的遍历方式可以得到不同的遍历序列。中序遍历得到线性序列 BADCHGEF，先序遍历得到线性序列 HDBACGFE，后序遍历得到线性序列 ABCDEFGH。在这些线性序列中，二叉树中的每个结点(除第一个和最后一个外)有且仅有唯一的一个前趋和唯一的一个后继，所以很容易找到各个结点的前趋和后继。但当以二叉链表作为二叉树的存储结构时,只能找到结点的左、右孩子,而不能直接找到前趋和后继信息,只有在遍历的动态过程中才能得到这些信息。如果将这些信息在第一次遍历时保存起来,那么在需要再次对二叉树进行"遍历"时就可以将二叉树视为线性结构进行访问,从而简化遍历操作。如何保存遍历过程中得到的这些信息呢? 最简单的办法是在每个结点上增加指针域,即前趋域和后继域,分别指示结点在以任一次序遍历时得到的前趋和后继信息,但这样做使得结构的存储密度大大降低;另一种方法是利用二叉链表中的空链域来存放结点的前趋和后继信息。

在含有 n 个结点的二叉链表中有 $2n$ 个孩子链域,其中仅有 $n-1$ 个链域是用来指示结点的左右孩子的,而另外 $n+1$ 个链域是空链域。现在把这些空链域利用起来,存放指向结点的前趋或后继指针,这样的指针称为**线索**(thread)。为了区分是指向左右孩子的指针还是指向前趋和后继的线索,需要在原结点结构的基础上增加两个标志域,如图 5.11所示。

lchild	ltag	data	rtag	rchild

图 5.11　线索二叉树的结点结构

其中:

ltag=0　lchild 为左指针,指向左孩子;

ltag=1　lchild 为左线索,指向前趋;

rtag=0　rchild 为右指针,指向右孩子;

rtag=1　rchild 为右线索,指向后继。

以这种结点结构构成的二叉链表作为二叉树的存储结构,称做线索链表,其 C 语言类型说明如下:

```
/* ----二叉树的线索链表存储结构---- */
    typedef char DataType;
    typedef struct ThreadTNode{
        int ltag, rtag;                      /* 左右标志域 */
        DataType data;                       /* 数据域 */
        struct ThreadTNode * lchild, * rchild;   /* 左右孩子指针域 */
    }ThreadTNode, * ThreadTree;
```

5.4.2　二叉树的线索化

加上线索的二叉树称为**线索二叉树**(threaded binary tree)。对二叉树以某种遍历方式使其加上线索的过程称为**线索化**。

对一棵给定的二叉树,按不同的遍历规则进行线索化所得到的线索树是不同的。用3 种遍历方式对给定二叉树进行线索化所得到的二叉树,分别称为先序线索树、中序线索树和后序线索树。如图 5.9 所示的二叉树对应的中序线索二叉树如图 5.12(a)所示,其中实线为指针(指向左、右孩子),虚线为线索(指向前趋和后继)。

为了操作方便,在中序线索链表上添加一个"头结点",该结点的指针 lchild 指向二叉树的根结点,左标志 ltag 为 0,指针 rchild 指向中序遍历序列的最后一个结点,右标志rtag 为 1,同时也让中序遍历序列中第一个结点的左线索和最后一个结点的右线索指向

"头结点",这样线索链表就构成一个双向循环链表。图 5.12(b)为带头结点 Head 的线索链表。

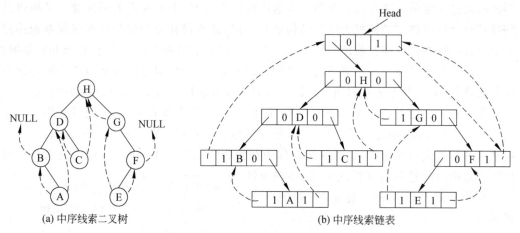

(a) 中序线索二叉树   (b) 中序线索链表

图 5.12 线索二叉树及其存储结构

下面以中序线索化为例,讨论线索链表的建立过程。中序线索链表的建立是在中序遍历的过程中修改结点的左、右指针域,以保存当前访问结点的"前趋"和"后继"信息。遍历过程中,需附设指针 pre,并始终保持指针 pre 指向当前访问的指针 p 所指结点的前趋。算法 5.6 实现了"头结点"的建立和中序线索链表的建立过程。

算法 5.6 中序线索链表的建立

```
ThreadTree pre;      /* pre 可以定义为全局变量,始终指向当前结点的前趋 */
ThreadTree InOrderThreading(ThreadTree bt)   /* 建立二叉树 bt 的中序线索链表 */
{ ThreadTree Head;
    Head=(ThreadTree)malloc(sizeof(ThreadTNode));      /* 生成头结点 */
    if(!Head)
      { printf("分配失败\n");
        return NULL;
      }
    Head->ltag=0; Head->rtag=1;   /* 设置头结点的线索标志域 */
    Head->rchild=Head;            /* 头结点右指针指向自身 */
    if(bt==NULL)
      Head->lchild=Head;          /* 若二叉树 bt 为空,则左线索指向自身 */
    else {
    Head->lchild=bt;              /* 若二叉树非空,则左线索指向二叉树根结点 bt */
        pre=Head;                 /* pre 指向当前结点的前趋 */
        InThreading(bt);          /* 中序遍历进行中序线索化 */
        pre->rchild=Head;         /* 最后一个结点右线索化 */
        pre->rtag=1;              /* 最后一个结点标志域置为线索 */
        Head->rchild=pre;         /* 头结点的右指针指向最后一个结点 */
    } /* else */
        return Head;
```

```
    } /* InOrderThreading */
void InThreading(ThreadTree p)              /* 在中序遍历过程中线索化二叉树 bt */
  { if(p!=NULL)
    { InThreading(p->lchild);               /* 左子树线索化 */
      if(p->lchild==NULL)                   /* 若 p 没有左孩子,则建立前趋线索 */
        { p->ltag=1;
          p->lchild=pre;
        } /* if */
      if(pre->rchild==NULL)                 /* 若 pre 没有右孩子,则建立后继线索 */
        { pre->rtag=1;
          pre->rchild=p;
        } /* if */
    pre=p;                                  /* 修改前趋指针使 pre 指向当前结点 */
    InThreading(p->rchild);                 /* 右子树线索化 */
    } /* if */
} /* InThreading */
```

算法 5.6 给出的是二叉树中序线索化算法,对于前序和后序的线索化算法与该算法大致相同,留给读者作为练习。

5.4.3　线索二叉树的遍历

在二叉树进行线索化后,实现二叉树的运算就变得很简单了,不需要递归,也不需要设栈,就很容易找到结点的前趋或后继结点。仍以中序线索二叉树为例,来说明线索二叉树的遍历过程。

线索二叉树的遍历过程实际上就是一个不断寻找结点后继的过程。在一个线索二叉树上寻找结点的后继有两种情况:

(1) 如果该结点的右标志域 rtag＝1,表明该结点没有右孩子,则右链域 p－＞rchild 为线索,直接指示结点的后继。

(2) 如果该结点的右标志域 rtag＝0,表明该结点有右孩子,无法直接找到其后继结点。但根据中序遍历的规律可知,结点的后继应是遍历其右子树时访问的第一个结点,即右子树中最左下的结点。这只需要沿着其右子树的左指针链一直向下查找,直到当某结点的左标志域 ltag＝1 时,它就是所要找的后继结点。

对带头结点的线索链表进行中序遍历的算法如算法 5.7 所示。

算法 5.7　中序遍历带头结点的线索链表

```
void InOrder_Thr(ThreadTree Head)           /* 中序遍历中序线索二叉树 */
{ ThreadTree p;
  p=Head->lchild;
  while(p !=Head)
  { while(p->ltag==0)                       /* 找左子树上第一个访问结点 */
      p=p->lchild;
    printf("%c",p->data);                   /* 访问第一个结点 */
```

```
while(p->rtag==1 && p->rchild!=Head)      /* 访问每个结点的后继结点 */
        { p=p->rchild;
          printf("%c",p->data);
        } /* while */
      p=p->rchild;                        /* 转到右子树 */
    } /* while */
  } /* InOrder_Thr */
```

由算法 5.7 可以看出,中序遍历线索二叉树的时间复杂度为 $O(n)$,n 为二叉树的结点数。线索链表由于充分利用了空指针域的空间(节省了空间),又保证了创建时的一次遍历就可以终生受用的前趋和后继信息(节省了时间),所以在实际问题中,如果所用的二叉树需经常进行遍历,或者查找结点时需要某种遍历序列中的前趋和后继,则应采用线索链表作为存储结构。线索化是提高重复性访问非线性结构效率的重要手段之一。

5.5   树 和 森 林

在 5.1 节已经介绍了树和森林的基本概念和术语,本节主要介绍树和森林的存储表示及遍历,并建立树、森林与二叉树之间的转换关系。

5.5.1   树 的 存 储 结 构

1. 双亲表示法

在树形结构中,每个结点可以有多个孩子,但双亲只有一个,所以可用一组连续的存储空间(一维数组)存储树中的各个结点,数组中的每个元素表示树中的一个结点。每个结点含有两个域:一是数据域,用来存放结点本身信息;二是双亲域,用来指示其双亲结点在数组中的位置。双亲表示法的 C 语言描述如下:

```
/* ----树的双亲表示法存储结构---- */
  #define MAX_TREE_SIZE 100         /* 假设树中结点的最大个数为 100 */
  typedef char DataType;            /* 树中的数据元素类型 */
  typedef struct Ptnode             /* 结点结构 */
  { DataType data;
    int parent;                     /* 指示双亲的位置 */
  }Ptnode;
  typedef struct                    /* 树的结构 */
  { Ptnode nodes[MAX_TREE_SIZE]
    int root,n;                     /* 树根的位置和树中结点个数 */
  }Pttree;
```

例如,图 5.13 展示了一棵树及其双亲表示的存储结构,用 parent 域的值为 -1 表示该结点无双亲结点,即该结点是一个根结点。

这种存储表示方法对于求指定结点的双亲或祖先结点很方便,但是对于求指定结点

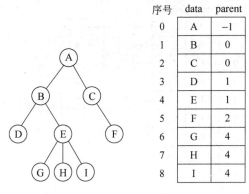

序号	data	parent
0	A	-1
1	B	0
2	C	0
3	D	1
4	E	1
5	F	2
6	G	4
7	H	4
8	I	4

图 5.13 双亲表示法

的孩子结点或者子孙结点不太方便,需要遍历整个数组。

2. 孩子链表表示法

孩子链表表示法是将树中每个结点的数据元素及指向该结点所有孩子的指针存储在一起,以便于运算的实现。它的主体是一个与结点数目相同大小的一维数组。数组的每一个元素由两个域组成,一个域用来存放结点信息,另一个域用来存放指针,该指针指向由该结点的孩子组成的单链表的首结点。单链表的结构也由两个域组成,一个存放孩子结点在一维数组中的序号,另一个是指针域,指向下一个孩子结点。

在树的孩子链表中,树的结点结构和树的结构类型定义如下:

```
/* ----树的孩子链表存储结构---- */
#define MAX_TREE_SIZE 100             /* 树中结点的最大个数为 100 */
typedef char DataType;
typedef struct CTNode {               /* 孩子结点结构 */
    int child;
    struct CTNode * next;             /* 指向下一个孩子 */
} * ChildPtr;
typedef struct {                      /* 双亲结点结构 */
    DataType data;
    ChildPtr firstchild;              /* 孩子链的头指针 */
} CTBox;
typedef struct {                      /* 树结构 */
    CTBox nodes[MAX_TREE_SIZE];
    int n, r;                         /* 结点数和根结点的位置 */
} CTree;
```

图 5.14 是图 5.13 中树的孩子链表表示法的存储示意图。

这种表示法与双亲表示法相反,查询某结点的孩子方便,却不适宜查询结点的双亲。若需要时,可以将这两种方法结合起来,在结点中增加一个 Parent 域,使其指向该结点的双亲所在的位置。

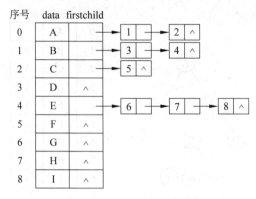

图 5.14　孩子链表表示法

3. 孩子兄弟表示法

这种表示法类似于二叉树的二叉链表。树结点中同样设两个指针分别指向其"最左"孩子结点和紧邻的"右兄弟"结点,分别用 firstchild 域和 nextsibling 域表示。存储结构描述如下:

```
/* ----树的二叉链表(孩子兄弟表示)存储结构---- */
typedef char DataType;
typedef struct CSNode{              /* 结点结构 */
    DataType data;
    struct CSNode * firstchild, * nextsibling;
                        /* 分别指向最左边的孩子和紧邻的右兄弟 */
} CSNode, * CSTree;
```

图 5.15 是图 5.13 中树的孩子兄弟表示法的存储示意图。

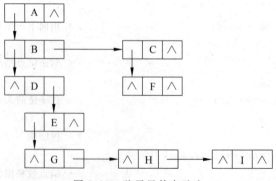

图 5.15　孩子兄弟表示法

在孩子兄弟表示法中,若要查询某结点的所有孩子,只需通过该结点的 firstchild 指针,找到它的第一个孩子,再通过该孩子的 nextsibling 指针找到它的下一个兄弟,依次往下查找,直到 nextsibling 指针为空,则找出某个结点的所有孩子。这实际上是沿 nextsibling 指针链作一次扫描。

5.5.2 森林与二叉树的转换

由于二叉树和树都可用二叉链表作为存储结构,因此,可以以二叉链表作为媒介导出树与二叉树之间的一个对应关系。也就是说,给定一棵树,可以找到唯一的一棵二叉树与之对应,从物理结构来看,它们的二叉链表是相同的,只是解释不同而已。图 5.16 直观地展示了树与二叉树之间的对应关系。

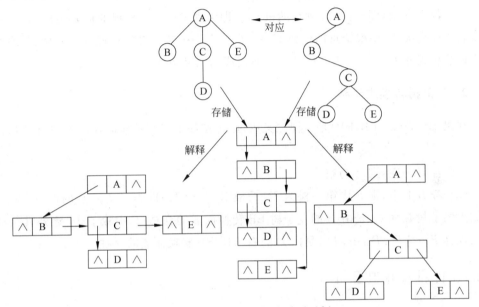

图 5.16 树与二叉树对应关系示例

从树的二叉链表表示的定义可知,任何一棵树所对应的二叉树,其右子树必为空。若把森林中第二棵树的根结点看成是第一棵树的根结点的兄弟,则同样可导出森林和二叉树的对应关系。

这种一一对应的关系可以使森林或树与二叉树之间相互转换,如图 5.17 所示,其形

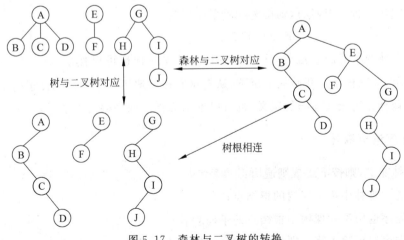

图 5.17 森林与二叉树的转换

式定义如下。

1. 森林转换成二叉树

如果 $F=\{T_1,T_2,\cdots,T_m\}$ 是森林，则可按如下规则转换成一棵二叉树 $B=(\text{root},\text{LB},\text{RB})$。

（1）若 F 为空，即 $m=0$，则 B 为空树。

（2）若 F 非空，即 $m!=0$，则 B 的根 root 即为森林中第一棵树的根 $\text{ROOT}(T_1)$；B 的左子树 LB 是从 T_1 中根结点的子树 $F_1=\{T_{11},T_{12},\cdots,T_{1n}\}$ 转换而成的二叉树；B 的右子树 RB 是从森林 $F'=\{T_2,T_3,\cdots,T_m\}$ 转换而成的二叉树。

2. 二叉树转换成森林

如果 $B=(\text{root},\text{LB},\text{RB})$ 是一棵二叉树，则可按如下规则转换成森林 $F=\{T_1,T_2,\cdots,T_m\}$。

（1）若 B 为空，则 F 为空。

（2）若 B 非空，则 F 中第一棵树 T_1 的根 $\text{ROOT}(T_1)$ 即为二叉树 B 的根 root；T_1 中根结点的子树森林 F_1 是由 B 的左子树 LB 转换而成的森林；F 中除了 T_1 之外其余树组成的森林 $F'=\{T_2,T_3,\cdots,T_m\}$ 是由 B 的右子树 RB 转换而成的森林。

5.5.3　树和森林的遍历

由树结构的定义可知遍历树有两种方法：一种是先根遍历树，即先访问树的根结点，然后依次先根遍历根的每棵子树；另一种是后根遍历，即先依次后根遍历每棵子树，然后访问根结点。例如，对图 5.18 的树进行先根遍历，可得树的先根序列为

ＡＢＣＤＥ

若对此树进行后根遍历，则得树的后根序列为

ＢＤＣＥＡ

图 5.18　树

除了上述两种遍历方法外，实际上树和二叉树一样也可以按层次进行遍历，即从根结点开始从上至下、从左至右按层遍历树中的每一棵子树。

按照森林和树相互递归的定义，也可以推出森林的两种遍历方法。

1. 先序遍历森林

若森林非空，则按下述规则遍历：

（1）访问森林中第一棵树的根结点；

（2）先序遍历第一棵树中根结点的子树森林；

（3）先序遍历除去第一棵树之后剩余的树构成的森林。

2. 中序遍历森林

若森林非空,则按下述规则遍历:

(1) 中序遍历森林中第一棵树的根结点的子树森林;

(2) 访问第一棵树的根结点;

(3) 中序遍历除去第一棵树之后剩余的树构成的森林。

由 5.5.2 节森林与二叉树之间转换的规则可知,当森林转换成二叉树时,其第一棵树的子树森林转换成左子树,剩余树的森林转换成右子树,则上述森林的先序遍历和中序遍历即为其对应的二叉树的先序遍历和中序遍历。

由此可见,树的各种操作均可对应二叉树的操作来完成。应当注意的是,和树对应的二叉树,其左、右子树的概念已改变为:左子树是孩子,右子树是兄弟。

5.6 哈夫曼树及其应用

哈夫曼树(Huffman tree)是带权路径长度最短的二叉树,又称为最优二叉树。它的应用很广泛,例如,在解某些判定问题时,利用哈夫曼树可以得到最佳断定算法,还可以利用它设计不等长的压缩编码,等等。在哈夫曼树的应用中,路径长度是一个重要概念,特别是涉及算法分析和数据编码时显得尤为重要,因此,首先讨论路径长度及相关概念。

5.6.1 基本术语

从树中一个结点到另一个结点之间的分支构成这两个结点间的**路径**,路径上的分支数目称为**路径长度**。一般情况下,**结点的路径长度**定义为从根结点到该结点的路径上的分支数目。**树的路径长度**等于树根到每个结点的路径长度之和。由二叉树的性质可以推出:在所有类型的树中,完全二叉树的路径长度最短。

在解某些判定问题时,判定过程可利用树来描述,而各种不同的情况出现的概率不同,为了优化判定过程,常常需要将各种情况的概率附加在树的结点上;给树的结点附加的这个有着某种意义的实数,称为该**结点的权**(weight)。**结点的带权路径长度**是从树根结点到该结点之间的路径长度与该结点权的乘积。

树的带权路径长度定义为树中所有叶子结点的带权路径长度之和,通常记为

$$\text{WPL} = \sum_{i=1}^{n} w_i l_i$$

其中,n 表示叶子结点的数目;w_i 为叶子结点的权;l_i 为从根到叶子的路径长度。

假设有 n 个叶子结点的权值为 $\{w_1, w_2, \cdots, w_n\}$,则可以构造出多棵含 n 个叶子结点的二叉树。其中,必存在一棵带权路径长度 WPL 取最小值的二叉树,称为**最优二叉树**。因为构造这种树的算法最早是由美国数学家哈夫曼提出来的,所以被称为**哈夫曼树**。

例如,给出 4 个叶子结点,设其权值分别为 1、3、5、7,可以构造出形状不同的多个二叉树。这些形状不同的二叉树的带权路径长度将各不相同。图 5.19 给出了其中 3 棵不同形状的二叉树。

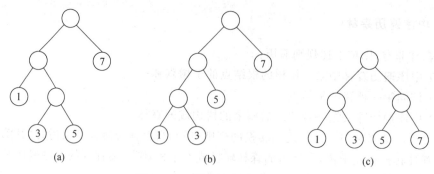

图 5.19　3 棵不同形状的二叉树

这 3 棵树的带权路径长度分别为

(a) WPL＝$1\times2+3\times3+5\times3+7\times1=33$

(b) WPL＝$1\times3+3\times3+5\times2+7\times1=29$

(c) WPL＝$1\times2+3\times2+5\times2+7\times2=32$

由此可见,由相同权值的一组叶子结点所构成的二叉树有不同的形态和不同的带权路径长度,那么如何找到带权路径长度最小的二叉树(即哈夫曼树)呢?

5.6.2　构造哈夫曼树

根据哈夫曼树的定义,要使一棵二叉树的 WPL 值最小,必须使权值越大的叶子结点越靠近根结点,而权值越小的叶子结点越远离根结点。哈夫曼依据这一特点提出了哈夫曼算法,算法的基本思想是:

(1) 由给定的 n 个权值$\{W_1,W_2,\cdots,W_n\}$构造 n 棵只有一个结点的二叉树,从而得到一个二叉树的集合 $F=\{T_1,T_2,\cdots,T_n\}$。

(2) 在 F 中选取根结点的权值最小和次小的两棵二叉树分别作为左、右子树构造一棵新的二叉树,这棵新的二叉树根结点的权值为其左、右子树根结点权值之和。

(3) 在集合 F 中删除作为左、右子树的两棵二叉树,并将新建立的二叉树加入到集合 F 中。

(4) 重复(2)、(3)两步,当 F 中只剩下一棵二叉树时,这棵二叉树便是所要建立的哈夫曼树。

图 5.20 给出了前面提到的叶子结点权值集合为 $W=\{1,3,5,7\}$的哈夫曼树的构造过程。可以计算出其带权路径长度为 29。

由哈夫曼树的构造过程可知,在哈夫曼树中不存在度为 1 的结点,因此它是一棵严格的(或正则的)二叉树(即每个非叶子结点均有两个孩子)。一棵有 n 个叶子结点的哈夫曼树共有 $2n-1$ 个结点,可以用一个大小为 $2n-1$ 的一维数组存储。那么如何选取结点结构呢? 由于在构成哈夫曼树之后,为求编码需从叶子结点出发走一条从叶子到根的路径,而为译码需从根出发走一条从根到叶子的路径,所以对每个结点而言,既需知双亲的信息,又需知孩子结点的信息。由此,可设定每个结点含有 4 个域:一个存放权值的数据域,以及 3 个指针域,分别指示该结点的双亲和左右孩子在数组中的下标。

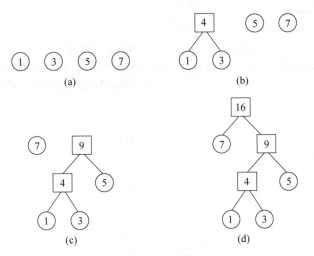

图 5.20　哈夫曼树构造过程

```
/* ----哈夫曼树的存储结构---- */
typedef struct{
    int weight;                  /* 结点的权值 */
    int lchild,rchild,parent;/* 分别存放左右孩子结点和双亲结点在数据中的下标 */
}HTNode,* HuffmanTree;           /* 动态分配数组存放哈夫曼树 */
```

构造哈夫曼树的算法如算法 5.8 所示。

算法 5.8　构造哈夫曼树

```
void Select(HuffmanTree HT,int n,int * s1,int * s2);
HuffmanTree CreateHTree(int w[],int n)        /* 建立哈夫曼树 */
{ HuffmanTree HT,pt;
  int m,i,s1,s2;
    if(n<=1)
      return NULL;
    m=2 * n-1; s1=1; s2=2;
    HT= (HuffmanTree)malloc(sizeof(HTNode) * (m+1));    /* 这里 0 号单元没有使用 */
    pt=HT;                        /* HT 指向 0 号单元 */
    pt++;                         /* pt 指向下标为 1 的单元 */
    for(i=1;i<=n;i++,w++,pt++)   /* 数组 1~n 分量初始化 */
      { pt->weight= * w;
        pt->left=0;
        pt->right=0;
        pt->parent=0;
      } /* for */
    for(;i<=m;i++,pt++)            /* 数组 n+1~2n-1 的分量初始化 */
      { pt->weight=0;
        pt->left=0;
        pt->right=0;
```

```
            pt->parent=0;
        } /* for */
    for(i=n+1;i<=m;i++)                    /* 构造哈夫曼树 */
        { Select(HT,i-1,&s1,&s2);          /* 在 HT[1..i-1]中选择 parent 为 0 且 weight
                                             最小的两个结点,其序号分别为 s1 和 s2 */
        HT[i].left=s1;
        HT[i].right=s2;
        HT[i].weight=HT[s1].weight+HT[s2].weight;
        HT[s1].parent=i;
        HT[s2].parent=i;
        } /* for */
    return HT;
} /* CreateHTree */
void Select(HuffmanTree HT,int n,int * s1,int * s2)
                                /* 从 1~n 之间选择权值最小的两个元素的下标 */
{ int i=1, temp;
    while(HT[i].parent !=0 && i<=n)/* 寻找第一个未访问的元素下标 */
        i++;
    if(i==n+1)
        return;
    * s1=i;
    i++;
    while(HT[i].parent !=0 && i<=n)/* 寻找第二个未访问的元素下标 */
        i++;
    if(i==n+1)
        return;
    * s2=i;
    i++;
    if(HT[* s1].weight>HT[* s2].weight)
        { temp=* s1;
        * s1=* s2;
        * s2=temp;
        } /* if */
    for (; i<=n; i++)                   /* 选取两个最小权值 */
        { if(HT[i].parent==0)
            { if(HT[i].weight<HT[* s1].weight)
                { * s2=* s1;
                * s1=i;
                } /* if */
            else if(HT[i].weight<HT[* s2].weight)
                * s2=i;
            } /* if */
        } /* if */
} /* Select */
```

5.6.3 哈夫曼树的应用

哈夫曼树在通信、编码和数据压缩等技术领域有着广泛的应用。下面介绍哈夫曼树在数据编码中的应用,即数据的最小冗余编码问题。

在数据通信中,需要将传送的文字转换成二进制的字符串,用 0、1 码的不同排列来表示字符。例如,需传送报文的字符集为"AERTFD",各字母出现的次数为{8,6,5,4,2,1}。现要求为这些字母设计编码。要区别 6 个字母,最简单的二进制编码方式是等长编码,固定采用 3 位二进制,可分别用 000、001、010、011、100、101 对"AERTFD"进行编码发送,当对方接收报文时再按照三位一分进行译码。显然编码的长度取决于报文中不同字符的个数。若报文中可能出现 26 个不同字符,则固定编码长度为 5。

然而,传送报文时总是希望总长度尽可能短。在实际应用中,各个字符的出现频度或使用次数是不相同的,如 A、B、C 的使用频率远远高于 X、Y、Z,自然会想到设计编码时,让使用频率高的用短码,使用频率低的用长码,以优化整个报文编码。但这样长短不等的编码又会产生一个新问题,例如,如果设计 A、B、C、D 的编码分别为 0、00、1 和 01,则需传送的电文"ABACCDA"可转换成总长为 9 的字符串"000011010"。但是,这样的电文无法翻译,例如,传送过去的字符串中前 4 个字符的子串"0000"就可有多种译法,或是"AAAA",或是"ABA",也可以是"BB"等。除非设计时能够保证任何一个字符的编码都不是同一字符集中另一个字符的编码的前缀,符合此要求的编码称为**前缀编码**。

为使不等长编码为前缀编码,可用字符集中的每个字符作为叶子结点生成一棵编码二叉树,为了获得传送报文的最短长度,可将每个字符的出现频率作为字符结点的权值赋予该结点上,求出此树的最小带权路径长度就等于求出了传送报文的最短长度。因此,求传送报文的最短长度问题转化为求由字符集中的所有字符作为叶子结点,由字符出现频率作为其权值所产生的哈夫曼树的问题。利用哈夫曼树来设计二进制的前缀编码,既满足前缀编码的条件,又保证报文编码总长最短。

用上述各字母出现的次数{8,6,5,4,2,1}作为权构造哈夫曼树,如图 5.21 所示。约定左分支表示字符"0",右分支表示字符"1",则可以由从根结点到叶子结点路径分支上的字符组成的字符串作为该叶子对应字符的编码。可以证明,如此得到的必为二进制前缀编码,而且是一种最优前缀编码。称这样的树为哈夫曼编码树,由此得到的编码称为哈夫曼编码。本例中字母 A、E、R、T、F、D 的哈夫曼编码分别为 11、01、00、101、1001、1000。可以看出,出现次数较多的字母 A、E、R 具有最短的编码,长度均为 2;而出现次数最少的字母 F、D 具有最长的编码,长度均为 4。报文的最短传送长度为

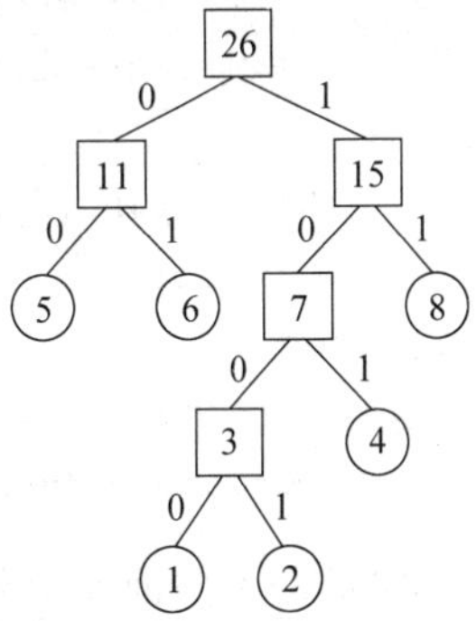

图 5.21 哈夫曼编码树

$$L = \text{WPL} = \sum_{k=1}^{n} W_k L_k = 8 \times 2 + 6 \times 2 + 5 \times 2 + 4 \times 3 + 2 \times 4 + 1 \times 4 = 62$$

若采用等长编码,报文的传送长度为

$$L = (8 + 6 + 5 + 4 + 2 + 1) \times 3 = 78$$

显然,哈夫曼编码比等长编码所得到的报文长度要短得多。哈夫曼编码是最优前缀编码。

　　一个任意长度的编码序列可被唯一地翻译为一个字符序列(单词)。依次取出编码序列中的 0 或 1,从哈夫曼编码树的根结点开始寻找一条路径。若为 0,则沿着左分支向下走;若为 1,则沿着右分支向下走。每到达一个叶子外结点时,就译出一个相应的字符,然后再回到哈夫曼树的根结点处,依次译出余下的字符,最后得到一个单词。哈夫曼编码的算法如下。

算法 5.9　哈夫曼编码

```
char ** CreateHuffmanCode(HuffmanTree HT,int n)
{ char **HC,* col;
  int start, i,p,f;
  HC= (char **)malloc(sizeof(char * ) * (n+1));    /* 分配 n 个字符编码的头指针向量 */
  col= (char * )malloc(sizeof(char) * n);          /* 分配求编码的工作空间 */
  col[n-1]='\0';                                    /* 编码结束符 */
  for(i=1;i<=n;i++)                                 /* 逐个字符求编码 */
    { start=n-1;                                    /* 编码结束符位置 */
      p=f=i;
      while(HT[f].parent !=0)                       /* 从叶子到根逆向求编码 */
      {  f=HT[f].parent;
         if(HT[f].left==p)
           col[--start]='0';
         else if(HT[f].right==p)
           col[--start]='1';
        p=f;
      } /* while */
      HC[i]=(char *)malloc(sizeof(char) * (n-start));
                                                    /* 为第 i 个字符编码分配空间 */
      strcpy(HC[i],&col[start]);                    /* 从 col 复制编码(串)到 HC */
    } /* for */
  free(col);                                        /* 释放工作空间 */
  return HC;
} /* CreateHuffmanCode */
```

　　向量 HT 的前 n 个分量表示叶子结点,最后一个分量表示根结点。各字符的编码长度不等,所以按实际长度动态分配空间。译码的过程是分解电文中的字符串,从根出发,按字符"0"或"1"确定找左孩子或右孩子,直至叶子结点,便求得该子串相应的字符。具体算法留给读者去完成。

　　设权 $w=\{8,6,5,4,2,1\}$,$n=6$,则 $m=11$,按上述算法可构造一棵哈夫曼树如图 5.21 所示。其存储结构 HT 的初始状态如图 5.22 所示,其终结状态如图 5.23 所示,所得哈夫曼编码如图 5.24 所示。

HT	weight	lchilid	rchilid	parent
1	8	0	0	0
2	6	0	0	0
3	5	0	0	0
4	4	0	0	0
5	2	0	0	0
6	1	0	0	0
7		0	0	0
8		0	0	0
9		0	0	0
10		0	0	0
11		0	0	0

图 5.22 HT 的初始状态

HT	weight	lchilid	rchilid	parent
1	8	0	0	10
2	6	0	0	9
3	5	0	0	9
4	4	0	0	8
5	2	0	0	7
6	1	0	0	7
7	3	6	5	8
8	7	7	4	10
9	11	3	2	11
10	15	8	1	11
11	26	9	10	0

图 5.23 HT 的终结状态

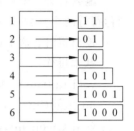

图 5.24 哈夫曼编码

5.7 应用实例——并查集

1. 问题描述

假设某个城市住着 n 个人,如果两个人是认识的则这两个人属于同一个单位的,现给定 n 个人的 m 条关系(即某两个人认识),问这个城市共有多少个单位。

例如有 10 个人,编号分别是 1~10,有 11 条关系:(5,4)(4,9)(7,6)(10,5)(3,2)(9,10)(6,1)(8,3)(7,2)(2,1)(7,8),其中,(5,4)表示编号 5 和编号 4 的人是认识的,其余一样。可以得出(1,2,3,6,7,8)这 6 个人是同一个单位的,(4,5,9,10)这 4 个人是同一个单位的,整个城市共两个单位。

2. 问题分析

很显然,他们之间的关系是满足传递性的,例如编号为 5 和 4 的人属于同一个单位,编号为 4 和 9 的人属于同一个单位,则编号为 5 和 9 的人也属于同一个单位。另外,还有两个关系是隐藏的,每个人跟自己是认识的(自反);如果编号为 5 的人和编号为 4 的人是认识的,那么编号为 4 的人和编号为 5 的人也是认识的(对称)。加上这两条关系可以得出属于同一个单位的人有自反、对称、传递 3 个性质,他们是属于同一个等价类的。

上面问题中,初始时有 n 个人,每个人都属于一个独立的等价类,每加入一个关系 (x,y) 先要查 x 和 y 是属于哪个等价类,假设用 Find(x) 和 Find(y) 表示,如果 x 和 y 属于同一个等价类则不用处理,否则将他们合并在同一个等价类中,假设用 Union(x,y) 表示。

可以将每个等价类描述为一棵树,树中每个非根结点都指向其父结点,用根元素作为等价类的标识符,则上面定义的 Find(x) 即找到 x 所在树的根结点;Union(x,y) 中,如果 x,y 属于同一棵树,不处理,否则将他们所在的树合并为一棵树。通过上面的分析可知对每个元素只需要记录他的父结点即可。

3. 程序设计

采用树的双亲表示法作为树的存储结构,用数组 father[]记录父结点的编号,初始时每个结点的 father[]是其本身。

输入设计:第一行给定两个整数 n 和 m,n 表示人数,m 表示关系数目;接下来是 m 行,每行两个整数 x、y 表示 x 和 y 是认识的。

输出设计:这个城市共有多少个单位。

基本操作:

void Init(int):每个元素都将自己作为父结点。

int Find(int):查找输入结点所属树的根结点。

void Union(int,int):分别查找输入两个结点所在树的根,如不同则合并为同一棵树。

int main():主函数。

4. 程序代码

```c
#include<stdio.h>
#define MAX 100
int father[MAX];
void Init(int N)
{ int i;
  for(i=1;i<=N;i++)
  father[i]=i;                /* 初始时每个元素都将自己作为父结点 */
} /* Init */
int Find(int x)              /* 查找 x 所属树的根结点 */
{ int r=x;
  while(father[r] !=r)       /* 向上查找根结点,结束条件是根结点的父结点是其本身 */
      r=father [r];
   return r;
} /* Find */
void Union(int a, int b)     /* 分别查找 a、b 所在树的根,如不同则合并为同一棵树 */
{   int x,y;
    x=Find(a);
    y=Find(b);
    if(x!=y)
        father[x]=y;
} /* Union */
int main()
{   int n,m,i,x,y,count=0;
    printf("请输入人数和关系数");
    scanf("%d%d",&n,&m);
```

```
    Init(n);
  printf("请输入%d个关系\n",m);
    for(i=1;i<=m;i++)
    {   scanf("%d%d",&x,&y);
       Union(x,y);
    } /* for */
    for(i=1;i<=n;i++)
    { if(i==father[i])
      count++;
    } /* for */
    printf("\n该城市共有%d个单位。\n",count);
    return 0;
} /* main */
```

本例首先执行函数 Init()，将每个结点的父结点赋值为其本身，执行后如图 5.25(a)
所示。加入关系(5,4)，执行 Union(5,4)，分别找到 5 和 4 的根结点为 5、4，不相同则合并
为一棵树；加入关系(4,9)，执行 Union(4,9)，分别找到 4 和 9 的根结点为 5、9，不相同则
合并为一棵树，执行结果如图 5.25(b)所示；所有关系加入后如图 5.25(c)所示。图中箭
头表示指向父结点。所有关系都加入后，只需判断父结点等于它本身的结点有多少即为
共有多少个单位。

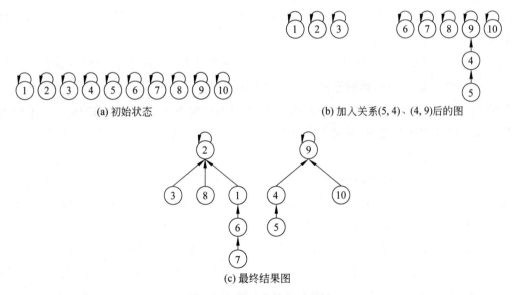

图 5.25　并查集执行过程图

　　本例所用的数据结构实际是并查集，并查集主要是解决将 n 个不同的元素分成一组
不相交的集合。函数 Find(int)和 Union(int,int)就是并查集的两个最基本的函数。为防
止出现树的分支高度差距太大和树的高度太高，还可以将这两个函数进行改进，也就是带
秩的并查集和带路径压缩的并查集。请读者查阅相关资料。

5. 程序测试与运行结果

本例运行结果如图 5.26 所示。

```
请输入人数和关系数10 11
请输入11个关系
5 4
4 9
7 6
10 5
3 2
9 10
6 1
8 3
7 2
2 1
7 8
该城市共有2个单位。
```

图 5.26　运行结果

本 章 小 结

（1）树是一类非常重要的非线性结构，它的定义是递归的，是树的固有特性。树的存储结构有双亲表示法、孩子链表表示法和孩子兄弟表示法。可以对树进行先根遍历、后根遍历和按层次遍历。

（2）二叉树是计算机科学中使用最广泛的一种树形结构，它含有两种特殊的二叉树：满二叉树和完全二叉树，同时它具有 5 个重要的特性。它的存储结构有顺序存储和链式存储（常用的二叉链表、三叉链表）两种方式，不同的存储方式适用于不同的操作。遍历也是二叉树重要的运算之一，通过先序遍历、中序遍历、后序遍历和层次遍历可以将二叉树中的结点以线性序列排列。

（3）多棵树构成森林，森林的遍历方式有先序遍历和中序遍历。借助于二叉链表这个载体，对于一棵树可以有唯一的一棵没有右子树的二叉树和它相对应，同样，森林和二叉树也是一一对应关系，可以相互转换。

（4）在遍历二叉树的过程中，充分利用 $n+1$ 个空指针域，存入指向前趋（左指针域）和后继（右指针域）的线索，加上线索的二叉树为线索二叉树，相应的二叉链表称为线索链表。为了区分正常孩子指针域和线索指针域，增加了两个标志域。这样在遍历二叉树的过程中能够很容易地找到结点的后继信息。

（5）哈夫曼树是一类带权路径长度最短的二叉树，又称最优二叉树。在由 n 个叶子结点构造的哈夫曼树中共有 $2n-1$ 个结点，且不存在度为 1 的结点，所构造的哈夫曼树的形态也不是唯一的，但路径长度是一样的。由哈夫曼树可以设计出不等长的前缀编码。

习　题　5

一、选择题

1. 有 300 个结点的二叉树,其最小高度为(　　　)。
   A. 2　　　　　　　B. 5　　　　　　　C. 9　　　　　　　D. 12

2. 线索二叉树中某结点 R 没有左孩子的充要条件是(　　　)。
   A. R. lchild＝NULL　　B. R. ltag＝0　　C. R. ltag＝1　　D. R. rchild＝NULL

3. 在一棵树中,(　　　)没有前趋结点。
   A. 树枝结点　　　　B. 叶子结点　　C. 树根结点　　D. 空结点

4. 在一棵树的孩子兄弟链表表示中,一个结点的右孩子是该结点的(　　　)结点。
   A. 兄弟　　　　　　B. 父子　　　　C. 祖先　　　　D. 子孙

5. 在一棵完全二叉树中,若编号为 i 的结点存在左孩子,则左孩子结点的编号为(　　　)。
   A. $2i$　　　　　　B. $2i-1$　　　　C. $2i+1$　　　　D. $2i+2$

6. 二叉树是非线性数据结构,所以(　　　)。
   A. 它不能用顺序存储结构存储
   B. 它不能用链式存储结构存储
   C. 它能用顺序存储结构和链式存储结构存储
   D. 它不能用顺序存储结构和链式存储结构存储

7. 把一棵树转换为二叉树后,这棵二叉树的形态是(　　　)。
   A. 唯一的　　　　　　　　　　　B. 有多种
   C. 有多种,但根结点都没有左孩子　　D. 有多种,但根结点都没有右孩子

8. 已知一棵二叉树的先序遍历为 ABCDEF,中序遍历为 CBAEDF,则后序遍历为(　　　)。
   A. CBEFDA　　　　B. FEDCBA　　　　C. CBEDFA　　　　D. 不定

9. 具有 10 个叶子结点的二叉树中有(　　　)个度为 2 的结点。
   A. 8　　　　　　　B. 9　　　　　　　C. 10　　　　　　　D. 11

10. 任何一棵二叉树的叶子结点在前序、中序和后序遍历序列中的相对次序(　　　)。
    A. 肯定不发生改变　　　　　　　B. 肯定发生改变
    C. 不能确定　　　　　　　　　　D. 有时发生改变

二、填空题

1. 由 3 个结点构成的二叉树有＿＿＿＿种形态。

2. 设一棵完全二叉树有 700 个结点,则共有＿＿＿＿个叶子结点,有＿＿＿＿个度为 1 的结点,有＿＿＿＿个度为 2 的结点。

3. 深度为 5 的二叉树,最多有＿＿＿＿个结点,最少有＿＿＿＿个结点。

4. 一棵完全二叉树采用顺序存储结构,每个结点占 4 字节,设编号为 5 的元素地址

为 1016，且它有左孩子和右孩子，则该左孩子和右孩子的地址分别为 ＿＿＿＿＿
和＿＿＿＿＿。

5．深度为 k 的完全二叉树至少有＿＿＿＿＿个结点，至多有＿＿＿＿＿个结点。

6．如果指针 p 指向二叉树的一个结点，则判断 p 没有左孩子的逻辑表达式
为＿＿＿＿＿。

7．在由 n 个带权叶子结点构造出的所有二叉树中，带权路径长度最小的二叉树称
为＿＿＿＿＿。

8．如果结点 A 有 3 个兄弟，而且 B 是 A 的双亲，则 B 的度是＿＿＿＿＿。

9．具有 n 个结点的二叉树，采用二叉链表存储，共有＿＿＿＿＿个空链域。

10．在有 n 个叶子的哈夫曼树中，叶子结点总数为＿＿＿＿＿，分支结点总数
为＿＿＿＿＿。

三、判断题

1．在线索二叉树中，任一结点均有指向其前趋和后继的线索。　　　　　（　　）

2．二叉树是度为 2 的树。　　　　　　　　　　　　　　　　　　　　（　　）

3．二叉树的前序遍历序列中，任意一个结点均处在其子女的前面。　　　（　　）

4．由树转换成二叉树，其根结点的右子树总是空的。　　　　　　　　　（　　）

5．用一维数组存储二叉树时，总是以先序遍历存储结点。　　　　　　　（　　）

6．完全二叉树一定存在度为 1 的结点。　　　　　　　　　　　　　　　（　　）

7．对一棵二叉树进行层次遍历时，应借助于一个栈。　　　　　　　　　（　　）

8．由二叉树的先序遍历和中序遍历可以导出二叉树的后序遍历。　　　　（　　）

9．完全二叉树中，若一个结点没有左孩子，则它必是树叶。　　　　　　（　　）

10．非空的二叉树一定满足：某结点若有左孩子，则其中序遍历时的前趋一定没有
右孩子。　　　　　　　　　　　　　　　　　　　　　　　　　　　　　　（　　）

四、应用题

1．已知一棵度为 k 的树中有 n_1 个度为 1 的结点，n_2 个度为 2 的结点，$\cdots$，n_k 个度为 k
的结点，问该树中有多少个叶子结点。

2．分别画出图 5.27 所示二叉树的二叉链表、三叉链表和顺序存储结构示意图。

3．分别写出图 5.28 所示树的先根遍历、后根遍历、层次遍历的结点访问序列。

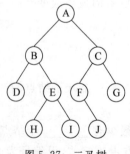

图 5.27　二叉树

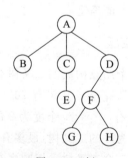

图 5.28　树

4. 已知一棵二叉树的中序序列和后序序列分别为 BDCEAFHG 和 DECBHGFA,试画出这棵二叉树,并写出其先序遍历的结点序列。

5. 对图 5.27 所示二叉树分别进行先序线索化、中序线索化和后序线索化,为每个空指针建立相应的前趋或后继线索。

6. 将图 5.28 所示的树转换为二叉树,并对其进行中序前趋线索化和先序后继线索化。

7. 给定一组权值 $w=(5,2,9,11,8,3,7)$,试构造相应的哈夫曼树,并计算它的带权路径长度。

8. 已知某字符串 S 中共有 8 种字符,各种字符分别出现 2 次、1 次、4 次、5 次、7 次、3 次、4 次和 9 次,对该字符串用[0,1]进行前缀编码,问该字符串的编码至少有多少位。

五、算法分析与设计题

1. 阅读下列算法,若有错,则改正之。

```
BinTree InSucc(BinTree q)
{ / * 已知 q 是指向中序线索二叉树上某个结点的指针,本函数返回指向 * q 的后继的指针 * /
  BinTree r;
  r=q->rchild;
  if(!r->rtag)
    while(!r->rtag)
      r=r->rchild;
  return r;
} / * InSucc * /
```

2. 以二叉链表为存储结构,编写算法交换每个结点的左右子树。

3. 以二叉链表为存储结构,编写算法求出二叉树中度为 1 的结点个数。

4. 以二叉链表为存储结构,编写算法求二叉树中结点 x 的双亲。

5. 以二叉链表为存储结构,编写算法复制一棵二叉树。

第6章

图

本章主要内容:

(1) 图的定义与基本术语;

(2) 图的 4 种存储结构;

(3) 图的两种遍历方式;

(4) 图的连通性与生成树;

(5) 最小生成树的两种构造方法;

(6) 拓扑排序与关键路径;

(7) 最短路径。

图(graph)是一种较线性表和树更为复杂的非线性结构。在线性表中,数据元素之间仅有一对一的线性关系,即除了第一个元素外,每个数据元素只有唯一的前趋;除了最后一个元素外,每个数据元素只有唯一的后继。在树结构中,结点之间有明显的层次关系,每一层上的数据元素可以与它下面一层中的多个数据元素(即孩子结点)相关,但是只能和它上面一层的一个数据元素(即双亲结点)相关。而在图结构中,图中的任意两个元素之间都可能相关,即顶点之间的关系是任意的。因此,在现实生活中,有许多问题可以用图来表示。图的应用非常广泛,典型的应用领域有电路分析、项目规划、统计力学、遗传学、人工智能及社会科学和人文科学等。

在"离散数学"中已学习了有关图的基本理论,本章主要讨论如何用图论的知识在计算机上存储图和对图进行操作。

6.1 图的基本概念

6.1.1 图的定义

图 G 是由顶点的有穷非空集合和顶点之间边的集合组成,其形式化定义为

$$G = (V, E)$$

其中,G 表示一个图;V 是图 G 中**顶点**(vertex)的集合;E 是图 G 中顶点之间边的集合。

若顶点 v_i 和 v_j 之间的边没有方向,则称这条边为**无向边**(undirecte edge),用无序偶对 (v_i, v_j) 来表示;若从顶点 v_i 到 v_j 的边有方向,则称这条边为**有向边**(directe edge),也

称为弧 Arc,用有序偶对$<v_i,v_j>$来表示,v_i 称为**弧尾**(tail),v_j 称为**弧头**(head)。如果图的任意两个顶点之间的边都是无向边,则称该图为**无向图**(undirecte graph),否则称该图为**有向图**(directed graph)。

例如,图 6.1(a)所示 G_1 是一个无向图,图 6.1(b)所示 G_2 是一个有向图。G_1 的顶点集合为 $V_1=\{v_1,v_2,v_3,v_4,v_5\}$,边的集合为 $E_1=\{(v_1,v_2),(v_1,v_4),(v_2,v_3),(v_3,v_4),(v_2,v_5),(v_3,v_5)\}$;$G_2$ 的顶点集合为 $V_2=\{v_1,v_2,v_3,v_4\}$,弧的集合为 $E_2=\{<v_1,v_3>,<v_2,v_1>,<v_3,v_2>,<v_4,v_1>\}$。

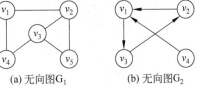

(a) 无向图G_1 (b) 无向图G_2

图 6.1 图的示例

6.1.2 图 的 基 本 术 语

1. 无向完全图、有向完全图

在无向图中,如果任意两个顶点之间都存在边,则称该图为**无向完全图**(undirected complete graph)。含有 n 个顶点的无向完全图有 $n(n-1)/2$ 条边。在有向图中,如果任意两个顶点之间都有方向互为相反的两条弧相连接,则称该图为**有向完全图**(directed complete graph)。含有 n 个顶点的有向完全图有 $n(n-1)$ 条边。

显然,在完全图中,边(或弧)的数目达到最多。

2. 稀疏图、稠密图

有很少边或弧(如 $e<n\log n$)的图称为**稀疏图**(sparse graph),反之称为**稠密图**(dense graph)。

3. 权、网、子图

有时图的边或弧具有与它相关的数,这种与图的边或弧相关的数叫做**权**(weight)。权可以表示从一个顶点到另一个顶点的距离或耗费。

这种带权图通常称为**网**(network)。图 6.2(a)和图 6.2(b)分别为有向网 G_3 和无向网 G_4。

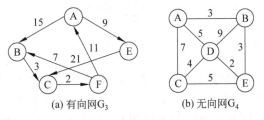

(a) 有向网G_3 (b) 无向网G_4

图 6.2 有向网和无向网

假设有两个图 $G=(V,E)$ 和 $G'=(V',E')$,如果 $V'\subseteq V$ 且 $E'\subseteq E$,则称 G' 为 G 的**子图**(subgraph)。例如,图 6.3(a)、图 6.3(b)、图 6.3(c)所示的分别是图 G_5 及其子图 G_5' 和 G_5''。

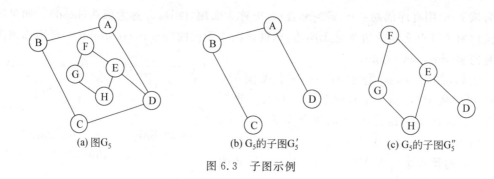

图 6.3　子图示例

4. 邻接点、依附、相关联

对于无向图 $G=(V,E)$，如果边 $(v,v')\in E$，则称顶点 v 和 v' 为**邻接点**（adjacent），即 v 和 v' 相邻接，边 (v,v')**依附**（incident）于顶点 v 和 v'，或者说边 (v,v') 和顶点 v 与 v' **相关联**。

5. 顶点的度、出度和入度

顶点的度（degree）是指依附于某顶点 v 的边数，通常记为 $TD(v)$。在有向图中，要区别顶点的入度与出度的概念。顶点 v 的**入度**是指以顶点 v 为弧头的弧的数目，记为 $ID(v)$；顶点 v 的**出度**是指以顶点 v 为弧尾的弧的数目，记为 $OD(v)$。有 $TD(v)=ID(v)+OD(v)$。

例如，在无向图 G_1 中有：

$$TD(v_1)=2 \quad TD(v_2)=3 \quad TD(v_3)=3 \quad TD(v_4)=2 \quad TD(v_5)=2$$

在有向图 G_2 中有：

$$ID(v_1)=2 \quad OD(v_1)=1 \quad TD(v_1)=ID(v_1)+OD(v_1)=3$$
$$ID(v_2)=1 \quad OD(v_2)=1 \quad TD(v_2)=ID(v_2)+OD(v_2)=2$$
$$ID(v_3)=1 \quad OD(v_3)=1 \quad TD(v_3)=ID(v_3)+OD(v_3)=2$$
$$ID(v_4)=0 \quad OD(v_4)=1 \quad TD(v_4)=ID(v_4)+OD(v_4)=1$$

一般地，如果顶点 v_i 的度记为 $TD(v_i)$，那么一个有 n 个顶点、e 条边或弧的图，满足如下关系：

$$e = \frac{1}{2}\sum_{i=1}^{n}TD(v_i)$$

6. 路径、路径长度

顶点 v_i 到顶点 v_j 之间的**路径**（path）是指从顶点 v_i 到顶点 v_j 之间所经历的顶点序列 $v_i,v_{i1},v_{i2},\cdots,v_{im},v_j$，其中，$(v_i,v_{i1}),(v_{i1},v_{i2}),\cdots,(v_{im},v_j)$ 分别为图中的边。路径上边的数目称为**路径长度**。图 6.1 所示的无向图 G_1 中，$v_1 \rightarrow v_4 \rightarrow v_3 \rightarrow v_5$ 与 $v_1 \rightarrow v_2 \rightarrow v_5$ 是从顶点 v_1 到顶点 v_5 的两条路径，路径长度分别为 3 和 2。

7. 简单路径、回路和简单回路

序列中顶点不重复出现的路径称为**简单路径**。

第一个顶点和最后一个顶点相同的路径称为**回路或环**(cycle)。

除了第一个顶点和最后一个顶点之外,其余顶点不重复出现的回路,称为**简单回路或简单环**。

8. 连通、连通图和连通分量

在无向图 G 中,如果从顶点 v 到顶点 v' 有路径,则称 v 和 v' 是**连通**的。如果对于图中任意两个顶点 v_i 和 $v_j \in V$, v_i 和 v_j 都是连通的,则称 G 是**连通图**(connected graph)。图 6.1 中的 G_1 就是一个连通图,而图 6.4(a)中的 G_6 则是非连通图,但 G_6 有两个连通分量,如图 6.4(b)所示。所谓**连通分量**(connected component),是指无向图中的极大连通子图。

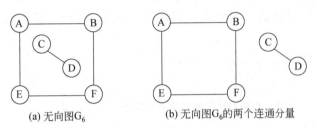

(a) 无向图G_6 (b) 无向图G_6的两个连通分量

图 6.4 无向图及连通分量示意图

9. 强连通图、强连通分量

对于有向图来说,若图中任意一对顶点 v_i 和 $v_j (i \neq j)$ 均有从顶点 v_i 到顶点 v_j 的路径,也有从 v_j 到 v_i 的路径,则称该有向图是**强连通图**。如果是非强连通图,则非强连通图的极大强连通子图称为**强连通分量**。图 6.1 中的 G_2 不是强连通图,但它有两个强连通分量,如图 6.5 所示。

10. 生成树、生成森林

一个连通图的**生成树**是一个极小连通子图,它含有图中全部顶点,但只有足以构成一棵树的 $n-1$ 条边。图 6.6 是图 G_5 中最大连通分量的一棵生成树。如果在一棵生成树上添加一条边,必定构成一个环,因为这条边使得它依附的那两个顶点之间有了第二条路径。如果在生成树中减少任意一条边,则必然成为非连通的。生成树极小是指连通所有顶点的边数最少。如果它多于 $n-1$ 条边,则一定有环。但是,有 $n-1$ 条边的图不一定是生成树。

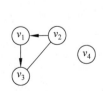 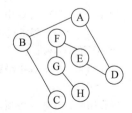

图 6.5 有向图 G_2 的两个强连通分量示意图   图 6.6 G_5 的最大连通分量的一棵生成树

如果一个有向图恰有一个顶点的入度为 0,其余顶点的入度均为 1,则是一棵有向树。一个有向图的**生成森林**由若干棵有向树组成,它含有图中全部顶点,但只有足以构成若干棵不相交的有向树的弧。图 6.7 所示为其一例。

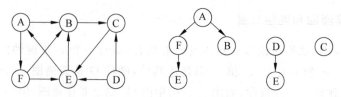

图 6.7　一个有向图及其生成森林

由上述图的定义可知:图是由非空的顶点集合 V 和一个描述顶点之间的关系——边(或者弧)的集合 R 组成的。图的定义再加上一组基本操作,就构成了图的抽象数据类型。

抽象数据类型图的定义如下:

ADT Graph {
　　数据对象 V:V 具有相同特性的数据元素的集合,称为顶点集。
　　数据关系 R:
　　　　R={VR}
　　　　VR={<v,w>| v,w∈V 且 P(v,w),<v,w>表示从 v 到 w 的弧,谓词 P(v,w)定义了弧
　　　　<v,w>的意义或信息 }
　　基本操作 P:
　　　　CreateGraph(G,V,VR);
　　　　操作结果:按图的顶点集 V 和图中弧的集合 VR 的定义构造图。
　　　　DestroyGraph(G);
　　　　操作结果:销毁已存在的图。
　　　　LocateVex(G,u);
　　　　操作结果:若 G 中存在顶点 u,则返回该顶点在图中的位置;否则返回其他信息。
　　　　GetVex(G,v);
　　　　操作结果:返回图 G 中某个顶点 v 的值。
　　　　PutVex(G,v,value);
　　　　操作结果:对图 G 中某个顶点 v 赋值 value。
　　　　FirstAdjVex(G,v);
　　　　操作结果:返回图 G 中某个顶点 v 的第一个邻接顶点,若顶点在 G 中无邻接顶点,则返
　　　　　　　　回"空"。
　　　　NextAdjVex(G,v,w);
　　　　操作结果:返回图 G 中某个顶点 v 的(相对于 w 的)下一个邻接顶点。若 w 是 v 的最后
　　　　　　　　一个邻接点,则返回"空"。
　　　　InsertVex(G,v);
　　　　操作结果:在图 G 中增添新顶点 v。
　　　　DeleteVex(G,v);
　　　　操作结果:删除 G 中顶点 v 及其相关的弧。
　　　　InsertArc(G,v,w);

操作结果：在 G 中增添弧＜v,w＞,若 G 是无向的,则还增添对称弧＜w,v＞。

DeleteArc(G,v,w);

操作结果：在 G 中删除弧＜v,w＞,若 G 是无向的,则还删除对称弧＜w,v＞。

DFSTraverse(G,v);

操作结果：从顶点 v 出发对图进行深度优先遍历。

BFS Traverse(G，v);

操作结果：从顶点 v 出发对图进行广度优先遍历。

}ADT Graph

6.2　图的存储结构

图是一种复杂的数据结构,不仅各个顶点的度可以千差万别,而且顶点之间的逻辑关系也错综复杂,即任何两个顶点之间都可能存在联系,因此无法用数据元素在存储区中的物理位置来表示元素之间的关系,即图没有顺序映像的存储结构,但可以借助数组的数据类型来表示元素之间的关系。另一方面从图的定义可知,一个图的信息包括两部分,即图中顶点的信息及描述顶点之间的关系——边或者弧的信息。因此,无论采用什么方法建立图的存储结构,都要完整、准确地反映这两方面的信息。常用的存储方式有邻接矩阵、邻接表、邻接多重表和十字链表,下面分别进行讨论。

6.2.1　邻接矩阵

所谓邻接矩阵(adjacency matrix)存储结构,就是用一维数组存储图中顶点的信息,用矩阵表示图中各顶点之间的邻接关系。假设图 $G=(V,E)$ 有 n 个确定的顶点,即 $V=\{v_0,v_1,\cdots,v_{n-1}\}$,则可以用一个 $n\times n$ 的矩阵来表示 G 中各顶点的相邻关系,矩阵元素为

$$A[i][j]=\begin{cases}1, & \text{若 } v_i \text{ 和 } v_j \text{ 之间存在边(或弧)}\\0, & \text{若 } v_i \text{ 和 } v_j \text{ 之间不存在边(或弧)}\end{cases}$$

例 6.1　无向图 G_7 及其邻接矩阵如图 6.8 所示。

例 6.2　有向图 G_8 及其邻接矩阵如图 6.9 所示。

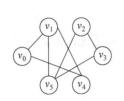
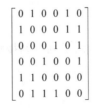

$$\begin{bmatrix}0&1&0&0&1&0\\1&0&0&0&1&1\\0&0&0&1&0&1\\0&0&1&0&0&1\\1&1&0&0&0&0\\0&1&1&1&0&0\end{bmatrix}$$

图 6.8　无向图 G_7 及其邻接矩阵

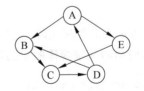

$$\begin{bmatrix}0&1&0&0&1\\0&0&1&0&0\\0&0&0&1&0\\1&1&0&0&0\\0&0&1&0&0\end{bmatrix}$$

图 6.9　有向图 G_8 及其邻接矩阵

图的邻接矩阵是唯一的,它的大小只与顶点的个数有关,与边数无关,是一个 N 阶方阵。无向图的邻接矩阵是一个对称矩阵,因此可以考虑采用压缩存储的方式只存入矩阵的上三角(或下三角)元素。

借助于邻接矩阵很容易判断两个顶点之间是否有边(或弧)相连,并很容易求出每个

顶点的度。对于无向图,顶点 v_i 的度是邻接矩阵中第 i 行(或第 i 列)的非 0 元素个数之和,即:

$$\text{TD}(v_i) = \sum_{j=0}^{n-1} \boldsymbol{A}[i][j] \quad (n = \text{Max\_Vertex\_Num})$$

对于有向图,第 i 行的非 0 元素个数之和为顶点 v_i 的出度 $\text{OD}(v_i)$,第 j 列的非 0 元素个数之和为顶点 v_j 的入度 $\text{ID}(v_j)$。

若 G 是网,则邻接矩阵可定义为:

$$\boldsymbol{A}[i][j] = \begin{cases} w_{i,j}, & \text{若}(v_i,v_j) \text{ 或} <v_i,v_j> \in \text{VR} \\ \infty, & \text{反之} \end{cases}$$

其中,$w_{i,j}$ 为边(v_i,v_j)或$<v_i,v_j>$上的权值,∞ 为一个计算机允许的、大于所有边上权值的值。

例 6.3 图 6.10 列出了一个有向网和它的邻接矩阵。

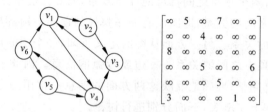

图 6.10　有向网及其邻接矩阵

在实际应用邻接矩阵存储图时,除了用一个一维数组存储顶点,一个二维数组存储用于表示顶点间相邻关系的邻接矩阵外,还要存储图的顶点数和边数。故可用 C 语言将其形式描述如下:

```
/* ---图的邻接矩阵存储结构--- */
#define Max_Vertex_Num 100            /* 最大顶点数设为 100 */
typedef struct
{  char vexs[Max_Vertex_Num];         /* 顶点向量 */
   int arcs[Max_Vertex_Num][ Max_Vertex_Num];    /* 邻接矩阵 */
   int vexnum,arcnum;                 /* 顶点数和边数 */
}Mgraph;
```

Mgraph 就是所定义的邻接矩阵类型,下面给出了利用邻接矩阵构造无向网的算法。

算法 6.1　无向网的邻接矩阵的建立算法

```
Void CreateMGraph(MGraph  * G)
{ /* 采用邻接矩阵表示法构造无向网 G */
  int i,j,k,w;
  char v1,v2;                         /* 表示顶点 */
  printf("请输入顶点数和边数\n");
  scanf("%d,%d",&(G->vexnum),&(G->arcnum));    /* 输入顶点数和边数 */
  printf("请输入顶点信息: \n");
```

```
for (i=0;i<G->vexnum;i++)
   scanf("%c",&(G->vexs[i]));            /* 输入顶点信息,构造顶点向量 */
for(i=0;i<G->vexnum;i++)
   for(j=0;j<G->vexnum;j++)
      G->arcs[i][j]=0;                   /* 初始化邻接矩阵 */
printf("请输入每条边对应的两个顶点及权值 w:\n");
for (k=0;k<G->arcnum;k++)
{ scanf("%c,%c,%d",&v1,&v2,&w);           /* 输入 arcnum 条边建立邻接矩阵 */
  i=LocateVex(G,v1);
  j=LocateVex(G,v2);    /* 查找顶点 v1 和 v2 在图中的位置(即在顶点向量中的下标) */
  if((i==-1)||(j==-1)) printf("该边不存在,请重新输入\n");
  else {G->arcs[i][j]=w; G->arcs[j][i]=w;} /* 赋权值 */
} /* for */
} /* CreateMGraph */
int LocateVex(Mgraph G, char u)
                         /* 返回顶点 u 在图中的位置(下标),如不存在则返回-1 */
{ int i;
  for(i=0;i<G.vexnum;++i)                 /* 用循环查找该结点 */
  if(G.vexs[i]==u)
      return i;
  else return -1;
} /* LocateVex */
```

6.2.2 邻 接 表

邻接表(adjacency list)是图的一种顺序存储与链式存储相结合的存储方法。邻接表表示法类似于树的孩子链表表示法,对于图 G 中的每个顶点建立一个单链表,第 i 个单链表中的结点表示依附于顶点 v_i 的边(对于有向图是以顶点 v_i 为尾的弧)。每个链表附设一个表头结点,在表头结点中,除了设有链域(firstarc)指向链表中的第一个结点外,还设有存储顶点 v_i 的数据域(vertex)。所有表头结点存储在一个一维数组中,以便于随机访问任一顶点的链表,这两部分就构成了图的邻接表。在邻接表表示中有两种结点结构,如图 6.11 所示。

图 6.11 邻接表表示法

其中,表头结点含有两个域:顶点域(vertex)和指向第一条邻接边的指针域(firstarc);表结点含有 3 个域:邻接点域(adjvex)指示与顶点 v_i 邻接的点在图中的位置;指针域(nextarc)指示下一条边或弧的结点;数据域(info)存储和边或弧相关的信息,如权值等。邻接表存储表示的形式描述如下:

```
/* ---图的邻接表存储结构--- */
#define Max_Vertex_Num 100          /* 假设图中最大顶点数为 100 */
typedef struct ArcNode{             /* 表结点 */
    int adjvex;                     /* 该弧所指向的顶点编号 */
    struct ArcNode * nextarc;       /* 指向下一条弧的指针 */
    int weight                      /* 若 G 为网,则 weight 表示边上权值 */
    }ArcNode;
typedef struct VNode{               /* 表头结点 */
    char vertex;                    /* 顶点信息 */
    ArcNode * firstarc;             /* 指向第一条依附于该顶点的弧的指针 */
    }VNode;
typedef VNode AdjList [Max_Vertex_Num]; /* 表头向量 */
typedef struct {
AdjList adjlist;                    /* 邻接表 */
int vexnum,arcnum;                  /* 顶点数和边数 */
}ALGraph;                           /* ALGraph 为邻接表类型 */
```

例 6.4　图 6.12 给出图 6.1 中无向图 G_1 对应的邻接表表示。

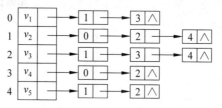

图 6.12　无向图 G_1 的邻接表表示

若无向图中有 n 个顶点、e 条边,则它的邻接表需 n 个首结点和 $2e$ 个表结点。显然,在边稀疏($e \leqslant n(n-1)/2$)的情况下,用邻接表表示图比用邻接矩阵节省存储空间,当与边相关的信息较多时则更是如此。

在无向图的邻接表中,顶点 v_i 的度恰为第 i 个链表中的结点数;而在有向图中,第 i 个链表中的结点个数只是顶点 v_i 的出度,为求入度,就必须遍历整个邻接表。在所有链表中,其邻接点域的值为 i 的结点的个数是顶点 v_i 的入度。有时,为了便于确定顶点的入度或以顶点 v_i 为弧头的弧,则可以建立有向图的逆邻接表,即对每个顶点 v_i 建立一个链接以 v_i 为弧头的弧的链表,例如图 6.13(a)和图 6.13(b)分别为有向图 G_2 的邻接表和逆邻接表。算法 6.2 为无向图的邻接表建立算法。

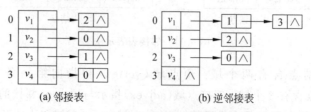

(a) 邻接表　　　　　　　(b) 逆邻接表

图 6.13　有向图 G_2 的邻接表和逆邻接表

算法 6.2 无向图的邻接表建立算法

```
int LocateVex(ALGraph * G, char u)
{ /* 返回顶点 u 在邻接表存储的无向图 G 中的位置(下标),如不存在则返回-1 */
    int i;
    for(i=0;i<G->vexnum;++i)                    /* 用循环查找该结点 */
    if(G->adjlist [i].vertex==u)
        return i;
    else return -1;
} /* LocateVex */


void CreateALGraph(ALGraph * G)
  { ArcNode * p;
   int i,j,k;
   char v1,v2;
   scanf("%d%d",&G->vexnum, &G->arcnum);        /* 输入顶点数和边数 */
   for(k=0;k<G->vexnum;k++)
     { scanf("%c", &G->adjlist[k]. vertex);     /* 输入表头数组数据域的值 */
       G->adjlist[k]. firstarc=NULL;            /* 表头数组链域的值为空 */
     } /* for */
   k=0;
   while(k<G->arcnum)                           /* 输入图中的每一条边 */
     { scanf("%c%c",&v1,&v2);                    /* 输入有边连接的顶点对 */
       i=LocateVex(G,v1); j=LocateVex(G,v2);    /* 查找 v1,v2 在图中的位置 */
       if((i==-1)||(j==-1)) printf("该边不存在,请重新输入\n");
       else
         { k++;                                  /* 边计数 */
           p=(ArcNode * )malloc(sizeof(ArcNode));  /* 申请空间,生成表结点 */
           p->adjvex=j;
           p->nextarc=G->adjlist[i]. firstarc;
                                                 /* 将 p 指针指向当前顶点指向的结点 */
           G->adjlist[i]. firstarc=p;           /* 结点 j 插入第 i 个链表中 */
           p=(ArcNode * )malloc(sizeof(ArcNode));  /* 申请空间,生成表结点 */
           p->adjvex=i;
           p->nextarc=G->adjlist[j]. firstarc;
                                                 /* 将 p 指针指向当前顶点指向的结点 */
           G->adjlist[i]. firstarc=p;           /* 结点 i 插入第 j 个链表中 */
         } /* else */
     } /* while */
} /* CreateALGraph */
```

建立有向图的邻接表与此类似,只是在输入每个顶点对 $<v_i, v_j>$ 时,仅需要动态生成一个结点 j,并插入到顶点 i 链表中即可。

在建立邻接表或逆邻接表时,每输入一条边都要查找边所依附的两个顶点在图中的位置,因此时间复杂度为 $O(n×e)$。如输入的顶点信息即为顶点的编号,则不需要查找顶点的位置,时间复杂度为 $O(n+e)$,

在邻接表上容易找到任一顶点的第一个邻接点和下一个邻接点,但要判定任意两个顶点(v_i 和 v_j)之间是否有边或弧相连,则需搜索第 i 个或第 j 个链表,因此,不及邻接矩阵方便。

6.2.3　有向图的十字链表

对于有向图来说邻接表是有缺陷的:只关心了出度问题,若想了解入度就必须遍历整个链表;反之,逆邻接表解决了入度却不了解出度的情况。十字链表(orthogonal list)是有向图的另一种存储结构。它可以看成是将有向图的邻接表和逆邻接表结合起来得到的一种链表。在十字链表中,对应于有向图中每一条弧有一个结点,对应于每个顶点也有一个结点,这些结点的结构如图 6.14 所示。

tailvex	headvex	headlink	taillink

(a) 弧结点

data	firstin	firstout

(b) 顶点结点

图 6.14　十字链表

在弧结点中有 4 个域:尾域(tailvex)和头域(headvex)分别指示弧尾和弧头这两个顶点在图中的位置;链域 headlink 指向弧头相同的下一条弧;而链域 taillink 指向弧尾相同的下一条弧。弧头相同的弧在同一链表上,弧尾相同的弧也在同一链表上。它们的头结点即为顶点结点,由 3 个域组成:data 域存储和顶点相关的信息,如顶点的名称等;firstin 和 firstout 为两个链域,分别指向以该顶点为弧头或弧尾的第一个弧结点。

例 6.5　图 6.15(a)所示图的十字链表如图 6.15(b)所示。

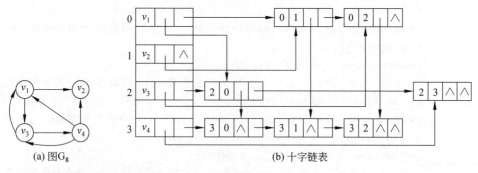

(a) 图 G_8　　　　　(b) 十字链表

图 6.15　有向图 G_8 的十字链表

若将有向图的邻接矩阵看成是稀疏矩阵,则十字链表也可以看成是邻接矩阵的链表存储结构,只是在图的十字链表中,弧结点所在的链表非循环链表,结点之间相对位置自然形成,不一定按顶点序号有序,表头结点即顶点结点,它们之间非链相接,而是顺序存储。十字链表存储表示的形式描述如下:

```
/* ---图的十字链表存储结构--- */
#define Max_Vertex_Num 20
```

```
typedef struct ArcBox {               /* 弧结点 */
    int tailvex,headvex;              /* 该弧的尾和头顶点的位置 */
    struct ArcBox * hlink, * tlink;   /* 分别为弧头相同的弧和弧尾相同的弧的链域 */
} ArcBox;
typedef struct VexNode {              /* 顶点结点 */
    char data;                        /* 用字符类型表示顶点信息 */
    ArcBox * firstin,firstout;        /* 分别指向该顶点第一条入弧和第一条出弧 */
} VexNode;
typedef struct {                      /* 图的结构 */
    VexNode xlist[Max_Vertex_Num];    /* 表头向量 */
    Int vexnum,arcnum;                /* 有向图的顶点数和弧数 */
}OLGraph;
```

OLGraph 为所定义的十字链表类型。只要输入 n 个顶点的信息和 e 条弧的信息,便可建立该有向图的十字链表。

十字链表的优点就是把邻接表和逆邻接表整合在了一起,这样既容易找到以 v_i 为尾的弧,也容易找到以 v_i 为头的弧,因而容易求得顶点的出度和入度。而且它除了结构稍复杂外,其创建图算法的时间复杂度和邻接表相同,因此,在有向图的应用中,十字链表是非常好的数据结构模型。

6.2.4　无向图的邻接多重表

邻接多重表(adjacency multilist)是无向图的另一种链式存储结构。在邻接表中容易求得顶点和边的各种信息。但是,在邻接表中每一条边(v_i,v_j)有两个结点,分别在第 i 个和第 j 个链表中,这给某些图的操作带来不便。例如,在某些图的应用问题中需要对边进行某种操作,如对已被搜索过的边作记号或删除一条边等,此时需要找到表示同一条边的两个结点。因此,在进行这一类操作的无向图的问题中采用邻接多重表作存储结构更为适宜。

邻接多重表的结构和十字链表类似。在邻接多重表中,每一条边用一个结点表示,它由如下所示的 5 个域组成:

mark	ivex	ilink	jvex	jlink

其中,mark 为标志域,用于标记该条边是否被搜索过;ivex 和 jvex 为该边依附的两个顶点在图中的位置;ilink 指向下一条依附于顶点 ivex 的边;jlink 指向下一条依附于顶点 jvex 的边。

每一个顶点也用一个结点表示,它由存储与该顶点相关信息的域 data 和指示第一条依附于该顶点的边的域 firstedge 组成,如下所示。

data	firstedge

邻接多重表的存储表示的形式描述如下:

/* ---图的邻接多重表存储结构--- */

```
#define Max_Vertex_Num 20
typedef struct Ebox {                   /* 边结点 */
    int mark,                           /* 访问标记 */
    int ivex,jvex;                      /* 该边依附的两个顶点的位置 */
    struct Ebox * ilink, * jlink;       /* 分别指向依附于顶点 ivex 和 jvex 的下一条边 */
} Ebox
typedef struct VexBox {                 /* 顶点结点 */
    char data;                          /* 顶点信息 */
    Ebox * firstedge;                   /* 指向第一条依附于该顶点的边 */
} VexBox;
typedef struct {                        /* 图的结构 */
    VexBox adjmulist[Max_Vertex_Num];       /* n 个顶点存放于一维数组中 */
    int vexnum,edgenum;                 /* 顶点数与边数 */
}AMLGraph;                              /* AMLGraph 为邻接多重表类型 */
```

例 6.6 图 6.16 给出了无向图 G_1 的邻接多重表。

如果用邻接多重表存储一个无向网,则增加一个数据域,用于存储边上的权值即可。由此可见,对于无向图和无向网而言,其邻接多重表和邻接表的差别仅在于同一条边在邻接表中用两个结点而在邻接多重表中只用一个结点。除了在边结点中增加一个标志域外,邻接多重表所需的存储量和邻接表相同。在邻接多重表中,各种基本操作的实现也和邻接表相似。

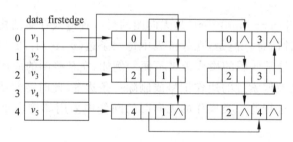

图 6.16　无向图 G_1 的邻接多重表

下面对图的几种存储结构进行一下总结。

邻接矩阵和邻接表是图的两种最常用的存储结构,适用于各种图的存储,那么如何来选择呢? 下面从几个方面来进行比较。

(1) 存储表示的唯一性。

在图中每个顶点的序号确定后,邻接矩阵的表示法将是唯一的;而邻接表的表示法则不是唯一的,因为各边表结点的链接次序取决于建立邻接表的算法和边的输入次序。

(2) 空间复杂度。

设图中顶点个数为 n,边的数量为 e,那么邻接矩阵的空间复杂度为 $O(n^2)$,适合于边相对较多的稠密图;因为在邻接表中针对边和顶点要附加链域,所以边较多时应取邻接矩阵表示法为宜;邻接表的空间复杂度为 $O(n+e)$,针对边相对较少的稀疏图,用邻接表表示比用邻接矩阵表示节省存储空间。

（3）时间复杂度。

如果要求边的数目，则在邻接矩阵存储方式下必须检测整个矩阵，时间复杂度为 $O(n^2)$；邻接表存储方式下只要对每个边表的结点个数计数即可求得 e，时间复杂度为 $O(e+n)$，当 $e \leqslant n^2$ 时，采用邻接表表示更节省时间。

如果要判定 (v_i, v_j)（或 $<v_i, v_j>$）是否是图的一条边（或弧），邻接矩阵存储方式下只需判定矩阵中的第 i 行第 j 列上的那个元素是否为零即可，可直接定位，时间复杂度为 $O(1)$；邻接表存储方式下需扫描第 i 个边表，最坏情况下时间复杂度为 $O(n)$。

综上所述，图的邻接矩阵和邻接表存储方式各有利弊，可以根据实际问题的具体情况再做选择。十字链表适用于有向图的存储，而邻接多重表适用于无向图的存储。

6.3　图的遍历

从图中某个顶点出发访问到图中所有顶点，且使得每一顶点仅被访问一次，这一过程称为**图的遍历**（traversing graph）。图的遍历是图运算中最重要的运算，图的许多运算均以遍历为基础，如图的连通性问题、拓扑排序问题等。

由于图的任意顶点都可能与其他顶点相邻接，所以在访问了某个顶点之后，可能沿着某条搜索路径又回到该顶点上，这就形成了一个简单回路，造成顶点的重复访问。为了避免重复访问顶点，在图的遍历过程中必须记住每个被访问过的顶点，一般可设一辅助数组记录顶点被访问的情况。

图的遍历按搜索路径不同分为深度优先搜索（depth first search）和广度优先搜索（breadth first search）两种方式，这两种遍历方式对有向图和无向图都适用。

6.3.1　深度优先搜索

假定给定图 G 的初态是所有顶点均未曾访问过，在图 G 中任选一个顶点 v 为初始出发点，则深度优先搜索可定义如下：

从指定的起点 v 出发（先访问 v，并将其标记为已访问过），访问它的任一相邻接的顶点 w_1，再访问 w_1 的任一未访问的相邻接顶点 w_2，如此下去，直到某顶点已无被访问过的邻接顶点或者它的所有邻接顶点都已经被访问过，就回溯到它的前趋。如果这个访问和回溯过程返回到遍历开始的顶点，就结束遍历过程；如果图中仍存在一些未访问过的顶点，就另选一个未访问过的顶点重新开始深度优先搜索。

可见，图的深度优先搜索类似于树的先根遍历，它是一个递归过程，其特点是尽可能先对纵深方向的顶点进行访问。

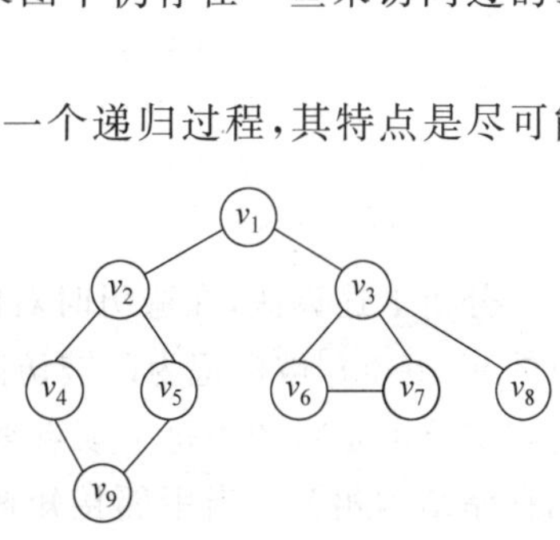

以图 6.17 的无向图 G_9 为例，进行图的深度优先搜索。假设从顶点 v_1 出发进行搜索，在访问了顶点 v_1 之后，选择邻接点 v_2。因为 v_2 未曾被访问，则从 v_2 出发进行搜索。在访问了顶点 v_2 之后，选择邻接点 v_4。因为 v_4 未曾被访问，则从 v_4 出发进行搜索。依此类推，接着从 v_9、v_5 出发进行搜索。在访问了 v_5 之后，由于 v_5

图 6.17　无向图 G_9

的邻接点 v_2、v_9 都已被访问，所以搜索退回到 v_9。基于同样的理由，搜索继续退回到入 v_4、v_2，直至 v_1。此时 v_1 的另一个邻接点 v_3 未被访问，则搜索又从 v_3 开始，再继续依上述方法进行下去。由此，得到的顶点访问序列为 $v_1 \rightarrow v_2 \rightarrow v_4 \rightarrow v_9 \rightarrow v_5 \rightarrow v_3 \rightarrow v_6 \rightarrow v_7 \rightarrow v_8$。

从上述搜索过程可以看出，针对每个结点而言采取的搜索方法都是相同的，所以可以用一个递归的过程来实现。前面说过在图结构中，顶点之间存在多对多的关系，那么已被访问过的顶点很可能在后续搜索过程中还会遇上，而此时就不能再一次去访问它。所以在遍历过程中一定要区分该顶点是否已被访问过，如果已被访问过就不可再次访问。解决的方法是附设一访问标志数组 visited$[0..n-1]$，其初值均为 FALSE（或为 0），一旦某个顶点被访问，则其相应的分量值被置为 TRUE（或为 1），只有相应的分量值为 FALSE 的顶点才能被访问。

下面给出了以邻接表为存储结构的图的深度优先搜索的算法。

算法 6.3　深度优先搜索算法

```
void DFSTraverse(ALGraph * G, int n)
                          /* 深度优先遍历以邻接表存储的含有 n 个顶点的图 G */
{ int v;
  int visited[n];                        /* 定义访问标志数组 */
  for(v=0;v<G->Vexnum;v++)
      visited[v]=0;                      /* 访问标志向量初始化 */
  for(v=0;v<G->Vexnum;v++)               /* 检查图中每一个顶点看是否被访问过 */
      if(visited[v]==0) DFS(G,v,visited); /* v 未被访问过,从 v 开始进行 DFS 搜索 */
  } /* DFSTraverse */
void DFS(ALGraph * G,int v, int visited[])
                          /* 以 v 为出发点对邻接表存储的图 G 进行 DFS 搜索 */
{ ArcNode * p;
  int w;
  printf("访问顶点:%c\n",G->adjlist[v].vertex);        /* 访问顶点 v */
  visited[v]=1;                          /* 标记 v 已被访问过 */
  p=G->adjlist[v].firstarc;              /* 取 v 边链表的头指针 */
  while(p)                               /* 依次查找 v 的邻接点 w */
    { w=p->adjvex;
      if(visited[w]==0)                  /* 若 w 尚未访问,则以 w 为出发点纵深搜索 */
          DFS(G,w,visited);              /* 递归调用函数 DFS 进行深度优先搜索 */
      p=p->nextarc;                      /* 找 w 的下一个邻接点 */
    } /* while */
} /* DFS */
```

分析上述算法，在遍历时对图中每个顶点至多调用一次 DFS 函数，因为一旦某个顶点的 visited$[i]$ 被标记为已被访问，将不再从它出发进行搜索。因此，深度优先搜索图的过程实质上是对图中每个顶点查找其邻接点的过程，那么该操作耗费的时间则与所采用的存储结构相关。当用邻接矩阵来存储图时，查找每个顶点的邻接点的时间复杂度为 $O(n^2)$，其中，n 为图中顶点数。当以邻接表来存储图时，查找每个顶点的邻接点的时间复

杂度为 $O(e)$，其中，e 为无向图中边的数量或有向图中弧的数量，找到每个顶点的时间复杂度为 $O(n)$，其总的时间复杂度为 $O(n+e)$。

6.3.2　广度优先搜索

　　假设从图的某顶点 v 出发，在访问了 v 之后依次访问 v 的各个未曾被访问的邻接点，然后分别从这些邻接点出发依次访问它们的邻接点，并遵循"先被访问的顶点的邻接点"先于"后被访问的顶点的邻接点"被访问的原则，直至图中所有已被访问的顶点的邻接点都被访问到。若此时图中还有顶点没被访问，则另选图中一个未曾被访问的顶点作为起始点，重复上述过程，直到图中所有顶点都被访问到为止。换句话说，广度优先搜索图的过程是以 v 为起点，由近至远，依次访问和 v 有路径相通且路径长度为 1、2、…的顶点。由此可见，图的广度优先搜索类似于树的按层遍历。

　　例如，对图 6.17 所示无向图 G_9 进行广度优先搜索，首先访问 v_1 及其邻接点 v_2 和 v_3，然后依次访问 v_2 的邻接点 v_4 和 v_5，以及 v_3 的邻接点 v_6、v_7 和 v_8，最后访问 v_4 的邻接点 v_9，而 v_5、v_6、v_7、v_8 和 v_9 这些顶点的邻接点均已被访问，并且此时图中所有顶点都已被访问，于是完成图的遍历操作，所得到的顶点访问序列为

$$v_1 \rightarrow v_2 \rightarrow v_3 \rightarrow v_4 \rightarrow v_5 \rightarrow v_6 \rightarrow v_7 \rightarrow v_8 \rightarrow v_9$$

　　与深度优先搜索类似，为了避免顶点重复被访问，同样在搜索的过程中设置一个访问标志数组 visited$[0..n-1]$。并且，为了依次访问路径长度为 1、2、3、…的顶点，体现出这种"先进先出"的思想，设计一个队列来存储已被访问的路径长度为 1、2、3、…的顶点。

　　下面给出对以邻接矩阵为存储结构的图 G 进行广度优先搜索的算法。

　　算法 6.4　广度优先搜索算法

```
Void BFSTraverse(MGraph * G, int n)      /* 广度优先搜索以邻接矩阵存储的含有 n 个顶
                                            点的图 G */
{ int v,w,u;
  int Q[n+1],r,f;            /* Q 数组为循环队列,f 和 r 分别为队头和队尾指针 */
  int visited[n];                         /* 定义访问标志数组 */
  for(v=0;v<G->Vexnum;v++)
    visited[v]=0;                         /* 访问标志向量初始化 */
  f=0; r=0;                               /* 初始化队列 */
  for(v=0;v<G->Vexnum;v++)
    { if(!visited[v]) ;                   /* v 未被访问过,从 v 开始进行 BFS 搜索 */
      { visited[v]=1;
        printf("%c",G->vexs[v]);          /* 输出顶点 v */
        Q[r]=v; r=(r+1)%(n+1);      /* 假设队列不满,将已被访问过的顶点 v 入队列 */
        While(f<>r)                       /* 当队列不空时 */
          {u=Q[f];f=(f+1)%(n+1);          /* 删除队头元素并置为 u */
            For(w=0;w<G->vexnum;w++)  /* 找顶点 u 的没有被访问的邻接点 */
              { if(G.[u][w]==1&& visited[w]==0)
                  { visited[w]=1;
                    printf("%c",G->vexs[w]);         /* 输出邻接点 vⱼ */
```

```
                    Q[r]=w;r=(r+1)%(n+1);        /* 邻接点 w 入队列 */
                } /* if */
            } /* for */
        } /* while */
    } /* if */
  } /* for */
} /* BFSTraverse */
```

从上述算法可以看出,一旦某个顶点的 visited[v] 被标记为已被访问,将不再从它出发进行搜索,所以每个顶点至多进入一次队列,可避免重复访问。广度优先搜索图的过程实质上也是通过边或弧查找邻接点的过程,因此广度优先搜索图的时间复杂度和深度优先搜索的相同,当以邻接矩阵来存储图时,每个顶点入队的时间复杂度为 $O(n)$,查找每个顶点的邻接点的时间复杂度为 $O(n^2)$,其总的时间复杂度为 $O(n^2)$;当以邻接表来存储图时,找到每个顶点的时间复杂度为 $O(n)$,查找每个顶点的邻接点的时间复杂度为 $O(e)$,其总的时间复杂度为 $O(n+e)$。可见,广度优先搜索和深度优先搜索的时间复杂度是相同的,不同之处在于搜索策略不同导致对顶点访问的顺序不同。

6.4　无向图的连通分量和生成树

对于连通图而言,从图中任意顶点出发遍历该图时,可一次性遍历图中所有顶点;若是非连通图,则需从多个顶点出发进行遍历,每一次从一个未被访问的顶点出发,遍历过程中访问到它所在连通分量中的每一个顶点。例如对图 6.1 中的无向图 G_1,从 v_1 出发进行深度优先搜索得到的顶点序列为 $v_1 \rightarrow v_2 \rightarrow v_5 \rightarrow v_3 \rightarrow v_4$,一次性访问完所有顶点;而对于图 6.4 中的非连通图 G_6,从顶点 A 出发,深度优先搜索得到的顶点序列为 A B F E,只访问完一个连通分量,还需再从 C 出发继续深度优先搜索得到序列 C D 才访问完所有顶点。每个顶点序列加上依附于这些顶点的边,就构成了非连通图 G_6 的两个连通分量。

设 E 为连通图 G 中所有边的集合,则在遍历该连通图的过程中,必定将 E 分成两个集合 A 和 B。其中,A 是遍历图的过程中经历的边的集合;B 是图中剩余的未用到的边的集合。集合 A 和图 G 中所有顶点一起构成连通图 G 的极小(边的数量最少)连通子图。按照 6.1 节的定义,该极小连通子图是连通图的一棵生成树,由深度优先搜索得到的为深度优先生成树,由广度优先搜索得到的为广度优先生成树。例如,图 6.18(a) 和图 6.18(b) 所示分别为连通图 G_9 的深度优先生成树和广度优先生成树。图中虚线为集合 B 中的边,实线为集合 A 中的边。生成树包括 A 和图中所有顶点。

由图 6.18 可见,连通图的生成树不唯一。从图中的不同顶点出发,或者采用不同的遍历方法,遍历图的过程中经过的边不同,因而得到的生成树也不同。可以证明,对于有 n 个顶点的无向连通图,无论其生成树的形态如何,所有生成树中都有且仅有 $n-1$ 条边。

对于非连通的无向图,在遍历过程中可以得到几棵生成树,即有几个连通分量就有几个生成树,这些生成树构成生成森林。和生成树的道理一样,生成森林也是不唯一的。例如,如图 6.19 所示为图 G_6 的生成森林。

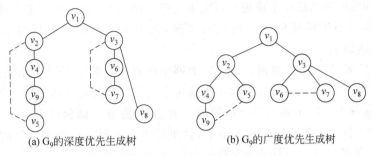

(a) G_9的深度优先生成树　　　　　(b) G_9的广度优先生成树

图 6.18　图 G_9 的生成树

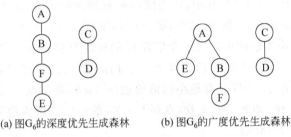

(a) 图G_6的深度优先生成森林　　　(b) 图G_6的广度优先生成森林

图 6.19　图 G_6 的生成森林

对有向图 G 进行深度优先搜索或广度优先搜索,若其是强连通图,则得到的是一棵深度优先有向树或广度优先有向树;若有向图 G 是非强连通图,则得到的是有向森林。

6.5　图 的 应 用

6.5.1　最小生成树

6.4 节讨论了无向图的生成树和生成森林。如果无向图是一个网,那么它的所有的生成树中必有一棵生成树的边的权值总和是最小的,这样的一棵生成树为最小代价生成树(Minimum cost Spanning Tree,MST),简称最小生成树。一棵生成树的代价就是树中所有边的代价之和。

在现实生活中,最小生成树的概念可以用来解决很多实际问题。例如,假设要在 n 个城市之间建立通信联络网,则连通 n 个城市只需要 $n-1$ 条线路,这自然会考虑这样一个问题,如何在最节省经费的前提下建立这个通信网? 每两个城市之间都可以设置一条线路,相应地都要付出一定的经济代价。n 个城市之间最多可以设置 $n(n-1)/2$ 条线路,那么,如何在这些可能的线路中选择 $n-1$ 条,以使总的耗费最少呢?

可以用连通网来表示 n 个城市以及 n 个城市间可能设置的通信线路,其中,网的顶点表示城市,边表示两城市之间的线路,赋予边的权值表示相应的代价。对于 n 个顶点的连通网,可以建立许多不同的生成树,每一棵生成树都可以是一个通信网。现在,要选择这样一棵生成树,使总的耗费最少,这个问题就是构造连通网的最小代价生成树的问题。

一个无向连通网的最小生成树也可能不是唯一的,但其总代价一定是最小的。构造无向连通网的最小生成树的方法可以有多种,其中大多数算法都利用了 MST 性质。MST 性质描述如下。

设 $G=(V,E)$ 是一个连通网,其中,V 为网中所有顶点的集合,E 为网中所有带权边的集合,再设集合 U 用于存放 G 的最小生成树中的顶点。若边 (u,v) 是 G 中所有一端在 U 中而另一端在 $V-U$ 中具有最小权值的一条边,则存在一棵包含边 (u,v) 的最小生成树。关于 MST 性质证明请参阅有关书籍,这里略去。下面介绍两种常见的构造最小生成树的算法:普里姆(Prim)算法和克鲁斯卡尔(Kruskal)算法。

首先介绍 Prim 算法。

设 $G=(V,E)$ 为一连通网,其中,V 为网中所有顶点的集合,E 为网中所有带权边的集合。设置两个新的集合 U 和 T,其中,集合 U 用于存放 G 的最小生成树中的顶点,集合 T 用于存放 G 的最小生成树中的边。令集合 U 的初值为 $U=\{u_0\}$(假设构造最小生成树时,从顶点 u_0 出发),集合 T 的初值为 $T=\{\}$。Prim 算法的思想是:从所有 $u\in U$,$v\in V-U$ 的边 $(u,v)\in E$ 中,选取具有最小权值的边 (u_0,v_0),将顶点 v_0 加入集合 U 中,将边 (u_0,v_0) 加入集合 T 中,如此不断重复,直到 $U=V$,最小生成树构造完毕,这时集合 T 中包含了最小生成树的所有边。

例 6.7   对于图 6.20(a)所示的一个无向连通网 G_{10},按照 Prim 方法,从顶点 v_1 出发,该网的最小生成树的生成过程如图 6.20(b)～图 6.20(h)所示。

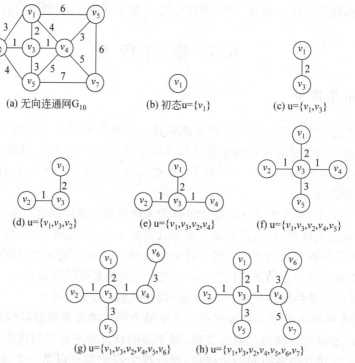

图 6.20   利用 Prim 算法构造无向连通网的最小生成树的过程

为了实现 Prim 算法,需设一个辅助数组 closedge 以记录从 U 到 $V-U$ 具有最小代价的边。对每个顶点 $v_i \in V-U$,在辅助数组中存在一个相应分量 closedge$[i-1]$,它包含两个域:adjvex 和 lowcost。若 v_i 已在生成树上,则置 closedge$[i-1]$.lowcost$=0$;若顶点 v_i 不在生成树上,用 closedge$[i-1]$.lowcost 存放 v_i 与生成树上的顶点构成的最小代价边的权值,而用 closedge$[i-1]$.adjvex 存放该边所关联的生成树上的另一顶点的序号。例如,图 6.21 是利用 Prim 算法构造最小生成树的过程中辅助数组中各分量的变化情况。

closedge \ i	1	2	3	4	5	6	U	$V-U$	K
adjvex	v_1	v_1	v_1		v_1		$\{v_1\}$	$\{v_2,v_3,v_4,v_5,v_6,v_7\}$	2
lowcost	3	2	4		6				
adjvex	v_3		v_3	v_3	v_1		$\{v_1,v_3\}$	$\{v_2,v_4,v_5,v_6,v_7\}$	1
lowcost	1	0	1	3	6				
adjvex			v_3	v_3	v_1		$\{v_1,v_3,v_2\}$	$\{v_4,v_5,v_6,v_7\}$	3
lowcost	0	0	1	3	6				
adjvex				v_3	v_4	v_4	$\{v_1,v_3,v_2,v_4\}$	$\{v_5,v_6,v_7\}$	4
lowcost	0	0	0	3	3	5			
adjvex					v_4	v_4	$\{v_1,v_3,v_2,v_4,v_5\}$	$\{v_6,v_7\}$	5
lowcost	0	0	0	0	3	5			
adjvex						v_4	$\{v_1,v_3,v_2,v_4,v_5,v_6\}$	$\{v_7\}$	6
lowcost	0	0	0	0	0	5			
adjvex							$\{v_1,v_3,v_2,v_4,v_5,v_6,v_7\}$	$\{\}$	
lowcost	0	0	0	0	0	0			

图 6.21 图 6.20 构造最小生成树过程中辅助数组中各分量的值

假设以二维数组表示网的邻接矩阵,且令两个顶点之间不存在的边的权值为机内允许的最大值(INT_MAX),则 Prim 算法如算法 6.5 所示。

算法 6.5 利用 Prim 算法构造无向网的最小生成树

```
void MiniSpanTree_PRIM(MGraph G, int n,char u)
{ /* 用 Prim算法从第 u 个顶点出发构造网 G 的最小生成树 T,并输出 T 的各条边 */
  typedef struct          /* 定义辅助数组 */
  { char adjvex;
    int lowcost;
  } closedge [n];         /* 记录从顶点集 U 到 V-U 的代价最小的边,n 为图中顶点数 */
  int i,j,k;
  k=LocateVex(G,u);       /* 求顶点 u 在邻接矩阵存储的图中的位置,调用算法 6.1 中的
                             LocateVex(Mgraph G,char u)算法 */
  for(j=0;j<G.vexnum;++j) /* 辅助数组初始化 */
    { if(j!=k)
      { closedge[j].adjvex=u;
        closedge[j].lowcost=G.arcs[k][j].adj;
```

```
        } /* if */
      } /* for */
    closedge[k].lowcost=0;                    /* 初始,U={u} */
    printf("最小代价生成树的各条边为:\n");
    for(i=1;i<G.vexnum;++i)                    /* 选择其余 G.vexnum-1 个顶点 */
      { k=Minimum(closedge,G);                /* 求出 T 的下一个顶点,第 k 个顶点 */
        printf("%c-%c)\n",closedge[k].adjvex,G.vexs[k],closedge[k].lowcost);
                                              /* 输出生成树的边及权值 */
        closedge[k].lowcost=0;                /* 第 k 个顶点并入 U 集 */
        for(j=0;j<G.vexnum;++j)
          if(G.arcs[k][j].adj<closedge[j].lowcost)
          { /* 新顶点并入 U 集后重新选择最小边 */
            closedge[j].adjvex=G.vexs[k]);
            closedge[j].lowcost=G.arcs[k][j].adj;
          } /* if */
      } /* for */
  } /* MiniSpanTree_PRIM */
int Minimum(int closedge[], MGraph G)   /* 求依附于生成树上顶点的所有边中代价最小
                                            的边 */
  { int j,p=1, min=999;                     /* 最大权值 */
    for(j=0;j<G.vexnum;j++)
      { if(closedge[j].lowcost<>0&& closedge[j].lowcost<min)
        { min=closedge[j].lowcost;
          P=j;
        } /* if */
      } /* for */
    return p;        /* 返回最小代价的边所依附的生成树外的顶点 p */
  } /* Minimum */
```

其中,函数 LocateVex(G,u)是求顶点 u 在邻接矩阵存储的图中的位置,函数 Minimum(closedge,G)是求依附于生成树上顶点的所有边中代价最小的那条。

分析算法 6.5,假设网中有 n 个顶点,则第一个进行初始化的循环语句执行 n 次,第二个循环语句执行 $n-1$ 次。其中有两个内循环:一个是在 closedge[v]. lowcost 中求最小值,其执行次数为 $n-1$;另一个是重新选择具有最小代价的边,其执行次数为 n。由此,Prim 算法的时间复杂度为 $O(n^2)$,与网中的边数无关,因此适用于求边稠密的网的最小生成树。

构造最小生成树的另一种常用算法是 Kruskal 算法,它是按权值递增的次序来构造最小生成树的。Kruskal 算法的基本思想如下所述。

设 $G=(V,E)$是连通网,集合 T 存放 G 的最小生成树中的边。初始时,最小生成树中已经包含 G 中的全部顶点,集合 T 的初值为 $T=\{\}$,这样每个顶点就自成一个连通分量。最小生成树的生成过程是:在图 G 的边集 E 中按权值由小到大依次选择边(u,v),若该边端点 u、v 分别属于当前两个不同的连通分量,则将该边(u,v)加入到 T 中,由此,

这两个连通分量连接成一个连通分量,整个连通分量数量就减少了一个;若 u 和 v 是当前同一个连通分量中的顶点,则舍去此边(否则形成回路),继续寻找下一条两个顶点不属于同一连通分量的且权值最小的边,依此类推,直到所有点都在同一个连通分量上为止。这时集合 T 中包含了最小生成树的所有边。

　　例 6.8　图 6.20(a)所示的无向连通网 G_{10},按照 Kruskal 方法构造最小生成树的过程如图 6.22 所示。

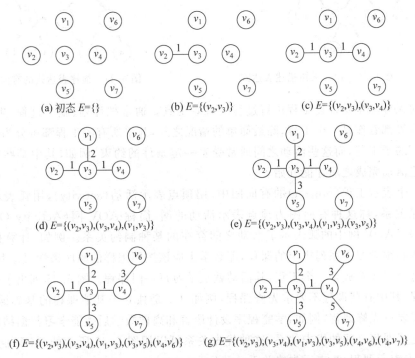

图 6.22　利用 Kruskal 算法构造无向连通网的最小生成树的过程

　　在 Kruskal 算法中,e 条边按权值由小到大排序需 $O(e \log e)$ 的时间(参看第 8 章的排序算法时间复杂度分析),添加 $n-1$ 条边需要 $O(e)$ 的时间,所以总的时间复杂度为 $O(e \log e)$(e 为网中的边的数目)。因此它相对于 Prim 算法,更适合于求边稀疏的网的最小生成树。

6.5.2　有向无环图与拓扑排序

　　一个无环的有向图称作**有向无环图**(Directed Acycline Graph),简称 DAG 图。DAG 图是描述含有公共子式的表达式的有效工具。例如,下述表达式
$$(a+b) * (b * (c+d)) + (c+d) * e * ((c+d) * e)$$
可以用二叉树来表示,如图 6.23 所示。仔细观察该表达式,可以发现有一些相同的子表达式,如 $(c+d)$ 和 $(c+d) * e$ 等,在二叉树中它们也重复出现。若利用有向无环图,则可实现对相同子式的共享,从而节省存储空间。例如,图 6.24 所示为表示同一表达式的有向无环图。

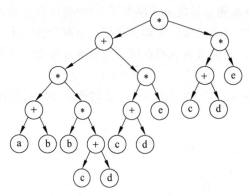

图 6.23   用二叉树描述表达式

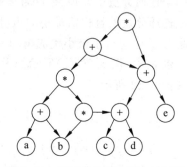

图 6.24   描述表达式的有向无环图

　　有向无环图也是描述工程进行过程的有效工具。通常把计划、施工过程、生产流程、软件工程等都看作是一个工程,除最简单的情况之外,几乎所有的工程都可分为若干个称为"活动"的子工程,而这些活动之间通常受着一定条件的约束,例如,其中某些活动必须在另一些活动完成之后才能开始。

　　在一个表示工程(project)的有向图中,用顶点表示活动(activity),用弧表示活动之间的优先关系,称这种有向图为顶点表示活动的网,简称 AOV 网(Activity On Vertex network)。AOV 网中的弧表示了活动之间存在的某种制约关系。例如,计算机软件专业的学生必须学习一系列规定的课程,那么学生应该按照怎样的顺序来学习这些课程呢?可以把这个问题看成是一个工程,其活动就是学习每一门课程。图 6.25 列出了若干门必修的课程,其中有些课程不要求先修课程,例如,C1 是独立于其他课程的基础课;而有些课程却需要有先修课程,例如,学完程序设计语言和离散数学后才能学习数据结构。先修课程规定了课程之间的优先关系,这种优先关系可以用图 6.26 所示的 AOV 网来表示,其中,顶点表示课程,弧表示先修关系。

课程编号	课程名称	先修课程
C1	高等数学	无
C2	程序设计语言	无
C3	离散数学	C2
C4	数据结构	C2, C3
C5	数字电路基础	C1
C6	计算机组成原理	C5
C7	操作系统	C4, C6
C8	编译原理	C2, C4
C9	算法分析与设计	C2, C4
C10	软件工程学	C4, C7, C9
C11	数值分析	C1, C2

图 6.25   课程及课程之间的优先关系

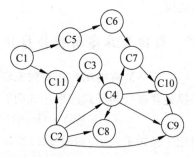

图 6.26   表示课程之间优先关系的 AOV 网

AOV 网中不能出现回路,否则意味着某活动的开始要以自己的完成作为先决条件,显然,这是荒谬的。如果图 6.26 出现了回路,则教学计划将无法编排。因此,判断 AOV 网所代表的工程能否顺利进行,就是要检测它是否存在回路。而测试 AOV 网是否存在回路的方法,则是对 AOV 网进行拓扑排序。

设 $G=(V,E)$ 是一个具有 n 个顶点的有向图,V 中的顶点序列 $v_1,v_2,\cdots,v_n$ 称为一个拓扑序列(topological order),当且仅当满足下列条件:若从顶点 v_i 到 v_j 有一条路径,则在顶点序列中顶点 v_i 必在顶点 v_j 之前。对一个有向图构造拓扑序列的过程称为**拓扑排序**(topological sort)。

若某个 AOV 网中所有顶点都在拓扑序列中,则说明该 AOV 网不存在回路。以图 6.26 所示 AOV 网为例,可以得到一个拓扑序列 C1,C2,C3,C4,C5,C11,C6,C7,C8,C9,C10。若某个学生每学期只学习一门课程,必须按这个拓扑有序的顺序来安排学习计划。显然,对于任何一项工程中各个活动的安排,必须按拓扑序列中的顺序进行才是可行的,并且一个 AOV 网的拓扑序列可能不唯一。

那么,如何对 AOV 网进行拓扑排序呢? 其基本思想如下。

(1) 从 AOV 网中选择一个没有前趋的顶点并且输出它。

(2) 从 AOV 网中删去该顶点,并且删去所有以该顶点为尾的弧。

(3) 重复上述两步,直到全部顶点都被输出,或 AOV 网中不存在没有前趋的顶点为止。

显然,拓扑排序的结果有两种:AOV 网中全部顶点都被输出,这说明 AOV 网中不存在回路;AOV 网中顶点未被全部输出,剩余的顶点均不存在没有前趋的顶点,这说明 AOV 网中存在回路。

以图 6.27(a)中的有向图为例,v_1 和 v_4 没有前趋,可任选一个,假设先输出 v_1,在删除 v_1 及弧 $<v_1,v_2>$、$<v_1,v_3>$ 之后,顶点 v_2 和 v_4 没有前趋,则输出 v_4,删除弧 $<v_4,v_3>$、$<v_4,v_5>$,这时顶点 v_2、v_3、v_5 都没有前趋,依此类推,可从中任选一个继续进行。整个排序的过程如图 6.27(b)~(f)所示。最后得到该有向图的拓扑有序序列为 $v_1 \rightarrow v_4 \rightarrow v_2 \rightarrow v_3 \rightarrow v_5 \rightarrow v_6$。

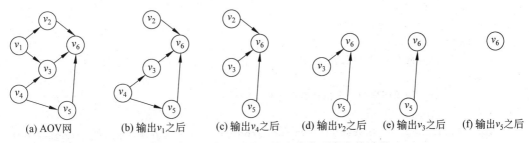

(a) AOV网   (b) 输出v_1之后   (c) 输出v_4之后   (d) 输出v_2之后   (e) 输出v_3之后   (f) 输出v_5之后

图 6.27 AOV 网及其拓扑有序序列产生的过程

如何在计算机中实现呢? 因为在拓扑排序的过程中需要查找所有以某个顶点为尾的弧,需要找到该顶点的所有出边,所以,图应该采用邻接表存储。另外,在拓扑排序过程中,需要查找没有前趋的顶点,即入度为零的顶点,删除该顶点及以它为弧尾的弧,这就需要同时将弧头顶点的入度减一来表示该弧被删除了。因此,需设置一个存放顶点入度的数组(indegree)。同时,为了重复检测入度为零的顶点,可设一个栈来暂存所有入度为零的顶点,由此可得拓扑排序的算法如算法 6.6 所示。

算法 6.6   拓扑排序

```
void TopologicalSort (ALGraph G,int n)   /* 含有 n 个顶点的有向图 G 采用邻接表存储 */
{ /* 若 G 无回路,则输出 G 的顶点的拓扑有序序列 */
   int i,k,count,indegree[n];
   int top;                    /* 栈顶指针 */
   ArcNode * p;
   FindInDegree(G,indegree);  /* 对各顶点求入度 indegree[0..vernum-1] */
   top=0;                      /* 初始化栈,栈顶指针始终指向栈顶元素的下一个位置 */
   for(i=0;i<G.vexnum;++i)     /* 建零入度顶点栈 S */
     if(indegree[i]==0)
       { indegree[i]=top;      /* 将 indegree 中入度为 0 的单元作为链栈,用于存放顶
                                 点序号 */
        top=i+1;               /* 修改栈顶指针 */
       } /* if */
   count=0;                    /* 对输出顶点计数 */
   while(top!=0))              /* 栈不空 */
     { i=top-1;                /* 栈顶指针值赋给 i */
       top=indegree[i];        /* 取一入度为零的顶点 i */
       printf("%c",G.adjlist[i].vertex);    /* 输出 i 号顶点并计数 */
       ++count;
       for(p=G.adjlist[i].firstarc;p;p=p->nextarc)
                               /* 对 i 号顶点的每个邻接点的入度减 1 */
       { k=p->adjvex;
        if((--indegree[k]==0))     /* 若入度减 1 为 0,则入栈 */
          { indegree[k]=top;
            top=k+1;
          } /* if */
       } /* for */
     } /* while */
  if(count<G.vexnum)
     printf("此有向图有回路\n");
else
     printf("输出序列为一个拓扑有序序列。\n");
} /* TopologicalSort */
void FindInDegree(ALGraph G,int indegree[])        /* 对各顶点求入度 indegree */
{ int i;
  ArcNode * p;
  for(i=0;i<G.vexnum;i++)
     indegree[i]=0;            /* 数组初始化 */
  for(i=0;i<G.vexnum;i++)
     { p=G.adjlist[i].firstarc; /* p 指向第一条弧 */
```

```
    while(p)
     { indegree[p->adjvex]++;
      p=p->nextarc;
     } /* while */
   } /* for */
 } /* FindInDegree */
```

分析算法 6.6,对有 n 个顶点和 e 条弧的有向图而言,求各顶点的入度的时间复杂度为 $O(e)$;建零入度顶点栈的时间复杂度为 $O(n)$;在拓扑排序过程中,若有向图无环,则每个顶点进一次栈,出一次栈,入度减 1 的操作在 while 语句中总共执行 e 次,所以,总的时间复杂度为 $O(n+e)$。

6.5.3 关键路径

在 6.5.2 节的 AOV 网中,有向图的顶点表示一项活动,有向边表示活动之间的优先关系。在实际应用中,活动之间除了先后关系外,还有时间上的约束。在一个表示工程的带权有向图中,用顶点表示事件,用有向边表示活动,边上的权值表示活动的持续时间,称这样的有向图为边表示活动的网,简称 **AOE 网**(Activity On Edge network)。在 AOE 网中,顶点表示它的入边的活动已经完成,它的出边的活动可以开始的一种状态。通常,AOE 网可用来估算工程的完成时间。

由于整个工程只有一个开始点和一个完成点,故在正常的情况(无环)下,AOE 网中只有一个入度为零的顶点称为**源点**,只有一个出度为零的顶点称为**汇点**。

AOE 网具有以下两个性质:

(1) 只有在某顶点所代表的事件发生后,从该顶点出发的各活动才能开始。

(2) 只有在进入某顶点的各活动都已经结束后,该顶点所代表的事件才能发生。

例如,图 6.28 是一个包括 12 项活动和 9 个事件的 AOE 网。

如果用 AOE 网来表示一项工程,那么仅仅考虑各个活动之间的优先关系还不够,更多的是关心

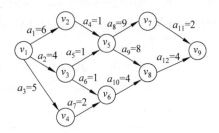

图 6.28 AOE 网

整个工程完成的最短时间是多少,哪些活动的延期将会影响整个工程的进度,而加速这些活动是否会提高整个工程的效率。

因为在 AOE 网中,有些活动可以同时进行,例如图 6.28 中,顶点 v_1 表示可以开工了这样一个事件,活动 a_1、a_2 和 a_3 可以同时开工;顶点 v_5 表示活动 a_4 和 a_5 完工了,a_8 和 a_9 可以同时开工这样一个事件。所以,完成一个工程所需的最短时间是从源点到汇点的最长路径长度。具有最长长度的路径被称为**关键路径**(critical path),这里的路径长度是指路径上的各权值之和。关键路径上的活动称为**关键活动**(critical activity)。关键路径长度是整个工程所需的最短工期。也就是说,要缩短整个工期,必须加快关键活动的进度。如图 6.28 所示,路径 v_1-v_2-v_5-v_8-v_9 就是一条路径长度为 19 的关键路径,活动 a_1、a_4、a_9

和 a_{12} 是关键活动，只有加速这 4 个关键活动，才能缩短整个工程的工期。

那么，对于一个 AOE 网，如何求其关键路径并确定其关键活动呢？这就需要定义如下几个参量。

1）事件的最早发生时间 ve[k]

ve[k] 是指从源点到顶点 k 的最长路径长度。这个长度决定了所有从顶点 v_k 发出的活动能够开工的最早时间。根据 AOE 网的性质，只有进入 v_k 的所有活动 $<v_j, v_k>$ 都结束时，v_k 代表的事件才能发生；而活动 $<v_j, v_k>$ 的最早结束时间为 $\mathrm{ve}[j] + \mathrm{dut}(<v_j, v_k>)$。所以，计算 v_k 的最早发生时间的方法如下：

$$\begin{cases} \mathrm{ve}[1] = 0 \\ \mathrm{ve}[k] = \max\{\mathrm{ve}[j] + \mathrm{dut}(<v_j, v_k>)\} <v_j, v_k> \in T[k], \quad 1 \leqslant k \leqslant n-1 \end{cases}$$

其中，$T[k]$ 表示所有到达 v_k 的有向边的集合；$\mathrm{dut}<v_j, v_k>$ 为有向边 $<v_j, v_k>$ 上的权值。由公式可知：$\mathrm{ve}[k]$ 必须在 v_k 的所有前趋顶点的最早发生时间求得之后才能确定，因此，求 ve[k] 是在拓扑有序的前提下进行的。例如，图 6.28 中的各顶点事件的最早发生时间如下表所示：

顶点	v_1	v_2	v_3	v_4	v_5	v_6	v_7	v_8	v_9
ve[i]	0	6	4	5	7	7	16	15	19

2）事件的最迟发生时间 vl[k]

vl[k] 是指在不推迟整个工期的前提下，事件 v_k 允许的最迟发生时间。有向边 $<v_k, v_j>$ 代表从 v_k 出发的活动，为了不拖延整个工期，v_k 发生的最迟时间必须保证不推迟从事件 v_k 出发的所有活动 $<v_k, v_j>$ 的终点 v_j 的最迟时间 vl[j]，因此，求 vl[k] 是在逆拓扑有序的前提下进行的。vl[k] 的计算方法如下：

$$\begin{cases} \mathrm{vl}[n] = \mathrm{ve}[n] \\ \mathrm{vl}[k] = \min\{\mathrm{vl}[j] + \mathrm{dut}(<v_k, v_j>)\} <v_k, v_j> \in S[k], \quad 1 \leqslant k \leqslant n-1 \end{cases}$$

其中，$S[k]$ 表示所有以 v_k 为弧尾的弧的集合。例如，图 6.28 中各顶点事件的最迟发生时间如下表所示：

顶点	v_1	v_2	v_3	v_4	v_5	v_6	v_7	v_8	v_9
vl[i]	0	6	6	9	7	11	17	15	19

3）活动 a_i 的最早发生时间 ee[i]

若活动 a_i 是由弧 $<v_j, v_k>$ 表示，根据 AOE 网的性质，只有事件 v_j 发生了，活动 a_i 才能开始。也就是说，活动 a_i 的最早发生时间应等于事件 v_j 的最早发生时间。因此，有 ee[i] = ve[j]。例如，图 6.28 中各活动的最早发生时间如下表所示：

活动	a_1	a_2	a_3	a_4	a_5	a_6	a_7	a_8	a_9	a_{10}	a_{11}	a_{12}
ee[i]	0	0	0	6	4	4	5	7	7	7	16	15

4）活动 a_i 的最迟发生时间 el[i]

活动 a_i 的最迟发生时间是指，在不推迟整个工期的前提下，a_i 必须开始的最迟时间。若 a_i 由有向边 $<v_j,v_k>$ 表示，则 a_i 的最迟发生时间要保证事件 v_k 的最迟发生时间不拖后。因此，应该有：

$$el[i] = vl[k] - dut(< v_j, v_k >)$$

例如，图 6.28 中各活动的最迟发生时间如下表所示：

活动	a_1	a_2	a_3	a_4	a_5	a_6	a_7	a_8	a_9	a_{10}	a_{11}	a_{12}
el[i]	0	2	4	6	6	10	9	8	7	11	17	15

根据每个活动的最早发生时间 ee[i] 和最迟发生时间 el[i]，就可判定该活动是否为关键活动，也就是那些 e1[i]＝ee[i] 的活动就是关键活动，而那些 el[i]＞ee[i] 的活动则不是关键活动，el[i]－ee[i] 的值为活动的时间余量。关键活动确定之后，关键活动所在的路径就是关键路径。例如，图 6.28 中，关键活动为 a_1、a_4、a_9 和 a_{12}。下面给出求关键路径的步骤：

（1）输入 e 条弧 $<v_j,v_k>$，建立 AOE 网的存储结构。

（2）从源点 v_1 出发，令 ve[1]＝0，按拓扑有序序列次序求其余各顶点的最早发生时间 ve[k]（$2 \leqslant k \leqslant n$），ve[$k$]＝max{ve[$j$]＋dut($<v_j,v_k>$)}；如果得到的拓扑有序序列中的顶点个数小于网中顶点个数 n，说明网中存在环路，不能求关键路径，算法终止，否则执行步骤（3）。

（3）从汇点 v_n 出发，令 vl[n]＝ve[n]，按逆拓扑有序序列次序求其余各顶点的最迟发生时间 vl[k]（$n-1 \geqslant k \geqslant 1$），vl[$k$]＝min{vl[$j$]－dut($<v_k,v_j>$)}。

（4）根据各顶点的 ve 值和 vl 值，求每条弧的最早开始时间 ee[i] 和最迟开始时间 el[i]；ee[i] 等于弧 i 的弧尾顶点 v_k 的最早发生时间 ve[k]，而 el[i] 等于弧头顶点 v_k 的最迟发生时间 vl[k] 减去弧 i 的权值；若某条弧 i 满足 ee[i]＝el[i]，则为关键活动，由所有关键活动构成网的一条或几条关键路径。

综上所述，计算各顶点的 ve 值是在拓扑排序的过程中进行的，因此需对拓扑排序的过程作如下修改：

（1）在拓扑排序之前，设初值，令 ve[i]＝0（$0 \leqslant i \leqslant n-1$）。

（2）在拓扑排序过程中增加一个计算 v_j 的直接后继 v_k 的最早发生时间的操作：若 ve[j]＋dut($<v_j,v_k>$)＞ve[k]，则 ve[k]＝ve[j]＋dut($<v_j,v_k>$)。

（3）为了能按逆拓扑有序序列的顺序计算各顶点的 vl 值，需记下在拓扑排序过程中求得的拓扑有序序列，这里可以利用在拓扑排序过程中存放顶点入度的数组 indegree 来记录拓扑有序序列，即将入度为 0 的 indegree 单元用作链式栈，并在栈元素出栈后反向拉链，这样在计算求得各顶点的 ve 值之后，链栈中存放的就是逆拓扑有序序列。

利用网的邻接表存储 AOE 网，下面给出了求关键路径和关键活动的算法描述。

算法 6.7　求关键路径和关键活动

```
void CriticalPath (ALGraph G, int n) /* G 为用邻接表存储的含有 n 个顶点的 AOE 网 */
```

```
{ ArcNode * p;
  int i,j,k,v,dut,indegree[n];    /* indegree 存放顶点入度 */
  int top1=0,top2=0;              /* 栈顶指针初始化 */
  int ve[n];vl[n];                /* 用于存放顶点的最早发生时间和最迟发生时间 */
  FindInDegree(G, indegree);      /* 求各顶点的入度,见算法 6.6 */
  for(i=0;i<G.vexnum;i++)
     ve[i]=0;                     /* 最早发生时间数组赋初值 */
  for(i=0;i<G.vexnum;i++)
  if(indegree[i]==0)
  { indegree[i]=top1;             /* 入度为 0 的顶点入栈 */
    top1=i+1;
  } /* if */
  while(top1!=0)                  /* 按拓扑排序次序计算 ve */
    { v=top1-1;
      top1=indegree[v];           /* 取栈顶元素 */
      indegree[v]=top2;           /* 同时栈顶元素在反向入栈,以便得到拓扑逆序列 */
      top2=v+1;
      p=G.adjlist[v].firstarc;    /* 检测 v 的边链表 */
      while(p!=NULL)
        { dut=p->weight;
          j=p->adjvex;
          if(ve[v]+dut>ve[j])
          ve[j]=ve[v]+dut;        /* 计算 ve[j] */
          if(--indegree[j]==0)    /* 邻接点入度减 1,为 0 则进栈 */
            { indegree[j]=top1;   /*
              top1=j+1;           /* 栈顶指针加 1 */
            } /* if */
          p=p->nextarc;           /* 指向下一个邻接点 */
        } /* while */
    } /* while */
  for(i=0;i<G.vexnum;i++)
     vl[i]=ve[top2-1];            /* 最迟发生时间初始化 */
  while(top2!=0)                  /* 按拓扑逆序计算 vl 的值 */
    { v=indegree[top2-1];         /* 取栈顶元素 */
      top2=v+1;                   /* top2 指向新的栈顶 */
      p=G.adjlist[v].firstarc;
      while(p!=NULL)
        {j=p->adjvex;
         dut=p->weight;
         if(vl[j]-dut<vl[v]) vl[v]=vl[j]-dut;
         p=p->nextarc;
        } /* while */
    } /* while */
  for(i=0;i<G.vexnum;i++)         /* 求 ee、el 和关键活动 */
```

```
  { p=G.adjlist[i].firstarc;    /* p指向邻接表中第 i 个链表的第一个结点 */
    while(p!=NULL)              /* 处理 vi 与第 i 个链表中各顶点组成的弧 */
     { k=p->adjvex;
       dut=p->weight;
       ee=ve[i];                /* ee 等于 vi 的最早发生时间 */
       el=vl[k]-dut;            /* el 等于 vk 的最迟发生时间减去弧<vi,vk>的权值 */
       if(ee==el)              /* 若是关键活动,则输出<vi,vk>和权值 */
       printf("边 v%d to v%d : 权值为: %d\t",j,k,dut);
       p=p->nextarc;
     } /* while */
  } /* for */
} CriticalPath
```

在算法中,处理顶点的时间复杂度为 $O(n)$,计算 ve 和 vl 的时间复杂度都是 $O(n)$,确定关键活动(包括计算 ee 和 el)的时间复杂度都是 $O(e)$,所以算法总的时间复杂度为 $O(n+e)$。

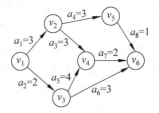

图 6.29　AOE 网

例 6.9　如图 6.29 所示是一个含有 8 个子工程的 AOE 网,问:

(1) 完成整个工程最短需要多少时间?

(2) 哪些活动是关键活动?

(3) 是否存在这样的活动,加快它的进度可使整个工程提前完工?

利用算法 6.7 计算的结果如表 6.1 所示。关键活动为 a_1,a_2,a_3,a_5 和 a_7,组成两条由源点到汇点的关键路径 $v_1 \rightarrow v_2 \rightarrow v_4 \rightarrow v_6$ 和 $v_1 \rightarrow v_3 \rightarrow v_4 \rightarrow v_6$。

表 6.1　图 6.29 AOE 网中顶点发生时间和活动开始时间

顶点	ve	vl	活动	ee	el	el−ee
v_1	0	0	a_1	0	0	0
v_2	3	3	a_2	0	0	0
v_3	2	2	a_3	3	3	0
v_4	6	6	a_4	3	4	1
v_5	6	7	a_5	2	2	0
v_6	8	8	a_6	2	5	3
			a_7	6	6	0
			a_8	6	7	1

实践已经证明:用 AOE 网来估算某些工程完成的时间是非常有用的。但是,由于网中各项活动是互相牵涉的,因此影响关键活动的因素亦是多方面的,任何一项活动持续时间的改变都会影响关键路径的改变。例如图 6.29 中,若 a_4 的持续时间改为 4,则可发现 a_4 和 a_8 也成为关键活动,关键路径由两条增加到三条;如果 a_4 的持续时间改为 5,则 $v_1 \rightarrow v_2 \rightarrow v_4 \rightarrow v_6$ 和 $v_1 \rightarrow v_3 \rightarrow v_4 \rightarrow v_6$ 不再是关键路径,关键路径变为 $v_1 \rightarrow v_2 \rightarrow v_5 \rightarrow v_6$ 了。由此

可见,关键活动的速度提高是有限的,只有在不改变网的关键路径的情况下,提高关键活动的速度才有效。另一方面,若网中有几条关键路径,那么单单提高一条关键路径上的关键活动的速度不能导致整个工程缩短工期,而必须提高同时在几条关键路径上的活动的速度。

6.5.4 最短路径

最短路径问题是图的一个比较典型的应用问题。例如,某一地区的一个公路网,给定了该网内的 n 个城市及这些城市之间相通公路的距离,能否找到城市 A 到城市 B 之间一条距离最近的通路呢? 如果将城市用顶点表示,城市间的公路用边表示,公路的长度作为边的权,那么这个问题就可归结为在网中求点 A 到点 B 的所有路径中边的权值之和最短的那一条路径,这条路径就是两点之间的**最短路径**,并称路径上的第一个顶点为**源点**(sourse),最后一个顶点为**终点**(destination)。有时人们关心的不是 A 与 B 之间的最短距离,而是从 A 到 B 怎样最节省时间,或者怎样最节省费用问题,这时边上的权值可以表示 A 与 B 之间需要的时间或花费。无论权值的含义如何,A 与 B 之间的最短路径就是从 A 到 B 所经历的边的权值之和的最小值。在不带权的图中,最短路径是指两点之间经历的边数最少的路径。下面讨论两种最常见的最短路径问题。

1. 单源点的最短路径问题

所谓单源点的最短路径,就是给定带权有向图 G 和源点 v,求从 v 出发到 G 中其余各顶点的最短路径。单源点的最短路径问题的一个应用实例是关于计算机网络传输的问题:怎样找到一种经济的方式,从一台计算机向网上所有其他计算机发送一条消息。

例如,图 6.30 所示带权有向图 G_{12} 中从 v_1 到其余各顶点之间的最短路径如图 6.31 所示。从图中可见,从 v_1 到 v_3 有 3 条不同的路径:(v_1, v_2, v_3)、(v_1, v_4, v_3) 和 (v_1, v_2, v_4, v_3),路径长度分别为 10、7 和 6,因此,(v_1, v_2, v_4, v_3) 是最短路径。如何求得这些路径? 迪杰斯特拉(Dijkstra)提出了一个按路径长度递增的次序产生最短路径的算法。

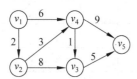

始点	终点	最短路径	长度
v_1	v_2	(v_1, v_2)	2
	v_3	(v_1, v_2, v_4, v_3)	6
	v_4	(v_1, v_2, v_4)	5
	v_5	$(v_1, v_2, v_4, v_3, v_5)$	11

图 6.30 带权有向图 G_{12} 图 6.31 有向图 G_{12} 中从 v_1 到其余各顶点的最短路径

Dijkstra 算法的基本思想是:把网中所有顶点分成两组:第一组是已确定最短路径的顶点集合 S;第二组是尚未确定最短路径的顶点集合 $V-S$。初始状态时,集合 S 中只包含源点 v,然后不断从集合 $V-S$ 中选取到顶点 v 的路径长度最短的顶点 u 加入到集合 S 中,每加入一个新的顶点 u,集合 S 都要修改顶点 v 到集合 $V-S$ 中剩余顶点的最短路径长度值。因为加入了顶点 u,可能从 v 到 u,再到集合 $V-S$ 中各顶点的路径长度更短,因此集合 $V-S$ 中各顶点新的最短路径长度值为该顶点原来的最短路径长度值与经过顶点 u 后再到达该顶点的路径长度值中的较小值。过程不断重复,直到集合 $V-S$ 的顶点

全部加入到 S 中为止。

为实现 Dijkstra 算法,首先引进一个辅助向量 D,它的每个分量 $D[i]$ 表示当前所找到的从始点 v 到每个终点 v_i 的最短路径的长度。它的初态为:若从 v 到 v_i 有弧,则 $D[i]$ 为弧上的权值;否则置 $D[i]$ 为 ∞。显然,长度为

$$D[j] = Min\{D[i]\ v_i \in V\}$$

的路径就是从 v 出发的长度最短的一条路径,此路径为 (v, v_j)。

那么,下一条长度次短的路径是哪一条呢?假设该次短路径的终点是 v_k,则这条路径或者是 $<v, v_k>$,或者是 $<v, v_j, v_k>$。它的长度或者是从 v 到 v_k 的弧上的权值,或者是 $D[j]$ 和从 v_j 到 v_k 的弧上的权值之和。

依照前面介绍的算法思想,在一般情况下,下一条长度次短的最短路径的长度必是:

$$D[j] = Min\{D[i]\ |\ v_i \in V-S\}$$

其中,$D[i]$ 或者是弧 $<v, v_i>$ 上的权值,或者是 $D[k]$($v_k \in S$)和弧 $<v_k, v_i>$ 上的权值之和。

根据以上分析可以得到如下描述的算法:

(1) 因为在算法的执行过程中需要快速地求得任意两个顶点之间边的权值,所以图采用带权的邻接矩阵存储。arcs$[i][j]$ 表示弧 $<v_i, v_j>$ 上的权值。若 $<v_i, v_j>$ 不存在,则置 arc$[i][j]$ 为 ∞(在计算机上可用允许的最大值代替)。S 为已找到从 v 出发的最短路径的终点的集合,它的初始状态只有 v。那么,从 v 出发到图上其余各顶点(终点)v_i 可能达到的最短路径长度的初值为

$$D[i] = arcs[LocatcVex(G,v)][i]\quad (v_i \in V)$$

(2) 选择 v_j,使得:

$$D[j] = Min\{D[i]\ |\ v_i \in V-S\}$$

v_j 就是当前求得的一条从 v 出发的最短路径的终点。令:

$$S = S \cup \{j\}$$

(3) 修改从 v 出发到集合 $V-S$ 上任一顶点 v_k 可达的最短路径长度。如果

$$D[j] + arcs[j][k] < D[k]$$

则修改 $D[k]$ 为

$$D[k] = D[j] + arcs[j][k]$$

(4) 重复操作(2)和(3)共 $n-1$ 次。求得从 v 到图上其余各顶点的最短路径是依路径长度递增的序列。

在求最短路径的过程中,设一数组 T 用于记录顶点 v 是否已经确定了最短路径,若 $T[v]=1$,表明顶点 v 已经确定了最短路径;若 $T[v]=0$,表明还没确定最短路径。最短路径长度记在 D 数组中,同时还需要把路径也记下。为此,设一维数组 path,path$[i]$ 中存放从 v_k 到 v_i 的路径上 v_i 前一个顶点的序号;若从 v_k 到 v_i 无路径可达,则 v_i 前一个顶点序号用 0 表示(即 path$[i]=0$)。在算法结束时,沿着顶点 v_i 对应的 path$[i]$ 向前追溯就能确定从 v_k 到 v_i 的最短路径,其最短路径长度为 $D[i]$。

Dijkstra 算法的 C 语言描述如算法 6.8 所示。

算法 6.8　求单源点的最短路径的 Dijkstra 算法

```
#define MAX-N 100
void Dijkstra (Mgraph G,char v,int n)     /* 在邻接矩阵存储的含有 n 个顶点的图 G 中,
                                             求从顶点 v 到其余各顶点间的最短距离 */
{ int D[MAX],path[MAX-N],T[MAX-N];
  int i,j,m,k,min=9999;
  k=LocatVex(G,v);                  /* 求顶点 v 在图 G 中的位置,见算法 6.1 */
  if(k=-1) return;                  /* 顶点 v 不存在 */
  for(i=0;i<G.vexnum;i++)
    { D[i]=G.arcs[k][i];            /* 数组 D 初始化 */
      T[i]=0;                       /* 该顶点还没确定最短路径 */
      if(D[i]<min)
         path[i]=k;                 /* path 数组初始化 */
      else path[i]=0;
    } /* for */
  T[k]=1;                           /* 将源点 v 加入到最短路径的集合 S 中 */
  for(m=1;m<G.vexnum;m++)           /* 在 V-S 中选其余的 G.vexnum-1 个顶点 */
    { min=9999;                     /* 预置路径长度最大值,即∞ */
      j=-1;                         /* 设求最短路径结束标志 */
      for(i=0;i<G.vexnum;i++)       /* 在 V-S 中找距离 v 最近的顶点 j */
        if(T[i]==0 && D[i]<min)
          { j=i;                    /* j 即为路径长度最短的边依附在 V-S 中的顶点 */
            min=D[i];
          } /* if */
      if(j==-1) break;              /* 已无顶点可加入 S,结束 */
      else
        { T[j]=1;                   /* 顶点 j 已是最短路径上的顶点 */
          for(i=0;i<G.vexnum;i++)
            if(T[i]=0&& D[j]+G.arcs[j][i]<D[i])
              { D[i]=D[j]+G.arcs[j][i];   /* 更新 D 的值,使其始终存放最小值 */
                path[i]=j;          /* 修改 V-S 集合中各顶点的最短路径 */
              } /* if */
        } /* else */
    } /* for */
} /* Dijkstra */
```

使用 Dijkstra 算法,对于图 6.32 所示的有向图 G_{13},求从顶点 v_0 到其他各顶点的最短路径及算法执行过程中 D 数组和 path 数组的变化情况,如表 6.2 所示。

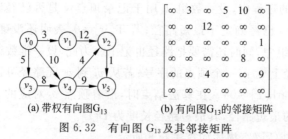

　(a) 带权有向图G_{13}　　　　(b) 有向图G_{13}的邻接矩阵

图 6.32　有向图 G_{13} 及其邻接矩阵

表 6.2 用 Dijkstra 算法求图 G_{13} 中从顶点 v_0 到其他各顶点最短路径过程示意图

终点	D 数组(i 为执行次数)					path 数组(i 为执行次数)					终态
	$i=1$	$i=2$	$i=3$	$i=4$	$i=5$	$i=1$	$i=2$	$i=3$	$i=4$	$i=5$	path
v_1	3 (v_0,v_1)					0					0
v_2	∞	15 (v_0,v_1,v_2)	15 (v_0,v_1,v_2)	14 (v_0,v_4,v_2)		0	1		4		4
v_3	5 (v_0,v_3)	5 (v_0,v_3)				0					0
v_4	10 (v_0,v_4)	10 (v_0,v_4)	10 (v_0,v_4)			0					0
v_5	∞	∞	∞	19 (v_0,v_4,v_5)	15 (v_0,v_4,v_2,v_5)	0			4	2	2
v_j	v_1	v_3	v_4	v_2	v_5						
S	$\{v_0,v_1\}$	$\{v_0,v_1,v_3\}$	$\{v_0,v_1,v_3,v_4\}$	$\{v_0,v_1,v_3,v_4,v_2\}$	$\{v_0,v_1,v_3,v_4,v_2,v_5\}$						
最短路径	$\{v_0,v_1\}$ D[1]=3	$\{v_0,v_3\}$ D[3]=5	$\{v_0,v_4\}$ D[4]=10	$\{v_0,v_4,v_2\}$ D[2]=14	$\{v_0,v_4,v_2,v_5\}$ D[5]=15						

由表 6.2 可以看出,各顶点进入 S 的次序为 v_0,v_1,v_3,v_4,v_2,v_5。要求 v_0 到某个顶点 v_i 的最短路径,可由 path[i] 回溯得到。例如,求 v_0 到 v_5 的最短路径,可由 path[5]=2 回溯到 path[2]=4,再由 path[4] 回溯到 path[0]=0,则得到最短路径为 v_0,v_4,v_2,v_5,最短路径长度为 D[5]=15。

下面分析这个算法的运行时间。第一个 for 循环的时间复杂度是 $O(n)$,第二个 for 循环共进行了 $n-1$ 次,每次执行的时间是 $O(n)$,所以总的时间复杂度是 $O(n^2)$。如用带权的邻接表作为有向图的存储结构,则虽然修改 D 的时间可以减少,但由于在 D 向量中选择最小分量的时间不变,所以总的时间仍为 $O(n^2)$。

2. 每一对顶点之间的最短路径

求所有顶点对之间的最短路径的最简单的方法是:每次以一个顶点为源点重复执行 Dijkstra 算法 n 次来求得,总的执行时间为 $O(n^3)$。下面介绍由费洛伊德(E. W. Floyd)提出的另一个算法,该算法也是用邻接矩阵 arcs 表示有向网,设用矩阵 **D** 表示路径长度,其时间复杂度也是 $O(n^3)$,但在形式上更简单些。

Floyd 算法的基本思想是:设求从顶点 v_i 到 v_j 的最短路径。如果从 v_i 到 v_j 有弧,则从 v_i 到 v_j 存在一条长度为 arcs[i][j] 的路径,该路径不一定是最短路径,尚需进行 n 次试探。首先考虑路径 (v_i,v_0,v_j) 是否存在(即判别弧 (v_i,v_0) 和 (v_0,v_j) 是否存在)。如果存在,则比较 (v_i,v_j) 和 (v_i,v_0,v_j) 的路径长度,取长度较短者为从 v_i 到 v_j 的中间顶点的序号不大于 0 的最短路径。假如在路径上再增加一个顶点 v_1,也就是说,如果 $(v_i,\cdots,v_1)$ 和 $(v_1,\cdots,v_j)$ 分别是当前找到的中间顶点的序号不大于 0 的最短路径,那么 $(v_i,\cdots,v_1,\cdots,v_j)$ 就有可能是从 v_i 到 v_j 的中间顶点的序号不大于 1 的最短路径。将它和已经得

到的从 v_i 到 v_j 中间顶点序号大于 0 的最短路径相比较,从中选出中间顶点的序号不大于 1 的最短路径之后,再增加一个顶点 v_2,继续进行试探,依此类推。在一般情况下,若 $(v_i,\cdots,v_k)$ 和 $(v_k,\cdots,v_j)$ 分别是从 v_i 到 v_k 和从 v_k 到 v_j 的中间顶点的序号不大于 $k-1$ 的最短路径,则将 $(v_i,\cdots,v_k,\cdots,v_j)$ 和已经得到的从 v_i 到 v_j 且中间顶点序号不大于 $k-1$ 的最短路径相比较,其长度较短者便是从 v_i 到 v_j 的中间顶点的序号不大于 k 的最短路径。这样,在经过 n 次比较后,求得的必是从 v_i 到 v_j 的最短路径。按此方法,可以同时求得各对顶点间的最短路径。

综上所述,Floyd 算法的基本思想是递推地产生 n 阶的矩阵序列:

$$\boldsymbol{D}^{(-1)},\boldsymbol{D}^{(0)},\boldsymbol{D}^{(1)},\cdots,\boldsymbol{D}^{(k)},\cdots,\boldsymbol{D}^{(n-1)}$$

其中:

$$\boldsymbol{D}^{(-1)}[i][j] = G.\mathrm{arcs}[i][j]$$
$$\boldsymbol{D}^{(k)}[i][j] = \mathrm{Min}\{\boldsymbol{D}^{(k-1)}[i][j],\boldsymbol{D}^{(k-1)}[i][k]+\boldsymbol{D}^{(k-1)}[k][j]\} \quad 0\leqslant k\leqslant n-1$$

从上述计算公式可见,$\boldsymbol{D}^{(1)}[i][j]$ 是从 v_i 到 v_j 的中间顶点的序号不大于 1 的最短路径长度;$\boldsymbol{D}^{(k)}[i][j]$ 是从 v_i 到 v_j 的中间顶点的序号不大于 k 的最短路径的长度;$\boldsymbol{D}^{(n-1)}[i][j]$ 是从 v_i 到 v_j 的最短路径的长度。

为了实现 Floyd 算法,还需引入一个矩阵 path。path$[i][j]$ 是从 v_i 到 v_j 的最短路径上 v_j 前一个顶点的序号,并约定从 v_i 到 v_j 无路径时 path$[i][j]=-1$。在求得最短路径后由 path$[i][j]$ 的值向前追溯,可以得到从 v_i 到 v_j 的最短路径。算法的形式化描述如下。

算法 6.9　求每一对顶点之间的最短路径的 Floyd 算法

```
#define MAX-N 100
void Floyd(Mgraph G,int n)                /* 在邻接矩阵存储的含有 n 个顶点的图 G 中,
                                             求每对顶点间的最短距离 */
{ int D[MAX-N][MAX-N],path[MAX-N][MAX-N];
  int i,j,k,max=9999;
  for(i=0;i<G.vexnum;i++)                 /* D 数组和 path 数组初始化 */
    for(j=0;j<G.vexnum;j++)
      { D[i][j]=G.arcs[i][j];             /* 给 D 赋值 */
        if(i==j)  path[i][j]=-1;
        else
        if(a[i][j]<max) path[i][j]=i; /* 从 vi 到 vj 直接有路径 */
        else path[i][j]=-1;
      } /* for */
  for(k=0;k<G.vexnum;k++)
    for(i=0;i<G.vexnum;i++)
      for(j=0;j<G.vexnum;j++)
        if(D[i][k]+D[k][j]<D[i][j])       /* 从 vi 经过顶点 vk 到 vj 的一条路径更短 */
        { D[i][j]=D[i][k]+D[k][j];
          path[i][j]=path[j][k];
        } /* if */
}
```

```
/* Floyd */
```

对于图 6.33 所示的有向带权图,按照 Floyd 算法产生的两个矩阵序列,如图 6.34 所示。

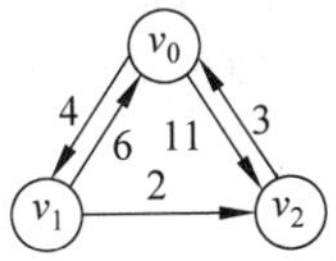

$$\begin{bmatrix} \infty & 4 & 11 \\ 6 & \infty & 2 \\ 3 & \infty & \infty \end{bmatrix}$$

图 6.33 有向图及其邻接矩阵

$$\boldsymbol{D}^{(-1)} = \begin{bmatrix} \infty & 4 & 11 \\ 6 & \infty & 2 \\ 3 & \infty & \infty \end{bmatrix} \quad \boldsymbol{D}^{(0)} = \begin{bmatrix} \infty & 4 & 11 \\ 6 & \infty & 2 \\ 3 & 7 & \infty \end{bmatrix} \quad \boldsymbol{D}^{(1)} = \begin{bmatrix} \infty & 4 & 6 \\ 6 & \infty & 2 \\ 3 & 7 & \infty \end{bmatrix} \quad \boldsymbol{D}^{(2)} = \begin{bmatrix} \infty & 4 & 6 \\ 5 & \infty & 2 \\ 3 & 7 & \infty \end{bmatrix}$$

$$\text{path}^{(-1)} = \begin{bmatrix} -1 & 0 & 0 \\ 1 & -1 & 1 \\ 2 & -1 & -1 \end{bmatrix} \quad \text{path}^{(0)} = \begin{bmatrix} -1 & 0 & 0 \\ 1 & -1 & 1 \\ 2 & 0 & -1 \end{bmatrix} \quad \text{path}^{(1)} = \begin{bmatrix} -1 & 0 & 1 \\ 1 & -1 & 1 \\ 2 & 0 & -1 \end{bmatrix} \quad \text{path}^{(2)} = \begin{bmatrix} -1 & 0 & 1 \\ 2 & -1 & 1 \\ 2 & 0 & -1 \end{bmatrix}$$

图 6.34 Floyd 算法执行过程中 $\boldsymbol{D}$ 和 path 数组的变化情况

由矩阵 path 可推出任一顶点对之间的最短路径。例如,求 v_0 到 v_2 的最短路径,由 path[0][2]=1 知 v_2 的前一个顶点是 v_1,由 path[0][1]=0 知 v_1 的前一个顶点是 v_0,所以 v_0 到 v_2 的最短路径为 $v_0 \to v_1 \to v_2$,路径长度为 $\boldsymbol{D}[0][2]=6$。又如,求 v_1 到 v_0 的最短路径,由 path[1][0]=2 知 v_0 的前一个顶点是 v_2,再由 path[1][2]=1 知 v_2 的前一个顶点是 v_1,则 v_1 到 v_0 的最短路径为 $v_1 \to v_2 \to v_0$,路径长度为 $\boldsymbol{D}[1][0]=5$。

6.6 应用实例——畅通工程

1. 问题描述

某省调查乡村交通状况,得到的统计表中列出了任意两村庄间的距离。省政府"畅通工程"的目标是使全省任何两个村庄间都可以实现公路交通(但不一定有直接的公路相连,只要能间接通过公路可达即可),请设计一个方案,在哪些村庄之间修路才能使铺设的公路总长度最小,并计算最小的公路总长度。

2. 问题分析

假设以每个村庄为顶点,村庄之间的道路为边,可以用一个图来表示各个村庄之间的交通道路情况。因为任何两个村庄之间都可以修路,所以有 n 个村庄就可以修 $n(n-1)/2$ 条道路。显然这是一个完全无向图,根据图的连通性可知,n 个村庄之间只要修 $n-1$ 条道路就能保证各个村庄之间是相通的,那么如何在这 $n(n-1)/2$ 条道路中选择 $n-1$ 条呢?这个问题就转化为求连通图的最小生成树问题。求最小生成树有两种方法:Prim 算法和 Kruskal 算法。Prim 算法适合求稠密图;Kruskal 算法适合求稀疏图。本问题中涉及的边数较多,因此选用 Prim 算法比较合适。

3. 程序设计

选用邻接表作为图的存储结构,每个村庄作为图中的顶点,为了运算方便,给每个村庄一个编号,边表示两个村庄之间的道路,道路的长度作为边上的权值。

```
/* ---图的邻接表存储结构--- */
#define MAXN 100
struct ArcNode                   /* 定义邻接表的边结构 */
{ int adjvex,info;               /* adjvex是顶点编号,info 表示边的长度 */
  struct ArcNode * nextarc;      /* 指向下一条边 */
};
struct VNode                     /* 定义邻接表的顶点向量 */
{int data;
 ArcNode * firstarc;             /* 指向第一条边 */
} AdjList[MAXN];
```

输入设计:第一行给出村庄数目 N(<100),当 N 为 0 时,输入结束。随后的 $N(N-1)/2$ 行对应村庄间的距离,每行给出一对正整数(分别是两个村庄的编号)以及此两村庄间的距离,村庄从 1 到 N 编号。

输出设计:输出应建设的每一条道路的村庄编号及距离,并输出应建设道路的最短距离。

基本操作:

Init():初始化界面设计。

Input():输入两个村庄的编号及之间的距离。

join(VNode * a,int b,int c):输入数据建立邻接表。

Prim():运用 Prim 算法求最小生成树。

main():主函数。

4. 程序代码

```
#include<stdio.h>
#include<limits.h>
#include<string.h>
#include<windows.h>
#define MAXN 100
int n,m,visit[MAXN+5],low[MAXN+5];
                          /* visit 标记该顶点是否在生成树上,low 存放最小代价边 */
int i,a,b,c,length=0;     /* length 存放公路总长度 */
struct ArcNode            /* 定义邻接表的边结构 */
{ int adjvex,info;        /* adjvex是顶点编号,info 表示边的长度 */
  struct ArcNode * nextarc; /* 指向下一条边 */
};
struct VNode                     /* 定义邻接表的顶点向量 */
```

```
{ int data;
  ArcNode * firstarc;                    /* 指向第一条边 */
} AdjList[MAXN];
void Init()                              /* 初始界面 */
{ printf("       **************畅通工程***********\n\n");
  printf("请输入村庄数目 N:   (N<100)\n\n");
} /* Init */
void join(VNode * a,int b,int c)  /* 将边(a,b)存入邻接表,c是 a 和 b 之间的距离 */
{ ArcNode * p, * q;
   p=new ArcNode;
   p->adjvex=b;p->info=c;p->nextarc=NULL;   /* 给结点赋值 */
   q=a->firstarc;
   a->firstarc=p;
   p->nextarc=q;
} /* join */
void Input()                             /* 输入数据并将边存入邻接表 */
{ scanf("%d",&n);                        /* 输入村庄数量 */
   m=n * (n-1)/2;                        /* 任何两个村庄都可能有边 */
   printf("\n 请输入对应村庄间的距离:\n");
   printf("格式: 村庄 A 的编号 村庄 B 的编号 两村庄间的距离\n");
   printf("共%d 行\n",m);
   for(i=1; i<=m; i++)
     { scanf("%d%d%d",&a,&b,&c);   /* 输入两村庄的编号及道路长度 */
       join(&AdjList[a],b,c);      /* 建立 ab 边表结点 */
       join(&AdjList[b],a,c);      /* 建立 ba 边表结点 */
     } /* for */
   } /* Input */
void  Prim()                             /* 求最小生成树 */
{ int i,j,pos,min,length=0;
   ArcNode * p;
   printf("\n 使用 Prim 算法计算其最小生成树并输出边\n\n");
   system("pause");                      /* 控制台程序运行完,停下看结果 */
   puts("");
   memset(visit,0,sizeof(visit)); /* 按字节设定数组 visit 的值 */
   visit[1]=-1;                          /* 标记顶点已在生成树中 */
   pos=1;
   for(i=2; i<=n; i++)                   /* 初始化 low 数组和 visit 数组 */
     { low[i]=INT_MAX;
       visit[i]=1;
     } /* for */
   p=AdjList[1].firstarc;                /* p 指向链表的第一条边 */
   while(p!=NULL)
     {  low[p->adjvex]=p->info; /* 赋权值 */
        p=p->nextarc;
     } /* while */
   for(i=1; i<n; i++)
     {min=INT_MAX;                       /* 设定 min 为最大值 */
```

```
      for(j=1; j<=n; j++)
          if(visit[j]!=-1&&low[j]<min) min=low[j],pos=j;
                              /* 求代价最小的边依附的顶点 */
      length+=min;            /* length 表示公路的总长度 */
      printf("连接村%d 和村%d,公路长度为%d\n\n",visit[pos],pos,low[pos]);
      visit[pos]=-1;          /* 顶点 pos 并入生成树的顶点集合 */
      p=AdjList[pos].firstarc; /* 搜寻与 pos 相接的边 */
      while(p!=NULL)
       { if(v[p->adjvex]!=-1&&p->info<low[p->adjvex])
         low[p->adjvex]=p->info,visit[p->adjvex]=pos;
                              /* 并入新顶点后重新选择代价最小边 */
         p=p->nextarc;
         } /* while */
     } /* for */
   printf("最小的公路总长度为:%d\n", length);
} /* Prim */
main()
{ Init();
  Input();
  Prim();
  } /* main */
```

5. 程序测试与运行结果

本例运行结果如图 6.35 所示。

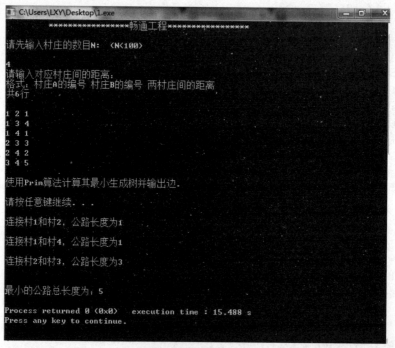

图 6.35 运行结果

本 章 小 结

（1）图是一种非线性数据结构，图中的每个元素既可有多个直接前趋，也可有多个直接后继。图分为有向图和无向图：有向图中的边（又称弧）是顶点的有序对；无向图中的边是顶点的无序对。含有 $n(n-1)$ 条弧的有向图称为完全有向图；含有 $n(n-1)/2$ 条边的无向图称为完全无向图。

（2）图的存储结构有 4 种：邻接矩阵、邻接表、十字链表和邻接多重表。邻接矩阵和邻接表对有向图和无向图都适用，而十字链表仅适用于有向图，邻接多重表适用于无向图。无向图的邻接矩阵是对称的，每一行（或每一列）的非零元素的个数恰好是顶点的度；有向图的邻接矩阵是非对称的，每一行非零元素的个数是顶点的出度，每一列非零元素的个数是顶点的入度。

（3）若要访问图中的每个顶点，可以采用深度优先搜索和广度优先搜索两种遍历方式。

（4）构造一个无向网的最小生成树有两种方法：Prim 算法和 Kruskal 算法。Prim 算法适用于稠密图；Kruskal 算法适用于稀疏图。一个无向网的最小生成树可以是不唯一的，但其边上的权值之和一定是最小的。

（5）判断一个有向图是否含有回路的方法之一就是进行拓扑排序。当用一个 AOE 网表示一项工程时，通过拓扑排序可以判断该工程能否顺利进行；通过求关键路径和关键活动可以提高工程的速度。

（6）求最短路径，既可用 Dijkstra 算法求某个源点到其他各顶点的最短路径，也可用 Floyd 算法求每一对顶点之间的最短路径。

习 题 6

一、选择题

1. 一个有 n 个顶点和 e 条边的无向图一定是（　　）的。
　　A. 连通　　　　　　B. 不连通　　　　　C. 无环　　　　　　D. 有环

2. 带权有向图 G 用邻接矩阵 $\boldsymbol{A}$ 存储，则顶点 i 的入度等于矩阵 $\boldsymbol{A}$ 中（　　）。
　　A. 第 i 行非 ∞ 元素之和　　　　　　　　B. 第 i 列非 ∞ 元素之和
　　C. 第 i 行非 ∞ 且非 0 的元素个数　　　D. 第 i 列非 ∞ 且非 0 的元素个数

3. 对于一个具有 n 个顶点和 e 条边的无向图，若用邻接表存储，顶点向量的大小至少为（　　），所有顶点的边链表中的结点总数为（　　）。
　　① A. $n-1$　　　　　B. n　　　　　　C. $n+1$　　　　　D. $2n$
　　② A. n^2　　　　　　B. $n(n-1)$　　　　C. $n(n+1)$　　　　D. $n(n-1)/2$

4. 有 n 个顶点且每一对不同的顶点之间都有一条边的无向图称为（　　）。
　　A. 无向完全图　　　B. 无向连通图　　　C. 无向强连通图　　　D. 无向树图

5. 如果从无向图的任一顶点出发进行一次深度优先搜索即可访问所有顶点,则该图一定是(   )。

    A. 强连通图   B. 连通图   C. 有回路   D. 一棵树

6. 下面结构中最适于表示稀疏无向图的是(   ),适于表示稀疏有向图的是(   )。

    A. 邻接矩阵   B. 逆邻接表   C. 邻接多重表   D. 十字链表

    E. 邻接表

7. 图的广度优先搜索算法中使用队列作为其辅助数据结构,那么在算法执行过程中每个顶点最多进队(   )次。

    A. 1   B. 2   C. 3   D. 4

8. (   )算法可用于求无向图的所有连通分量。

    A. 广度优先搜索   B. 拓扑排序   C. 求最短路径   D. 求关键路径

9. 任何一个连通图的最小生成树(   )。

    A. 只有一棵   B. 有一棵或多棵   C. 一定有多棵   D. 可能不存在

10. 一个有 n 个顶点和 e 条边的连通图的生成树有(   )条边。

    A. n B. e C. $n-1$ D. $n+1$

二、填空题

1. 在有 n 个顶点的有向图中,每个顶点的度最大可达_____。

2. 对于一个具有 n 个顶点和 e 条边的无向图,若采用邻接矩阵表示,则该矩阵大小_____,矩阵中的非零元素个数是_____。

3. 若用 n 表示图中顶点数目,则有_____条边的无向图称为完全图。

4. G 是一个非连通无向图,共有 28 条边,则该图至少有_____个顶点。

5. 一个连通图的_____是一个极小连通子图。

6. 具有 10 个顶点的无向图,边的总数最多为_____。

7. 有向图 G 的强连通分量是指_____。

8. 如果含 n 个顶点的图形成一个环,则它有_____棵生成树。

9. 设图有 n 个顶点和 e 条边,采用邻接矩阵时,遍历图的顶点所需时间为_____;采用邻接表时,遍历图的顶点所需时间为_____。

10. 如果从无向图的任一顶点出发进行一次深度优先搜索即可访问所有顶点,则该图一定是_____。

三、判断题

1. 对有向图 G,如果从任一顶点出发进行一次深度优先搜索或广度优先搜索能访问到每一个顶点,则该图一定是完全图。   (　　)

2. 连通图的广度优先搜索算法中一般要采用队列来暂存刚访问过的顶点。   (　　)

3. 用邻接矩阵存储一个图时所占用的存储空间大小与图中的顶点个数有关,而与图的边数无关。   (　　)

4．一个带权连通图的最小生成树的权值之和不是唯一的。　　　　（　　）

5．如果某个图的邻接矩阵是对称矩阵,则该图一定是无向图。　　（　　）

6．一个图的邻接矩阵表示是唯一的,邻接表表示也唯一。　　　　（　　）

7．在有向图中,各顶点的入度之和等于各顶点的出度之和。　　　（　　）

8．图的简单路径是指边不重复的路径。　　　　　　　　　　　　（　　）

9．拓扑排序算法把一个无向图中的顶点排成一个有序序列。　　　（　　）

10．树中的结点和图中的顶点就是指数据结构中的数据元素。　　（　　）

四、应用题与算法题

1．对于图 6.36 给出的有向图和无向图,分别给出其邻接矩阵、邻接表和逆邻接表,计算每个顶点的度(对有向图需先确定入度和出度)。

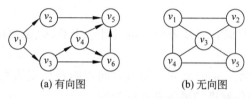

(a) 有向图　　　　　　　(b) 无向图

图 6.36　有向图与无向图

2．对于图 6.37 给出的无向网,分别给出:

(1) 深度优先搜索序列(分别从 v_1 和 v_4 开始)和深度优先生成树。

(2) 广度优先搜索序列(分别从 v_1 和 v_4 开始)和广度优先生成树。

(3) 用 Prim 算法求得最小生成树的过程。

(4) 用 Kruskal 算法求得最小生成树的过程。

3．对于图 6.38 给出的有向网,分别给出:

(1) 邻接矩阵。

(2) 用 Dijkstra 算法求从 v_1 出发到各顶点的最短路径。

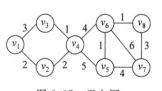

图 6.37　无向网

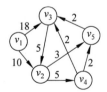

图 6.38　有向网

4．用 Floyd 算法求图 6.39 所示有向图中每对顶点间的最短路径。

5．给出图 6.36(a)所示有向无环图的所有拓扑有序序列,并指出按拓扑排序算法 6.6 求得的序列是哪一个。

6．对于图 6.40 所示的 AOE 网,计算各活动 a_i 弧的 $ee(a_i)$ 和 $el(a_i)$ 的值,各事件(顶点)的 $ve(v_i)$ 和 $vl(v_i)$ 的值;求出关键活动和关键路径。

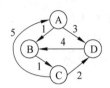
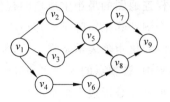

图 6.39　有向图　　　　　　　　图 6.40　AOE 网

7. 试在邻接矩阵存储结构上实现图的基本操作：InsertVex（G,v）,InsertArc(G,v, w）, DeleteVex(G,v)和 DeleteArc(G,v,w)。

8. 试在邻接表存储结构上实现图的基本操作：InsertVex （G,v）,InsertArc(G,v, w）, DeleteVex(G,v)和 DeleteArc （G,v,w)。

9. 编写算法,由依次输入的顶点数目、弧的数目、各顶点的信息和各条弧的信息建立有向图的邻接表。

10. 设有一有向图存储在邻接表中。试设计一个算法,按深度优先搜索策略对其进行拓扑排序。

11. 设有用邻接矩阵表示的由 n 个城市之间道路及长度构成的公路交通网,设计算法求指定城市 v 到其他各城市的最短路径的长度。

第7章

查　找

本章主要内容:

(1) 查找的基本概念;

(2) 静态查找表:顺序查找、折半查找和索引查找;

(3) 动态查找表:二叉排序树、平衡二叉树和 B 树;

(4) 哈希表的定义与构造方法及哈希表的查找。

日常生活中,人们经常要进行的一项工作是"查找"。查找(search)又称检索,是数据处理中使用最频繁的一种操作。例如,在通讯录中查找某个人的电话;在新闻网站中查找感兴趣的报道;在给定的一组数据集合中查找某个数据元素是否存在,或者查找符合某些条件的多个数据元素等。查找算法的优劣往往影响整个软件系统的效率。本章将讨论几种查找算法。

7.1　查找的基本概念

所谓查找,就是在"大量的信息"中寻找一个"特定"的信息。这里大量的信息是查找所依赖的数据结构,称为**查找表**(search table),它是指由同一类型的数据元素(或记录)构成的集合。每个记录由若干数据项组成,并假设每个记录都存在一个能够唯一标识该记录的关键字。数据元素之间的关系是松散的集合关系。

通常对查找表进行的操作有以下 4 种:

(1) 在查找表中查看某个特定的记录是否在查找表中;

(2) 查找某个特定记录的各种属性(数据项);

(3) 将查找表中不存在的数据元素插入到查找表中;

(4) 从查找表中删除某个数据元素。

如果对查找表只进行(1)和(2)两种操作,则称这类查找表为**静态查找表**(static search table)。静态查找表一旦建立,在查找过程中不进行插入和删除操作,即查找表本身不发生变化。对静态查找表进行的查找操作称为**静态查找**。

如果在查找表中除了进行(1)和(2)两种操作外,还进行(3)或者(4)的操作,则称这类查找表为**动态查找表**(dynamic search table)。动态查找表在查找过程中可能会发生变化。对动态查找表进行的查找操作称为**动态查找**。

关键字(keyword)是数据元素(或记录)中的某个数据项,可用来识别一个记录。能唯一标识一个记录的关键字称为**主关键字**(primary keyword)。例如,学生记录中的学号和图书条目中的 ISBN。可以识别若干记录的关键字,称为**次关键字**(secondary keyword),例如,学生记录中的姓名、性别、年龄等。

在查找表中查找满足关键字等于某个给定值的数据元素的过程称为**查找**(searching)。若表中存在这样的记录,则称**查找成功**(success),查找结果是返回该记录的全部信息或者该记录在查找表中的位置;若没找到,则称**查找不成功**(unsuccess),查找结果可以给出一个空记录或空指针。

如何评价查找算法的优劣? 查找的过程主要是"将给定的 Key 值与集合中各记录的关键字进行比较"的过程,因此通常用"平均比较次数"来衡量查找算法的时间效率,称为**平均查找长度**(Average Search Length,ASL)。对含有 n 个记录的查找表,定义查找成功的平均查找长度为

$$ASL = \sum_{i=1}^{n} P_i C_i \tag{7.1}$$

其中,P_i 是查找表中第 i 个记录的概率,且 $\sum_{i=1}^{n} P_i = 1$(通常考虑等概率情况,即 $P_i = 1/n$);C_i 是找到表中与第 i 个记录的关键字值相等时,与给定值的比较次数。

如果考虑查找不成功的情况,查找算法的平均查找长度应当是查找成功的平均查找长度与查找不成功的平均查找长度之和。

查找表是计算机软件系统中常见的结构之一,也是一种非常灵活的数据结构。逻辑上,查找表中的数据元素之间是一种松散的集合关系。为了提高查找效率,需要在数据元素之间人为地加上一些关系,以便按某种规则进行查找,即选择另一种逻辑结构来表示查找表,并采用相应的存储结构。当选择不同的逻辑结构和存储结构时,其查找方法是不同的,查找效率也各不相同。

7.2 静态查找

抽象数据类型静态查找表的定义为

ADT StaticSearchTable
{ 数据对象 D:D 是具有相同特性的数据元素的集合。每个数据元素均含有类型相同、可唯一标识数据元素的关键字。

数据关系 R:数据元素同属一个集合。
基本操作 P:
Create(ST,n);
操作结果:构造一个含 n 个数据元素的静态查找表 ST。
Destroy(ST);
操作结果:销毁表 ST。
Search(ST,key);
操作结果:若 ST 中存在其关键字等于 key 的数据元素,则函数值为该元素的值或在表中的

位置,否则为"空"。

  Traverse(ST,Visit());

  操作结果:按某种次序对 ST 的每个元素调用函数 visit()一次且仅一次。一旦 visit()失败,

    则操作失败。

}ADT StaticSearchTable

  静态查找是指在静态查找表上进行的查找操作,即查找满足指定条件的数据元素的存储位置或各种属性。查找表一旦建立,其结构相对稳定,几乎不再变化。所以对静态查找表的研究,重点在于如何提高查找效率。

  本节将讨论以线性结构表示的静态查找表及相应的查找算法。

7.2.1 顺序查找

1. 顺序查找的基本思想

  顺序查找(sequential search)是一种最简单的查找方法。其基本思想是采用顺序表或者线性链表表示静态查找表,从表的一端开始,依次用给定的关键字值与查找表中记录的关键字值进行比较,若某个记录的关键字值与给定值相等,则查找成功,返回该记录的存储位置;反之,若直到最后一个记录,其关键字值与给定值均不相等,则查找失败,返回查找失败标志。

2. 顺序表的顺序查找

```
/* ----静态查找表的顺序存储结构---- */
#define MAX_NUM 100            /* 用于定义查找表的最大长度 */
typedef int KeyType            /* 为简单起见关键字的类型为 int */
typedef struct {
    KeyType key;               /* 记录的关键字,忽略记录的其他数据项 */
}ElemType;                     /* 记录类型 */
typedef struct {
  ElemType elem[MAX_NUM];      /* 0 号单元留空,其他单元存储表中记录 */
  int length;
}SSTable;                      /* 静态查找表 */
```

  在顺序表中进行顺序查找时,主要的操作就是表中的关键字和给定值的比较,比较的条件是表是否比较完。为了减少比较次数,可以把给定值存入 0 号单元,查找从表尾开始,这样不用每次都判断表是否比较完,0 号单元在这里起了一个"监视哨"的作用。顺序表的顺序查找算法如算法 7.1 所示。

算法 7.1 顺序表的顺序查找算法

```
int seq_search (SSTable ST,int key)
{ /* 在顺序表 ST 中查找关键字值等于 key 的记录,若查找成功,返回该记录的位置,否则返回 0 */
  int i;
  ST.elem[0].key=key;          /* ST.elem[0]为监视哨 */
```

```
    for(i=ST.length; ST.elem[i].key!=key;i--);      /* 从表尾开始查找 */
    retrun i;                      /* i>0,查找成功;i=0,查找失败 */
} /* seq_search */
```

由前面的定义可知：查找成功时的平均查找长度与记录比较的次数和查找概率有关。假设查找每个记录的概率相同,从顺序查找的过程可见,比较次数取决于所查记录在表中的位置。例如,查找表中最后一个记录仅需比较一次,而查找表中第一个记录需比较 n 次,那么查找第 i 个记录需要比较 $n-i+1$ 次,则平均查找长度为

$$\mathrm{ASL_{SSTable}} = \frac{1}{n}\sum_{i-1}^{n}(n-i+1) = \frac{n+1}{2} \tag{7.2}$$

由此可得：算法 7.1 的时间复杂度为 $O(n)$。

3. 链表的顺序查找

链表的顺序查找是指采用线性单链表作为查找表的存储结构,用顺序查找方法查找与指定关键字值相等的记录。

```
/* ---静态查找表的链表存储结构--- */
typedef struct elemNode{
    int key;                    /* 记录的关键字,为方便起见,关键字的类型为 int */
    …;                          /* 记录的其他数据域 */
    struct elemNode * next;      /* 指针域,指向下一个记录 */
}LListTable, * PListTable;
```

所谓链表的顺序查找,就是从单链表的头指针开始,在链表中查找记录的关键字值等于给定值的记录,若查找成功,返回指向相应结点的指针,否则返回空指针。

算法 7.2 链表的顺序查找算法

```
PListTable  LinkSearch (PListTable h, int key)
{ /* h 为带头结点的链表的头指针,在链表中查找记录的关键字值等于 key 的记录,查找成功,
    返回指向找到的结点的指针;查找失败,返回空指针 */
    PListTable p;
    p=h->next;
    while((p!=NULL) && (p->key!=key))
    p=p->next;
    return p;
} /* LinkSearch */
```

在算法 7.2 中,查找第 1 个记录需要比较 1 次,查找第 i 个记录需要比较 i 次,最坏的情况是查找第 n 个记录需要比较 n 次。假设查找每个记录的概率相同,则平均查找长度为

$$\mathrm{ASL_{LListTable}} = \frac{1}{n}\sum_{i-1}^{n}i = \frac{n+1}{2} \tag{7.3}$$

由此可得算法 7.2 的时间复杂度为 $O(n)$。

由以上两个算法可以看出,顺序查找算法简单,但平均查找长度较大,大约是表长的一半,算法执行效率较低,尤其是当 n 较大时,不宜采用这种查找方法。

7.2.2 折半查找

1. 折半查找的基本思想

折半查找(binary search)要求查找表中的记录按关键字有序(升序或降序)排列,而且采用顺序存储结构存储查找表。也就是说,折半查找只适用于对有序的顺序表进行查找。

折半查找的基本思想是:首先确定待查记录所在的范围,用给定值 key 与查找表的中间位置记录的关键字比较,若相等,则查找成功;否则,根据比较结果缩小查找范围,如果 key 的值小于中间记录关键字的值,继续对左子表进行折半查找;如果 key 的值大于中间记录关键字的值,继续对右子表进行折半查找。如此重复进行,直到查找成功或查找范围缩小为空即查找失败为止。

2. 折半查找算法

假设查找表 ST 用 7.2.1 节中定义的顺序表表示,且按关键字递增有序排列,给定的关键字值为 key。查找过程需要设置 3 个整数类型的指针 low、high 和 mid,low 和 high 分别指向待查记录所在区间的下界和上界,mid 指向待查区间的中间位置,即 mid=$\lfloor$(low+high)/2$\rfloor$。折半查找的过程如下:

(1) 确定初始查找范围:low=1,high=n。

(2) 令 mid=$\lfloor$(low+high)/2$\rfloor$。

(3) 将指定的关键字值 key 与中间项 ST. elem [mid]. key 比较:

若 key=ST. elem[mid]. key,则查找成功,返回 mid 值,即待查记录的位置;

若 key<ST. elem[mid]. key,则令 high=mid-1,查找范围缩小为左半部分;

若 key>ST. elem[mid]. key,则令 low=mid+1,查找范围缩小为右半部分。

(4) 重复步骤(2)和(3),直到查找成功或查找范围空(low>high)为止。

例 7.1 已知有记录关键字值如下所示的有序表:

$$(5,12,19,23,34,56,62,75,80,87,98)$$

现要查找记录关键字值为 23 和 85 的数据元素。

(1) key=23 的折半查找过程。

初始化指针值:low=1,high=11,则 mid=(low+ high)/2=6;令中间位置记录的关键字 ST. elem[mid]. key 和给定值 key 进行比较,因为 ST. elem[mid]. key>key,说明待查记录若存在,必在区间[low,mid-1]内,则修改指针 high=mid-1,重新求得 mid=(1+5)/2=3;仍以 ST. elem[mid]. key 和给定值 key 进行比较,因为 ST. elem[mid]. key<key,说明待查记录若存在,必在区间[mid+1,high]内,则重新修改指针 low=mid+1,求得 mid=(4+5)/2=4;继续比较 ST. elem[mid]. key 和 key,因为相等,则查找成功,所查记录的序号等于指针 mid 的值。查找过程如下所示:

位置   1   2   3   4   5   6   7   8   9   10   11
       (5   12   19   23   34   56   62   75   80   87   98)
第1次 ↑low=1   ↑mid=6   ↑high=11
第2次 ↑low=1 ↑mid=3 ↑high=5
第3次   ↑low=4↑high=5
                     ↑mid=4

此时,ST.elem[mid].key=23,查找成功,返回 mid 的值 4。

(2) key=85 的折半查找过程。

初始化指针值:low=1,high=11,则 mid=(low+ high)/2=6;查找过程如下:

位置   1   2   3   4   5   6   7   8   9   10   11
       (5   12   19   23   34   56   62   75   80   87   98)
第1次 ↑low=1   ↑mid=6   ↑high=11
第2次   low=7↑   ↑mid=9   ↑high=11
第3次   low=10↑   ↑high=11
                                  mid=10↑
第4次   high=9↑   ↑low=10

此时 Low> high,说明表中没有关键字为 key 的元素,查找失败,返回失败标记 0。

折半查找的算法如算法 7.3 所示。

算法 7.3   折半查找算法

```
int bin_search (SSTable ST,int key)
{ /* 在有序的顺序表 ST 中折半查找和给定关键字 key 相同的记录,若存在则返回其所在的下
     标,否则返回 0 */
  int low,high,mid;
  low=1; high=ST.length;                 /* 置初始查找区间的下界和上界 */
  while(low<=high)
  { mid=(low+high)/2;                     /* 计算区间的中间位置 */
     if(key==ST.elem[mid].key) return mid; /* 查找成功,返回 mid 值 */
       else if(key<ST.elem[mid].key) high=mid-1;     /* 在左区间查找 */
         else low=mid+1;                  /* 在右区间查找 */
  } /* while */
  return 0;                              /* 查找失败,返回 0 */
} /* bin_search */
```

为了分析折半查找算法的性能,先来看例 7.1 中含有 11 个元素的查找表的查找过程。从上述查找过程可知:查找第 6 个元素仅需比较 1 次;找到第 3 个和第 9 个元素需比较 2 次;找到第 1 个、第 4 个、第 7 个和第 10 个元素需比较 3 次;找到第 2 个、第 5 个、第 8 个和第 11 个元素需比较 4 次。这个查找过程可用图 7.1 所示的二叉树来描述。树中每个结点表示表中一个记录,结点中的值为该记录在表中的位置,通常称这个描述查找过程的二叉树为判定树。从判定树上可见,查找 23 的过程恰好是走了一条从根到结点④的路径,和给定值进行比较的关键字的个数为该路径上的结点数或结点④在判定树上的

层次数。在等概率的前提下,对于由 11 个记录组成的有序表,查找成功的平均查找长度为

$$ASL=(1+2\times2+3\times4+4\times4)/11=3$$

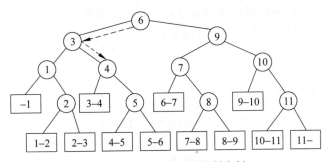

图 7.1 折半查找过程的判定树

推广到一般情况,查找有序表中任一记录的过程就是走了一条从根结点到与该记录相应的结点的路径,和给定值进行比较的关键字个数恰为该结点在判定树上的层次数。由于二叉判定树中度数小于 2 的结点只可能在最后的两层上,所以 n 个结点的二叉判定树和 n 个结点的完全二叉树的高度相同,即为 $\lfloor \log_2 n \rfloor +1$。因此,在最坏情况下,查找成功所需进行的关键字比较次数也不超过二叉判定树的深度。假设在二叉判定树中所有结点的空指针域上加一个指向方形结点的指针,这些方形结点是折半查找失败时的情况描述。由图 7.1 可以看出,折半查找在查找失败时走了一条从二叉树根结点到方形结点的路径,和给定值的比较次数等于路径上结点(不含方形结点)的个数,因此查找失败时所需进行的关键字比较次数也不超过二叉判定树的深度 $\lfloor \log_2 n \rfloor +1$。

由此可认为折半查找算法的时间复杂度为 $O(\log_2 n)$,它显然远远好于顺序查找的时间复杂度 $O(n)$。不过,折半查找只适合有序的且是顺序存储的表,即这种较高的检索效率是以对检索表预先按关键字值大小排序为代价的,所以折半查找适用于一旦建立很少变动而又需要经常查找的查找表。

7.2.3 分块查找

分块查找又称索引顺序查找,是对顺序查找的一种改进方法,其存储结构采用的是索引顺序表存储,除了基本表以外还需要建立一个"索引表"。例如,图 7.2 是一个基本表和索引表,表中含有 18 个记录($R_1,R_2,\cdots,R_{18}$),分成 3 个子表($R_1,R_2,\cdots,R_6$)、($R_7,R_8,\cdots,R_{12}$)和($R_{13},R_{14},\cdots,R_{18}$),对每个子表(也称为一个块)建立索引项,索引项包括关键字项(其值为该子表内的最大记录的关键字值)和指针项(指示该子表的第一个记录在基本表

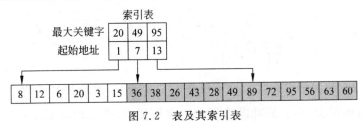

图 7.2 表及其索引表

中的位置)。索引表按关键字有序;基本表或者有序,或者分块有序。所谓"分块有序",是指每个块(子表)内的记录可以是无序的,但块与块之间是按关键字有序排列的。例如,第一块内的所有记录的关键字值均小于第二块内的记录的关键字值,第二块内的记录的关键字值均小于第三块内的记录的关键字值,……,依此类推。

索引顺序表的存储结构定义如下,基本表的定义如 7.1 节的静态查找表的顺序存储结构。

```
#define MAX_SUBLIST_NUM 10
typedef struct {
    KeyType maxKey;          /* 子表中的最大关键字 */
    int index;               /* 子表中第一个记录在基本表中的位置 */
}IndexItem;                  /* 索引项 */
typedef IndexItem indexList[MAX_SUBLIST_NUM];        /* 索引表类型 */
```

分块查找的过程分为两步:首先通过索引表查找待查记录所在的块(子表),然后在块内进行顺序查找。

假设给定值 key=43,则将 key 与索引表中的各最大关键字依次比较,因为 20<key<49,所以 key=43 的记录若存在,必定在第 2 个子表中;然后根据其指针项的值指示第 2 个子表的第 1 个记录的位置为 7,所以自第 7 个记录开始进行顺序查找,直到找到 ST.elem[10].key=key 为止,查找成功。

假设给定值为 key=30,则首先查找索引,20<key<49,然后在第 2 个子表顺序查找,即从第 7 个记录开始到第 12 个记录之间依次比较,都不相等,则查找失败。

由于索引表是按关键字有序的,所以第一步在索引表中的查找可以采用折半查找法,也可以采用顺序查找法;而块内记录可以是无序的,所以第二步在块内查找只能采用顺序查找。

因此,分块查算法的平均查找长度为

$$ASL_{bs} = L_b + L_w \tag{7.4}$$

其中,L_b 为查找索引表的确定所在块的平均查找长度;L_w 为在块内查找记录的平均查找长度。

一般情况下,为进行分块查找,可以将长度为 n 的表均匀地分成 b 块,每块含有 s 个记录,即 $b = \lceil n/s \rceil$;假设表中每个记录的查找概率相等,则每块的查找概率为 $1/b$,每个记录的查找概率为 $1/s$。

若对索引表采用顺序查找,则分块查找的平均查找长度为

$$ASL_{bs} = L_b + L_w = \frac{1}{b}\sum_{j=1}^{b} j + \frac{1}{s}\sum_{i=1}^{s} i = \frac{b+1}{2} + \frac{s+1}{2}$$
$$= \frac{1}{2}\left(\frac{n}{s} + s\right) + 1 \tag{7.5}$$

可以看出,分块查找的平均查找长度不仅和表长 n 有关,而且和每个块中的记录数 s 有关。在 n 确定的前提下,s 是可以选择的。容易证明,当 s 取 $\sqrt{n}$ 时,ASL_{bs} 的值最小为

$\sqrt{n}+1$。其查找效率优于顺序查找,但比折半查找差。

若对索引表采用折半查找,则分块查找的平均查找长度为

$$\mathrm{ASL_{bs}} \approx \log_2\left(\frac{n}{s}+1\right)+\frac{s}{2} \tag{7.6}$$

因此,分块查找是对顺序查找的一种改进算法,存储结构采用索引顺序表,平均查找长度介于顺序查找和折半查找之间。

7.3　动态查找

静态查找表一般不进行插入和删除操作,如果要频繁地进行插入或者删除操作(即动态查找),需要使用动态查找表。动态查找表的特点是:查找表是在查找的过程中动态生成的,即对于给定的查找关键字 key,若查找表中存在其关键字值等于 key 的记录,则查找成功,否则插入关键字值等于 key 的记录。

动态查找表通常采用树结构表示,既容易实现查找,又易于实现元素的插入和删除操作。本节将介绍两种动态查找表:二叉排序树和平衡二叉树。

7.3.1　二叉排序树

1. 二叉排序树的定义

二叉排序树(binary sort tree)或是一棵空树,或是具有如下性质的非空二叉树:

(1) 若它的左子树非空,则其左子树所有结点的关键字值均小于其根结点的关键字值。

(2) 若它的右子树非空,则其右子树所有结点的关键字值均大于其根结点的关键字值。

(3) 它的左右子树也分别为一棵二叉排序树。

显然,二叉排序树的定义是递归的,它是一种常用的动态查找表。图 7.3 展示了由关键字值序列(46,23,85,12,34,53,62)构成的一棵二叉排序树。

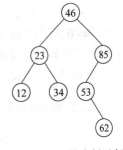

图 7.3　二叉排序树示例

如果对图 7.3 的二叉排序树进行中序遍历,可以得到一个关键字有序的序列(12,23,34,46,53,62,85),这是二叉排序树的一个重要特征。二叉排序树通常采用二叉链表存储,其存储结构定义如下:

```
/* ----二叉排序树的二叉链表存储结构---- */
typedef struct BTNode{              /* 元素的结点结构 */
    ElemType key;                   /* 记录的关键字,忽略记录的其他数据项 */
    struct BTNode * lchild, * rchild ;   /* 左指针,右指针 */
}BTNode, * BSTree;
```

2. 二叉排序树的查找

二叉排序树又称二叉查找树,查找的基本过程如下:

当二叉排序树不空时,首先将给定值 key 与根结点的关键字比较,若相等,则查找成功;否则将依据给定值 key 与根结点的关键字值的大小关系,分别在其左子树或右子树中继续查找。可见,二叉排序树的查找是一个递归的过程。查找过程描述如算法 7.4 所示。

算法 7.4　二叉排序树的查找

```
BTNode * SearchBST(BSTree T,int key)
{ /* T指向二叉排序树的根结点, key 为待查关键字值 */
  if(T==NULL)  return NULL;                      /* 查找失败 */
  else
    if(key==T->key)  return T;                   /* 查找成功 */
    else
        if(key<T->key)
          return (SearchBST(T->lchild,key));     /* 继续在左子树查找 */
        else
          return (SearchBST(T->rchild,key));     /* 继续在右子树查找 */
} /* SearchBST */
```

例如,在图 7.3 所示的二叉排序树中查找关键字值 key＝53 的记录。首先,T 不空,key＝53 和根结点的关键字比较,因为 key＞46,所以继续在 T 的右子树中查找。此时,T 的右子树不空,key 与其根结点 85 比较,key＜85,所以继续在以 85 为根的左子树中查找,由于 key 与 85 的左子树的根结点 53 相等,所以查找成功,返回指向结点 53 的指针。

再如,在图 7.3 所示的二叉排序树中查找关键字值 key＝25 的记录。与上述过程类似,在给定值 key 与关键字 46、23、34 相继比较之后,继续查找以 34 为根结点的左子树,此时左子树为空,则说明该树中没有待查记录,因此查找失败,返回指针为"NULL"。

3. 二叉排序树的插入与建立

二叉排序树是一种动态查找树,如果要插入一个结点,只有在查找不成功的状态下才能完成插入操作,因此,其结构的建立是在查找的过程中动态生成的,即是一个不断地插入结点的过程。

在二叉排序树中插入一个结点的算法的基本思想如下:

(1) 若二叉排序树为空,则新结点作为二叉排序树的根结点;否则,

(2) 若给定结点的关键字值小于根结点关键字值,则插入到左子树中;

(3) 若给定结点的关键字值大于根结点的值,则插入到右子树中。

具体实现过程如算法 7.5 所示。

算法 7.5　二叉排序树的插入

```
BSTree InsertBST_key(BSTree T,int key)
{ /* 在以 T 为根结点的二叉排序树上查找关键字为 key 的记录,若不存在,将其插入 */
```

```
    BTNode * s;
    s=SearchBST(T,key);                        /* 调用查找算法 7.4 */
    if(s)
        printf("\n 关键字%d 已经存在！ ",s->key);
     else
        { s=(BTNode * )malloc(sizeof(BTNode));    /* 生成一个结点空间 */
          s->key=key;
          s->lchild=NULL;
          s->rchild=NULL;
          T=InsertBST(T,s);          /* 调用二叉排序树插入一个结点的递归算法 7.6 */
        }
     return T;
} /* InsertBST_key */
```

算法 7.6   在二叉排序树上插入一个结点

```
BSTree  InsertBST(BSTree T, BTNode * s)
{ /* 在以 T 为根的二叉排序树上插入一个指针 s 所指向的结点,并返回根指针 T */
  if(T==NULL)    T=s;             /* 若树为空,则新插入结点 s 为新的树根 */
  else
    { if(s->key<T->key)
          T->lchild=InsertBST(T->lchild,s);         /* 递归插入到 T 的左子树中 */
      else
        if(s->key>T->key)
        T->rchild=InsertBST(T->rchild,s);         /* 递归插入到 T 的右子树中 */
    }
      return T;
} /* InsertBST */
```

例 7.2　设查找关键字序列为(20,15,40,80,35),则生成二叉排序树的过程如图 7.4 所示。

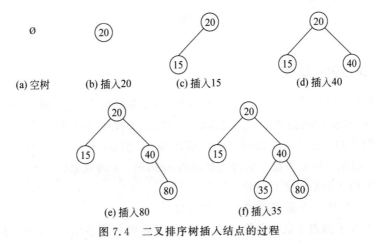

图 7.4　二叉排序树插入结点的过程

从插入过程可见,若从一棵空树出发,即 T=NULL,经过一系列的查找插入之后,可以生成一棵二叉排序树,若对二叉排序树进行中序遍历,可以得到一个递增有序的结点序列。也就是说,一个无序序列可以通过构造一棵二叉排序树而变成一个有序序列,构造树的过程即为对无序序列进行排序的过程。不仅如此,从插入过程还可以看到,每次插入的新结点都是二叉排序树上新的叶子结点,则在进行操作时,不必移动其他结点,只需改动某个结点的指针,由空变为非空即可。这就相当于在一个有序序列中插入一个记录而不需要移动其他记录。它表明,二叉排序树既拥有类似于折半查找的特性,又采用了链表作为存储结构,因此是动态查找表的一种适宜表示。算法 7.7 描述了创建二叉排序树的过程。

算法 7.7　创建二叉排序树

```
BSTree CreateBST()
{ /* 由空树开始,输入关键字序列,建立一棵二叉排序树 */
    BSTree T,s;
    int key;
    T=NULL;
    printf("输入关键字 key,输入"-1"结束。\n");
    while(1)
    { scanf("%d",&key);              /* 输入 key 的值 */
      if(key!=-1)
        { s=(BTNode *)malloc(sizeof(BTNode));
          s->key=key;
          s->lchild=NULL;
          s->rchild=NULL;
          T=InsertBST(T,s);          /* 插入二叉排序树 */
        } /* if */
      else
         break;                      /* 跳出 while 循环,输入结束 */
    } /* while */
    return T;                        /* 返回指向新建二叉排序树根的指针 */
} /* CreateBST */
```

4. 二叉排序树的删除

在二叉排序树上删除一个结点也是很方便的,要删除某个结点,相当于删去有序序列中的一个记录,只要在删去某个结点之后依然保持二叉排序树的性质即可。

假设待删的结点为 *p(指向结点的指针为 p),假设指针 f 指向结点 *p 的双亲,s 指向结点 *p 的左子树中关键字值最大的结点,q 指向 *s 的双亲。

分别就下面 3 种情况进行讨论:

(1) 当 *p 为叶子结点,即左右子树均为空。

由于删去叶子结点不破坏整棵树的结构,则只需将其双亲结点 *f 的 lchild 或 rchild 置空即可,然后删除结点。

（2）当 * p 结点只有一棵非空子树,或者是非空左子树,或者是非空右子树。

若 * p 结点只有右子树而无左子树,则用其右子树的根结点取代要删除的 * p 结点。

若 * p 结点只有左子树而无右子树,则用其左子树的根结点取代要删除的 * p 结点。

（3）当 * p 结点的左右子树均非空。

由图 7.5(a)可知,在删去 * p 结点之前,中序遍历该二叉树得到的序列为{…C_LC…Q_LQS_LSPP_RF…},在删去 * p 之后,为保持其他元素之间的相对位置不变,可以令 * p 的直接前趋(或直接后继)替代 * p,然后再从二叉排序树中删去它的直接前趋(或直接后继)。如图 7.5(b)所示,当以直接前趋 * s 替代 * p 时,由于 * s 只有左子树 S_L,则在删去 * s 之后,只要令 S_L 为 * s 的双亲 * q 的右子树即可。删除过程如图 7.5 所示。

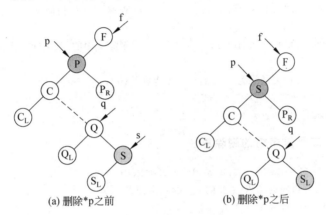

(a) 删除*p之前　　　　　(b) 删除*p之后

图 7.5　在二叉排序树中删除 * p

(用 * s 结点取代 * p,s 的左子树 S_L 成为其双亲 * q 的右子树)

采用上面的方法删除结点 * p,能够保证删除结点后二叉排序树的性质不变。

因为删除操作是在查找成功后进行的,找到关键字为 key 的结点后删除该结点,删除后还要重接它的子树,因此,除了要返回指向该结点(即待删除结点)的指针 p 外,还要返回指向 * p 结点的双亲结点的指针 f,这就需要对查找算法 7.4 进行修改,修改算法如算法 7.8 所示。

算法 7.8　二叉排序树的查找

```
BTNode * SearchBST_F(BSTree T,int key,BSTree * F)
{ /* T指向根结点,key 为待查找的关键字,*F 存储指向 key 的双亲的指针 */
   /* 查找成功,返回指向 key 的记录指针;查找失败,返回 NULL */
    if(T==NULL)  return NULL ;
    if(key==T->key)  return T; /* 查找成功,返回指向树根的指针 */
    else
    {    *F=T;                   /* *F指向 T */
        if(key<T->key)
          return (SearchBST_F(T->lchild,key,F));  /* 继续在左子树查找 */
        else
          return (SearchBST_F(T->rchild,key,F));  /* 继续在右子树查找 */
```

```
      } /* else */
   } /* SearchBST_F */
```

在二叉排序树中删除一个结点的算法见算法 7.9,其中,删除过程 deleteBST(T,p,f)
见算法 7.10。

算法 7.9　在二叉排序树中查找并删除关键字为 key 的记录

```
BSTree SearchDeleteBST(BSTree T,int key)
{ /* 在二叉排序树 T 中删除关键字为 key 的记录 */
    BTNode * f,* p;
    f=NULL;
    p=SearchBST_F(T,key,&f);            /* 查找 key,p 指向 key,f 指向其双亲 */
    if(p)
        T=deleteBST(T,p,f);            /* 删除 T 中的 * p 结点,其双亲为 * f 结点 */
    else
        printf("关键字为 key 的记录不存在!\n");
    return T;
}/* SearchDeleteBST */
```

算法 7.10　二叉排序树的删除算法

```
BSTree deleteBST(BSTree T,BTNode * p,BTNode * f)
{ /* 删除 p 指针指向的结点,f 指向 * p 的双亲结点 */
 /* T 指向根结点的指针 */
 BTNode *par,* s;
 int kind;
 if(!p->lchild&&!p->rchild) kind=1;    /* 情况 1,* p 为叶子结点 */
 else if(!p->rchild)   kind=2;          /* 情况 2,* p 只有左子树 */
     else  if(!p->lchild) kind=3;       /* 情况 3,* p 只有右子树 */
         else  kind=4;                  /* 情况 4,* p 左右子树均不空 */
 switch(kind)
 {    case 1:                           /* 情况 1,* p 为叶子结点 */
      if(!f)      /* f 为 NULL,* p 为根结点,树中只有一个根结点 */
        T=NULL;
      else
      {  if(f->lchild==p)
            f->lchild=NULL;             /* * p 是 * f 的左子树情况 */
         else
            f->rchild=NULL;             /* * p 是 * f 的右子树情况 */
         free(p);
      } /* else */
      break;
    case 2:                            /* 情况 2,* p 只有左子树 */
      if(!f)      /* f 为 NULL,* p 为根结点,且只有左子树 */
          T=p->lchild;
      else
```

```
        { if(p==f->lchild)
            f->lchild=p->lchild;      /*  *p是 *f 的左子树情况  */
         else
             f->rchild=p->lchild;      /*  *p是 *f 的右子树情况  */
        } /* else */
        free(p);
      break;
    case 3:                           /* 情况 3, *p 只有右子树  */
        if(!f)                        /* f 为 NULL, p 为根结点,且只有右子树  */
          T=p->rchild;
        else
        {  if(p==f->lchild)
              f->lchild=p->rchild;  /*  *p是 *f 的左子树情况  */
            else
             f->rchild=p->rchild;   /*  *p是 *f 的右子树情况  */
         } /* else */
        free(p);
      break;
    case 4:            /* 情况 4, *p 左右子树均不空,用 *s 代替 *p  */
        par=p;
        s=p->lchild;
        while(s->rchild!=NULL)
         {  par=s;s=s->rchild; }
        p->key=s->key;               /*  *s 结点的值代替 *p 结点的值  */
        if(par==p)        /* 处理特殊情况, *p 的左孩子即为 *s 结点  */
            par->lchild=s->lchild;
        else                        /* 一般情况  */
            par->rchild=s->lchild;
        free(s);                    /* 注意不是 free(p)  */
        break;
  } /* switch */
  return T;
} /* deleteBST */
```

5. 二叉排序树的查找性能分析

在二叉排序树上查找关键字等于给定值的结点的过程,恰好走了一条从根结点到该结点的路径,和给定值的比较次数等于该结点在二叉排序树中所在的层数。因此,和折半查找类似,与给定值的比较次数最多不超过树的深度。

二叉排序树的形态取决于各个记录被插入到二叉排序树中的先后顺序。例如,如果输入的关键字序列是(46,23,5,60,89,38),构造的二叉排序树如图 7.6(a)所示;如果输入的关键字序列是(5,23,38,46,60,89),构造的二叉排序树如图 7.6(b)所示。图 7.6(a)中二叉排序树的深度为 3,图 7.6(b)中二叉排序树的深度为 6。

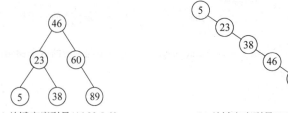

(a) 关键字序列是(46,23,5,60,
89,38)的二叉排序树

(b) 关键字序列是(5,23,38,46,
60,89)的二叉排序树

图 7.6　不同形态的二叉排序树

分析二者的平均查找长度,假设 6 个记录的查找概率相同,则图 7.6(a) 中二叉排序树的平均查找长度为

$$ASL_a=(1+2+2+3+3+3)/6=14/6$$

而图 7.6(b)中的二叉排序树的平均查找长度为

$$ASL_b=(1+2+3+4+5+6)/6=21/6$$

因此,含有 n 个结点的二叉排序树的平均查找长度与树的形态有关。如果二叉排序树是平衡的(即形态均匀),则二叉排序树深度为$\lfloor \log_2 n \rfloor +1$,这是最好情况,其查找效率为 $O(\log_2 n)$。最坏情况是,先后插入的关键字是有序的,构造的二叉排序树是单支二叉树,深度为 n,其平均查找长度为$(n+1)/2$(与顺序查找相同),查找效率为 $O(n)$。因此,在随机情况下,二叉排序树查找的时间复杂度为 $O(\log_2 n)$。

下面介绍如何构造形态平衡的二叉排序树,即平衡二叉树。

7.3.2　平衡二叉树

平衡二叉树(balanced binary tree 或 height-balanced tree)是 1962 年,由俄罗斯的两位数学家 G. M. Adelson-Velskii 和 E. M. Landis 提出的一种动态平衡的二叉排序树,所以又称为 AVL 树。它的构造原理是在构造二叉排序树的过程中,每当插入一个新结点时,首先检查是否因为插入结点而破坏了树的平衡性,若是,则找出其中最小不平衡子树,然后在保持排序特性的前提下,调整各结点之间的链接关系,以使整棵树达到新的平衡。

1. 平衡二叉树的定义

平衡二叉树或者是一棵空树,或者是具有下列性质的二叉树:它的左子树和右子树都是平衡二叉树,且左子树和右子树的深度之差的绝对值不超过1。

结点的**平衡因子**(Balanced Factor,BF)定义为该结点的左子树的深度与其右子树的深度之差。所以,平衡二叉树的所有结点的平衡因子只能是-1、0 和 1。只要二叉树上有一个结点的平衡因子的绝对值大于1,则该二叉树就是不平衡的。

图 7.7(a)和图 7.7(b)所示的是平衡二叉树,图 7.7(c)不是平衡二叉树。图中结点内的数字是平衡因子。

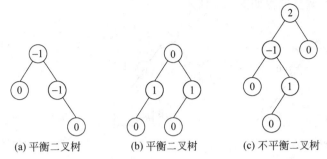

图 7.7 平衡二叉树与不平衡二叉树及结点的平衡因子

2. 最小局部的不平衡类型及其平衡旋转方法

在一棵平衡二叉树中插入一个新结点时,有可能破坏平衡二叉树的平衡性。假设新结点的插入破坏了平衡二叉树的平衡性,此时必须重新调整树的结构,使之恢复平衡。处理失去平衡的方法是:首先找出**最小不平衡子树**,即指离插入结点最近,且以平衡因子绝对值大于 1 的结点为根的子树。在保证排序树的前提下,调整最小不平衡子树中各结点的链接关系,使之成为新的平衡子树。当失去平衡的最小不平衡子树被调整成平衡子树后,整个二叉排序树就重新成为一棵平衡二叉树。

假设用 A 表示失去平衡的最小子树的根结点,则失去平衡后进行调整的规律可归纳为 4 类情况。

1) LL 型平衡旋转

如果在 A 结点的左孩子(假设为 B)的左子树上插入结点,使 A 的平衡因子从 1 增加至 2,导致不平衡,调整过程如图 7.8 所示。

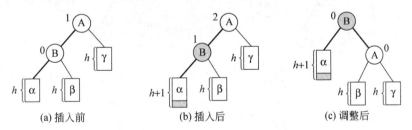

图 7.8 LL 型平衡旋转过程

图 7.8 中矩形框表示子树,子树 α、β、γ 的高度为 h,带阴影的小矩形框表示被插入了新结点的子树。原来 A 和 B 的平衡因子分别为 1 和 0,B 的左子树上插入一个新结点,使以 A 为根的子树成为最小不平衡子树。

调整规则:将 A 的左孩子 B 提升为新的二叉树的根;原来的二叉树的根 A 连同其右子树 γ 向右下旋转成为 B 的右子树;B 的原来的右子树 β 则作为 A 的左子树。调整后的树如图 7.8(c) 所示。

2) RR 型平衡旋转

如果在 A 的右孩子(假设为 B)的右子树上插入结点,使 A 的平衡因子从 -1 增加至

－2,导致不平衡,调整过程如图 7.9 所示。

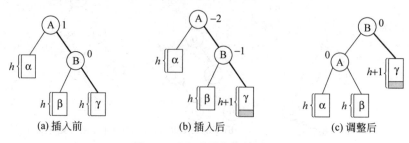

图 7.9   RR 型平衡旋转过程

调整规则:将 A 的右孩子 B 提升为新的二叉树的根;原来二叉树的根 A 连同其左子树向左下旋转成为 B 的左子树;B 原来的左子树作为 A 的右子树。调整后的平衡树如图 7.9(c)所示。

3) LR 型平衡旋转

如果在 A 的左孩子(假设为 B)的右子树上插入结点(假设为 C),使 A 的平衡因子从 1 增加至 2,从而失去平衡,如图 7.10(a)和图 7.10(b)所示。

调整规则:需要进行两次旋转,第一步将 C 的双亲结点 B 连同其左子树 α 向下旋转为 C 的左子树,C 原来的左子树 β 成为 B 的右子树,如图 7.10(c)所示;第二步以 C 为轴,A 向右下(顺时针)旋转,A 连同它的右子树 δ 成为 C 的右子树,C 原来的右子树 γ 成为 A 的左子树,C 成为新树的根,如图 7.10(d)所示。

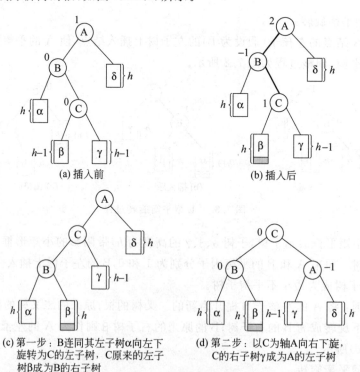

图 7.10   LR 型平衡旋转过程

4）RL 型平衡旋转

若在 A 的右孩子(假设为 B)的左子树(假设为 C)上插入结点,使 A 的平衡因子从 -1 增加至 -2,从而失去平衡,如图 7.11(a)和图 7.11(b)所示。

调整规则:需要进行两次旋转,第一步将 C 的双亲结点 B 连同其右子树 δ 向右下旋转为 C 的右子树,C 原来的右子树 γ 成为 B 的左子树,如图 7.11(c)所示;第二步以 C 为轴,A 向左下(逆时针)旋转,C 的左子树 β 成为 A 的右子树,如图 7.11(d)所示。

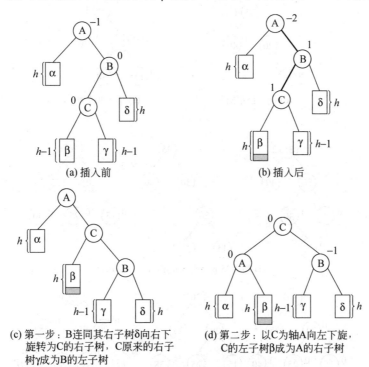

图 7.11　RL 型平衡旋转过程

从上面的调整过程可见,不论进行什么样的调整,调整前后所对应的二叉排序树的中序遍历序列都相同,因此调整后依然保持了二叉排序树的性质不变。

例 7.3　假设有关键字序列为(20,35,40,15,30,25,38),给出平衡二叉树的构造过程,如图 7.12 所示。

需要注意的是,如图 7.12(f)所示,插入 25 后,35 的平衡因子由 1 变成 2,不平衡。首先应该正确判断平衡旋转的类型,是 LR 型,然后进行两步旋转,第一步,将 20 连同左子树 15 向左下旋转成为 30 的左子树,30 原来的左子树 25 成为 20 的右子树;第二步,以 30 为轴,35 连同其右子树 40 向右下旋转,30 成为新的根结点。

3. 平衡二叉树的插入算法实现

在平衡二叉排序树 AVL 上插入一个关键字值为 e 的新结点的递归算法描述如下:

(1) 若 AVL 树为空树,则插入关键字值为 e 的新结点作为 AVL 树的根结点,树的高度增加 1。

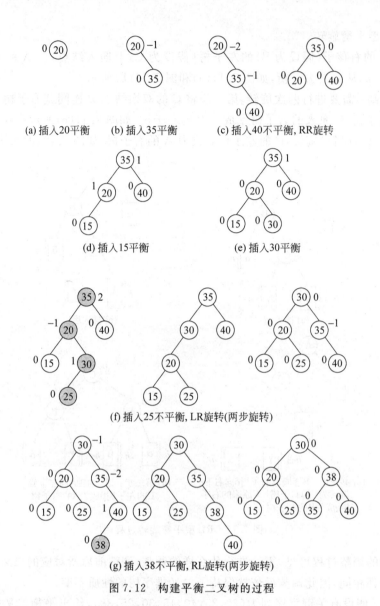

(a) 插入20平衡   (b) 插入35平衡   (c) 插入40不平衡, RR旋转

(d) 插入15平衡   (e) 插入30平衡

(f) 插入25不平衡, LR旋转(两步旋转)

(g) 插入38不平衡, RL旋转(两步旋转)

图 7.12　构建平衡二叉树的过程

（2）比较 e 和 AVL 树的根结点的关键字大小,若相等,则不插入。

（3）若 $e<$ 根结点的关键字,而且 AVL 左子树中不存在和 e 相同的结点,则将 e 插入到 AVL 的左子树上,并且当插入后左子树的高度增加(＋1)时,分别就下列不同情况处理之:

① 若 AVL 根结点的平衡因子为−1(右子树的高度大于左子树的高度),将根结点的平衡因子修改为 0,AVL 树的高度不变。

② 若 AVL 根结点的平衡因子为 0(左、右子树的高度相等),将根结点的平衡因子修改为 1,AVL 树的高度增加 1。

③ 若 AVL 根结点的平衡因子为＋1(左子树的高度大于右子树的高度),这时需要进行左平衡处理(LeftBalance),而且分 LL 型和 LR 型两种处理:

a) 若 AVL 树的左子树的根结点的平衡因子为 1(LL 型),则需进行单向右旋平衡处理,右旋处理之后,将根结点和其右子树的根结点的平衡因子更改为 0,树的高度不变。

　　b) 若 AVL 树的左子树的根结点的平衡因子为 -1(LR 型),则需先向左、再向右双向旋转平衡处理,旋转之后,修改根结点左右子树的平衡因子,树的高度不变。

　　(4) 若 $e>$ 根结点的关键字,而且 AVL 右子树中不存在和 e 相同的结点,则将 e 插入到 AVL 的右子树上,并且当插入后右子树的高度增加($+1$)时,分别就下列不同情况处理之:

　　① 若 AVL 根结点的平衡因子为 $+1$(左子树的高度大于右子树的高度),将根结点的平衡因子修改为 0,AVL 树的高度不变。

　　② 若 AVL 根结点的平衡因子为 0(左、右子树的高度相等),将根结点的平衡因子修改为 1,AVL 树的高度增加 1。

　　③ 若 AVL 根结点的平衡因子为 -1(右子树的高度大于左子树的高度),这时需要进行右平衡处理(RightBalance),而且分 RR 型和 RL 型两种处理:

　　a) 若 AVL 树的右子树的根结点的平衡因子为 -1(RR 型),则需进行单向左旋平衡处理,左旋处理之后,将根结点和其左子树的根结点的平衡因子更改为 0,树的高度不变。

　　b) 若 AVL 树的右子树的根结点的平衡因子为 1(RL 型),则需先向右、再向左双向旋转平衡处理,旋转之后,修改根结点左右子树的平衡因子,树的高度不变。

```
/* ---平衡二叉树的存储结构--- */
在二叉排序树的结点中增加一个平衡因子域 bf,类型定义如下:
#define LH +1                        /* 左高 */
#define EH 0                         /* 等高 */
#define RH -1                        /* 右高 */
#define TRUE 1
#define FALSE 0
typedef int Boolean;
typedef int ElemType;
typedef struct BSTNode{
    ElemType key;                    /* 关键字 */
    int bf;                          /* 结点的平衡因子 */
    struct BSTNode * lchild, * rchild;   /* 左、右孩子指针 */
}BSTNode, * BSTree;
```

　　在平衡二叉排序树上插入关键字值为 e 的递归算法如算法 7.11 所示,其中,左平衡处理算法(LeftBalance)如算法 7.12 所示,右平衡处理算法(RightBanlance)如算法 7.13 所示。算法 7.14 和算法 7.15 分别描述了平衡处理中的右旋和左旋操作时修改指针的情况。

算法 7.11　平衡二叉树的递归插入算法

```
int InsertAVL(BSTree * T,ElemType e,Boolean * taller)
{ /* 关键字 e 插入到 * T 指向的根结点的平衡二叉树中 */
   /* 如果插入,返回 1,未插入,返回 0 */
```

```
/* 插入后,树长高, * taller 置为 TRUE */
int tmp;
if(!( * T))
{ /* 插入新结点,树长高,置 * taller 为 TRUE */
    * T=(BSTree) malloc(sizeof(BSTNode));
    ( * T)->key=e;
    ( * T)->lchild=( * T)->rchild=NULL;
    ( * T)->bf=EH; * taller=TRUE;
} /* if */
else
{   tmp=compare(e,( * T)->key);
    switch(tmp)
    {   case 0:                  /* 树中已存在和 e 关键字相同的结点,返回 0 */
            * taller=FALSE; return 0;
            break;
        case -1:                 /* 应继续在**T 的左子树中进行搜索 */
            if(!InsertAVL(&(( * T)->lchild),e,taller)) return 0;   /* 未插入 */
            if( * taller)         /* 已插入到**T 的左子树中,且左子树"长高" */
            { switch(( * T)->bf)/* 检查**T 的平衡因子 */
                {   case LH:      /* 原来左子树比右子树高,需作 L 平衡处理 */
                        * T=LeftBalance( * T); * taller=FALSE;
                        break;
                    case EH:      /* 原来左、右子树等高,现因左子树增高而使树增高 */
                        ( * T)->bf=LH; * taller=TRUE;
                        break;
                    case RH:      /* 原来右子树比左子树高,现左右子树等高 */
                        ( * T)->bf=EH; * taller=FALSE;
                        break;
                } /* switch(( * T)->bf) */
            } /* if */
            break;
        case 1:                  /* 应继续在**T 的右子树中进行搜索 */
            if(!InsertAVL(&(( * T)->rchild),e,taller)) return 0;   /* 未插入 */
            if( * taller)         /* 已插入右子树,且右子树长高 */
            { switch(( * T)->bf)  /* 检查**T 的平衡因子 */
                {   case LH:      /* 原来左子树高,现在等高 */
                        ( * T)->bf=EH; * taller=FALSE;
                        break;
                    case EH:      /* 原来等高,现在右子树高 */
                        ( * T)->bf=RH; * taller=TRUE;
                        break;
                    case RH:      /* 原来右子树高,现在需作 R 平衡旋转 */
                        * T=RightBalance( * T); * taller=FALSE;
                        break;
```

```
            } /* switch((*T)->bf) */
        } /* if */
        break;
    } /* switch(tmp) */
} /* else */
    return 1;                          /* 插入成功 */
} /* InsertAVL */
```

算法 7.12　左平衡旋转处理

```
BSTree  LeftBalance(BSTree T)
{ /* 对以 * T 为根的二叉树作左平衡处理,结束时,T 指向新的根结点 */
    BSTree lc,rd;
    lc=T->lchild;                  /* lc 指向 * T 的左子树的根结点 */
    switch(lc->bf)                 /* 检查 * lc 的平衡因子,并作相应平衡处理 */
    { case LH:     /* 新结点插入到 * T 左子树的左子树上(LL 型),作单右旋处理 */
        T->bf=lc->bf=EH;
        T=R_Rotate(T);
        break;
    case RH:       /* 新结点插入到 * T 左子树的右子树上(LR 型),先左旋、再右旋处理 */
        rd=lc->rchild;             /* rd 指向 * T 左孩子的右子树的根 */
        switch(rd->bf)             /* 修改 * T 及其左孩子的平衡因子 */
        { case LH: T->bf=RH; lc->bf=EH; break;
          case EH: T->bf=lc->bf=EH; break;
          case RH: T->bf=EH; lc->bf=LH; break;
        } /* switch() */
        rd->bf=EH;
        T->lchild=L_Rotate(T->lchild);      /* 以 * T 的左子树为根,向左旋转 */
        T=R_Rotate(T);             /* 以 * T 为根,向右旋转 */
        break;
    } /* switch() */
    return T;
} /* LeftBalance */
```

算法 7.13　右平衡旋转处理

```
BSTree RightBalance(BSTree T)
{ /* 对以 * T 为根结点二叉树作右平衡处理,结束时,T 指向新的根结点 */
    BSTree rd,lc;
    rd=T->rchild;                  /* rd 指向 * T 的右子树的根结点 */
    switch(rd->bf)                 /* 检查 * rd 的平衡因子,并作相应平衡处理 */
    { case RH:       /* 新结点插入到 * T 右子树的右子树上(RR 型),作单左旋处理 */
        T->bf=rd->bf=EH;
        T=L_Rotate(T);
        break;
    case LH:         /* 新结点插入到 * T 右子树的左子树上(RL 型),先右旋、再左旋 */
```

```
                lc=rd->lchild;        /* lc 指向＊T 右子树的左子树的根 ＊/
                  switch(lc->bf)      /* 修改＊T 及其左孩子的平衡因子 ＊/
                  { case RH:T->bf=LH;rd->bf=EH;break;
                    case EH:T->bf=rd->bf=EH;break;
                    case LH:T->bf=EH;rd->bf=RH;break;
                  } /* switch() ＊/
                  lc->bf=EH;
                  T->rchild=R_Rotate(T->rchild);  /* 以＊T 的右子树为根,向右旋转 ＊/
                  T=L_Rotate(T);       /* 以＊T 为根,向左旋转 ＊/
          } /* switch() ＊/
      return T;
} /* RightBalance ＊/
```

算法 7.14 向右旋转指针的修改

```
BSTree R_Rotate(BSTree p)
{ /* 对以＊p 为根的二叉排序树作右旋处理,处理后 p 指向新的树根结点,即旋转处理之前的左
    子树的根结点 ＊/
      BSTree lc;
      lc=p->lchild;            /* -- lc 指向＊p 的左子树的根结点 ＊/
      p->lchild=lc->rchild;    /* -- ＊lc 的右孩子挂接为＊p 的左子树 ＊/
      lc->rchild=p; p=lc;      /* --＊p 挂接为＊lc 的右子树,p 指向新的根结点 ＊/
      return p;
} /* R_Rotate ＊/
```

算法 7.15 向左旋转的指针修改

```
BSTree L_Rotate(BSTree p)
{ /* 对以＊p 为根的二叉排序树作左旋处理,处理后 p 指向新的树根结点,即旋转处理之前的右
    子树的根结点 ＊/
      BSTree rc;
      rc=p->rchild;            /* --rc 指向＊p 的右子树的根结点 ＊/
      p->rchild=rc->lchild;    /* --rc 的左孩子挂接为＊p 的右子树 ＊/
      rc->lchild=p; p=rc;      /* --＊p 挂接为＊rc 的左子树,p 指向新的根结点 ＊/
      return p;
} /* L_Rotate ＊/
```

算法 7.16 比较关键字大小

```
int compare(int x,int y)
{ if(x==y) return 0;
    else
        if(x<y) return -1;
        else
          return 1;
} /* compare ＊/
```

4. 平衡查找的分析

在平衡树上进行查找的过程与二叉排序树相同。因此,查找给定关键字值的比较次数不超过树的高度。那么,含有 n 个关键字的平衡树的最大高度是多少呢? 为此,先分析高度为 h 的平衡树的最少结点数。

假设令 N_h 表示高度为 h 的平衡树的最少结点数,显然 $N_1=1$, $N_2=2$,并且 $N_h=N_{h-1}+N_{h-2}+1$。这个递推关系与斐波那契数列极为相似。用归纳法容易证明:当 $h \geqslant 0$ 时,$N_h = F_{h+2}-1$,而 $F_h \approx \varphi^h/\sqrt{5}$(其中 $\varphi=(1+\sqrt{5})/2$),则 $N_h \approx \varphi^{h+2}/\sqrt{5}-1$。反之,含有 n 个结点的平衡树的最大高度为 $\log_\varphi(\sqrt{5}(n+1))-2$。因此,平衡树的查找时间复杂度为 $O(\log n)$。

7.3.3　B 树

B 树是 1972 年由 R. Bayer 和 E. McCrerght 提出的一种存储结构,是一种平衡的多路查找树,可用于组织文件的动态索引结构。

1. B 树的定义

一棵 m 阶的 B-树,或为空树,或为满足下列特性的 m 叉树:

(1) 树中每个结点至多含有 m 棵子树。

(2) 若根结点不是叶子结点,则至少含有两棵子树。

(3) 除根之外的所有非叶子结点至少含有 $\lceil m/2 \rceil$ 棵子树。

(4) 所有非终端结点中包含下列信息:

$$(n, A_0, K_1, A_1, K_2, \cdots, K_n, A_n)$$

其中,n 为该结点中的关键字个数($\lceil m/2 \rceil - 1 \leqslant n \leqslant m-1$);$K_i(i=1,\cdots,n)$ 为关键字,且 $K_i \leqslant K_{i+1}(i=1,\cdots,n-1)$;$A_i(i=0,\cdots,n)$ 为指向子树根结点的指针,且 A_{i-1} 所指子树上的所有关键字均小于 K_i,A_i 所指子树上的所有关键字均大于 K_i。

(5) 所有叶子结点在树中的同一层次上,且不带信息(可以看作是外部结点或查找失败的结点)。

如图 7.13 所示的是一棵 4 阶 B 树,根结点只有一个关键字,叶子结点在最低层,可看作查找失败的结点,有时可以不画出,如图 7.14 所示,但是需要计入树的高度,该树的高

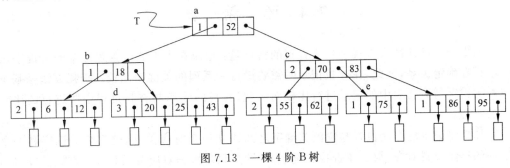

图 7.13　一棵 4 阶 B 树

度为 4。

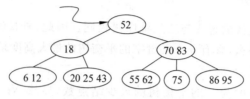

图 7.14　一棵 4 阶 B 树的图示

在 m 阶 B 树中，每个非终端结点可能含有 n 个关键字，且关键字均自小至大有序排列，n 的取值范围为 $\lceil m/2 \rceil - 1 \leqslant n \leqslant m - 1$；含有 $n+1$ 个指向子树根结点的指针，且 A_{i-1} 所指子树上的所有关键字均小于 K_i，A_i 所指子树上的所有关键字均大于 K_i。实际上每个结点中还应该包含 n 个指向每个关键字的记录的指针 $D_i(i=1,2,\cdots,n)$。

2. B 树的查找

在 B 树上进行查找的过程与二叉排序树的查找类似，不同的是在每个记录上确定向下查找的路径可能是多路的。例如，在图 7.13 的 B 树上查找 25 的过程如下：首先从根结点的指针 T 开始找到根结点 *a，因为根结点中只有一个关键字，且给定值 25＜52，所以沿着指针 A_0 查找 *b 结点；而 25＞18，所以顺着指针 A_1 查找到 *d 结点；在结点 *d 中可以顺序查找（或者采用折半查找）找到 25，由此查找成功。在同一棵树中查找 78 的过程也是类似的：首先与根结点中的关键字 52 比较，52＜78，所以顺着指针 A_1 找到 *c 结点；在 *c 结点中顺序查找（或者折半查找），因为 70＜78＜83，所以顺着指针 A_1 找到 *e 结点，在 *e 结点内继续顺序查找（或者折半查找），因为 78＞75，所以顺着指针 A_1 继续查找，但此时 A_1 指向叶子结点，说明该 B 树中不存在关键字为 78 的结点，因而查找失败。

由此可见，在 B 树上的查找过程是一种顺着指针查找结点和在结点内进行查找交叉进行的过程。因为结点内关键字是有序排列的，所以在结点内的查找可以采用顺序查找，也可以采用折半查找。

综上所述，以二叉排序树、平衡二叉树和 B 树作为动态查找表的查找方法，它们的查找过程都是从根结点出发，走了一条从根到叶子结点（或者非终端结点）的路径，其查找时间依赖于树的深度。由于 B 树主要用于文件的索引，它的查找涉及外存的读取，算法实现在此就不作探讨了。

7.4　哈　希　表

前面介绍的线性表查找和树表查找的特点是：记录在表中的位置跟记录的关键字之间不存在确定关系，因此，在查找记录时需要进行一系列的关键字比较。查找方法是基于待查关键字与查找表中的记录进行比较而实现，查找的效率与查找过程中所进行的比较次数有关。

如果将记录的存储位置与它的关键字之间建立一个对应关系，使每个关键字和一个唯一的存储位置对应，那么在查找关键字 key 时，只需根据对应关系和 key 就能计算得到该记录的存储位置。这就是本节将要介绍的哈希表(Hash table)查找方法的基本思想。

7.4.1 哈希表的概念

哈希法(Hashing)又称**散列法**或**杂凑法**,或**关键字-地址转换法**。它的基本思想是:在记录的存储位置与它的关键字之间建立一个映射函数 hash,使每个关键字和一个唯一的存储地址对应,并按此地址存放该记录。对记录进行查找时,根据给定的关键字 key,用同一个映射函数 hash 计算出对应的地址 hash(key),将 key 与地址中的记录关键字进行比较,确定查找是否成功。

映射函数 hash 称为**哈希函数**或**散列函数**。由 hash(key)计算得到的地址称为**哈希地址**或**散列地址**。

通常关键字的集合比哈希地址集合大得多,因而经过哈希函数变换后,可能将不同的关键字映射到同一个哈希地址上,这种现象称为**冲突**(也称为**碰撞**),具有相同函数值的关键字值称为同义词。

哈希表是根据哈希函数建立的表,所以哈希表既是一种存储结构,又是一种查找方法,通常将这种查找方法称为哈希查找。

哈希函数 hash(key)的值域是可以使用的地址空间,称为基本区域。基本区域的长度为哈希表的长度。发生冲突时,同义词可以存放在基本区域中未被占用的单元,也可以存放在基本区域以外另开辟的区域(称为溢出区)。

例 7.4 现有一组记录的关键码序列为(14,23,39,9,25,11)。选取哈希函数为 hash(key)=key%7,则哈希表的地址空间为 0~6,如图 7.15 所示。

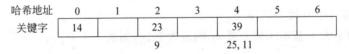

图 7.15 哈希表冲突现象

根据哈希函数构造哈希表时,hash(14)=14%7=0,14 存入地址是 0 的单元;hash(23)=23%7=2,23 存入地址是 2 的单元;hash(39)=39%7=4,39 存入地址是 4 的单元;hash(9)=9%7=2,产生冲突,9 与 23 是同义字;hash(25)=4,hash(11)=4,产生冲突,25、39 与 11 是同义字。

在哈希查找方法中,冲突是不可能避免的,只能尽可能减少。所以,哈希方法必须解决以下两个问题:

(1) 根据关键字的特点,选择适当的哈希函数,使得哈希地址尽可能均匀分布。

(2) 设计一个好的解决冲突的方法。查找时如果发现冲突,则应当根据解决冲突的规则,有规律地查询其他相关单元。

下面分别讨论哈希函数的构造方法和处理冲突的方法。

7.4.2 哈希函数的构造

建立哈希表,关键是构造哈希函数。其原则是尽可能地使任意一组关键字的哈希地址均匀地分布在整个地址空间中,即用任意关键字作为哈希函数的自变量,其计算结果随机分布,以便减少冲突发生的可能性。

常用的哈希函数的构造方法有以下几种。

1. 直接定址法

取关键字或关键字的某个线性函数为哈希地址,即:

$$\text{hash}(\text{key})=\text{key} \quad \text{或} \quad \text{hash}(\text{key})=a\times\text{key}+b$$

其中 a、b 为常数,调整 a 与 b 的值可以使哈希地址取值范围与存储空间范围一致。

优点:以关键码 key 的某个线性函数值为哈希地址,不会产生冲突。

缺点:要占用连续地址空间,空间效率低。

例 7.5　关键码集合为 $\{100,200,300,500,700,800,900\}$,选取哈希函数为 $\text{hash}(\text{key})=\text{key}/100$,则存储结构(哈希表)如图 7.16 所示。

哈希地址	0	1	2	3	4	5	6	7	8	9
关键字		100	200	300		500		700	800	900

图 7.16　哈希表

2. 取余法

选择一个适当的整数 p,用 p 去除关键字,余数作为哈希地址。

$$\text{hash}(\text{key})=\text{key}\%p \quad (p<m,m \text{ 为哈希表长})$$

取余法计算简单,适用范围大,但是整数 p 的选择很重要,如果选择不当会产生较多同义词,使哈希表中有较多的冲突。

一般 p 为不大于基本区域长度 m 的最大素数,如表 7.1 所示。

表 7.1　m 和 p 的取值

m	8	16	32	64	128	256	512	1024
p	7	13	31	61	127	251	503	1019

3. 数字分析法

取关键字的某几位组合成哈希地址。所选的位应当是各种符号在该位上出现的频率大致相同。

例如,假设有一组 80 个关键码,其样式如下:

```
位号:①  ②  ③  ④  ⑤  ⑥  ⑦
     3   4   7   0   5   2   4
     3   4   9   1   4   8   7
     3   4   8   2   6   9   6
     3   4   8   5   2   7   0
     3   4   8   6   3   0   5
```

```
3    4    9    8    0    5    8
3    4    7    9    6    7    1
3    4    7    3    9    1    9
```

分析:第 1、2 位均是"3"和"4",第 3 位也只有"7"、"8"、"9",因此,这两位不能用,余下 4 位分布较均匀,可作为哈希地址选用。若哈希地址取两位(因共有 80 个元素),则可取这 4 位中的任意两位组合成哈希地址,也可以取其中两位与其他两位叠加求和后,取低两位作哈希地址。

$$hash(key) = d_5 \times 10 + d_7$$

或

$$hash(key) = d_4 \times 10 + d_6$$

或

$$hash(key) = (d_4 \times 10 + d_6 + d_5 \times 10 + d_7) \% 100$$

4. 平方取中法

先计算关键字的平方,然后按照哈希表的大小,取中间几位作为哈希地址。

由于平方后的中间几位数与原关键字的每一位数字都相关,只要原关键字的分布是随机的,以平方后的中间几位数作为哈希地址一定也是随机分布。

例如,关键字 key = 2587,$2587^2 = 6\,692\,569$。如果地址长度为 3,则可以取中间的 925 为地址,即 hash(2587) = 925。

5. 折叠法

将关键码从左到右分成位数相等的几部分(最后一部分位数可以短些),然后将这几部分叠加求和,并按哈希表表长,取后几位作为哈希地址。

在关键字位数较多,且每一位上数字的分布基本均匀时,采用折叠法得到的哈希地址比较均匀。具体实现,又可以分为两种方法。

(1)移位相加法:将各部分的最后一位对齐相加。

(2)间界叠加法:从一端向另一端沿分割界来回折叠后,最后一位对齐相加。

例如,记录的关键字 key = 62 751 896,哈希表地址位数为 3 位,下面两种折叠方法都可以。

(1)采用移位相加法:627 518 96   (2)采用间界叠加法:627 518 96

```
              627                            726
              518                            518
           +   96                         +   69
           ──────                         ──────
             1241                           1313
  h₁(30715896)=241              h₂(30715896)=313
```

$h_1(30715896) = 241$ $h_2(30715896) = 313$

7.4.3 处理冲突的方法

哈希法不仅要选择适当的哈希函数,还要有处理冲突的方法。下面介绍几种常用的处理冲突的方法。

1. 开放定址法

当发生冲突时,在冲突位置的前后附近寻找可以存放记录的空闲单元。用此法解决冲突,要产生一个探测序列 $d_i(1 \leqslant i < m)$,沿着此序列,寻找可以存放记录的空闲单元。最简单的探测序列产生方法是进行线性探测,即当发生冲突时,从发生冲突的存储位置的下一个存储位置开始依次顺序探测空闲单元。只要哈希表足够大,空的哈希地址总能找到,并将数据元素存入。

开放定址法的数学描述公式为

$$H_i = (\text{hash}(\text{key}) + d_i)\%m \quad (1 \leqslant i \leqslant m-1) \tag{7.7}$$

其中,hash(key)为哈希函数;m 为哈希表长度;d_i 为增量序列,可有下列 3 种取法:

(1) $d_i = 1, 2, 3, \cdots, m-1$,称线性探测再散列,或线性探测法。

(2) $d_i = 1^2, -1^2, 2^2, -2^2, 3^3, \cdots, \pm k^2(k \leqslant m/2)$,称二次探测再散列,或平方探测法。

(3) $d_i = $ 伪随机数序列,称伪随机探测再散列。

例 7.6 设关键字集合为 $\{47, 7, 29, 11, 16, 92, 22, 8, 3\}$,哈希表表长 $m=11$,哈希函数 hash(key)=key%11,用线性探测法处理冲突。建立哈希表如图 7.17 所示。

哈希地址	0	1	2	3	4	5	6	7	8	9	10
关键字	11	22		47	92	16	3	7	29	8	

图 7.17　用线性探测法解决冲突时的哈希表

(1) 47、7 均是由哈希函数得到没有冲突的哈希地址。

(2) hash(29)=7,哈希地址有冲突,需寻找下一个空的哈希地址:

由 $H_1 = (\text{hash}(29)+1)\%11 = 8$,哈希地址 8 为空,因此将 29 存入。

(3) 11、16、92 均是由哈希函数得到没有冲突的哈希地址。

(4) 22、8 分别在哈希地址 hash(22)=0、hash(8)=8 上有冲突,继续探测下一地址,由 H_1 找到空闲单元。

(5) 3 在哈希地址 hash(3)=3 上有冲突,继续探测下一地址,直到探测到 $H_3 = 3 + d_3 = 6$,空闲,将 3 存入。

分析线性探测法的查找效率,计算平均查找长度:

$$\text{ASL} = (1+2+1+1+1+4+1+2+2)/9 = 1.67$$

在例 7.6 中,hash(29)=7,hash(8)=8,29 与 8 不是同义词,但是在解决 29 与 7 的冲突时,29 已经存入了地址是 8 的单元,使得插入 8 时,本来不冲突的两个非同义词之间发生了冲突。使两个同义词表结合在一起的现象称为**堆积**,也称**聚集**。

用线性探测法解决冲突时,容易产生堆积。这是由于当连续出现若干个同义词后(设第一个同义词的哈希地址为 d,连续的若干个同义词将占用的哈希地址为 d、$d+1$、$d+2$ 等),任何哈希地址为 $d+1$、$d+2$ 上的哈希映射都会由于前面的同义词堆积(或者聚集)而产生冲突,即便随后的这些关键字并没有同义词。

为了减少堆积,可以采用**平方探测法**。平方探测法的增量序列为 $d_i = 1^2, -1^2, 2^2$,

$-2^2,\cdots,\pm k^2(k\leqslant m/2)$。设发生冲突的地址为 d，则平方探测法的探测序列为 $d+1^2$，$d-1^2,d+2^2,d-2^2,\cdots$。平方探测法是一种较好的处理冲突的方法，可以避免堆积现象。缺点是不能探测到哈希表上所有的单元，但至少能够探测一半空间。

2. 拉链法

拉链法，也称链地址法，其基本思想是：将具有相同哈希地址的记录链接成一个单链表。基本区域长度为 m，则有 m 个单链表。然后用一个数组将 m 个单链表的头指针存储起来，形成一个动态结构。

例 7.7 已知关键字集合为 $K=\{47,7,29,11,16,92,22,8,3,50,37,89\}$，$m$ 为 11，设哈希函数为 hash(key)=key%11，用拉链法处理冲突，则构造的哈希表如图 7.18 所示。

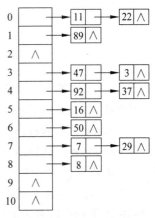

图 7.18　用拉链法处理冲突的哈希表

平均查找长度 ASL=$(1\times 8+2\times 4)/12=1.33$

采用拉链法处理冲突，当查找关键字 key 时，首先使用哈希函数计算待查关键字哈希地址 d=hash(key)，找到第 d 个单链表的头指针，然后在第 d 个单链表中顺序查找关键字 key，平均查找速度比较快。

拉链法的优点是：由于各个链表上的结点是动态申请的，更适合无法确定哈希表的情况。另外，不会造成堆积现象，而且删除结点操作方便。

3. 再哈希法

当发生冲突时，用另一个哈希函数再计算另一个哈希地址，如果再发生冲突，再使用另一个哈希函数，直至不发生冲突为止。这种方法要求预先设置一个哈希函数的序列。

4. 溢出区法

除基本的存储区外（称为基本表），另外建立一个公共溢出区（称为溢出表），当发生冲突时，记录可以存入这个公共溢出区。

7.4.4　哈希表查找及其分析

在哈希表上的查找过程与哈希表的构造过程基本一致。对于给定的关键字值 key，按照建表时设定的哈希函数求得哈希地址；若哈希地址所指位置已有记录，并且其关键字值不等于给定值 key，则根据建表时设定的冲突处理方法求得同义词的下一地址，直到求得的哈希地址所指位置为空闲或其中记录的关键字值等于给定值 key 为止，并分别返回查找失败或者查找成功。

上述查找过程可以描述为

(1) 计算出给定关键字 key 的哈希地址 d=hash(key)；

(2) while((d 中不空)&&(d 中关键字值!=key))。

按冲突处理方法求得下一地址 d；

（3）if(d 中关键字值＝＝key)查找成功，并返回地址 d；

　　　else 查找失败。

例 7.8　已知例 7.8 中的一组关键字，选择哈希函数为 hash(key)＝key％11 和线性探测法处理冲突构造的哈希表 a.elem[0..10]，如图 7.19 所示。

哈希地址	0	1	2	3	4	5	6	7	8	9	10
关键字	11	22		47	92	16	3	7	29	8	

图 7.19　哈希表 a.elem[0..10]

给定 key＝29 的查找过程为：首先计算 hash(29)＝7，因为 a.elem[7]不空且 a.elem[7].key≠29，则第一次冲突处理后的地址是 H1＝(7+1)％11＝8，而 a.elem[8].key＝29，则查找成功，返回记录在表中的数组下标 8。

给定 key＝75 的查找过程为：首先计算 hash(75)＝9，因为 a.elem[9]不空且 a.elem[9].key≠75，则线性探测下一地址是 H1＝(9+1)％11＝10，而 a.elem[10]为空，则查找失败，表中没有关键字值为 75 的记录。

在处理冲突方法相同的哈希表中，其平均查找时间不仅与哈希函数和处理冲突的方法有关，还依赖于哈希表的装填因子。哈希表的装填因子定义如下：

$$\alpha = \frac{\text{哈希表中填入的记录数}}{\text{哈希表的长度}} \tag{7.8}$$

显然，当 $\alpha \geq 1$ 时冲突不可避免。

装填因子越小，表中填入的记录越少，发生冲突的可能性就越小；反之，表中已填入的记录越多，再填充记录时发生冲突的可能性就越大，则查找时进行关键字的比较次数就越多。

7.5　应用实例——通讯录查询系统

1. 问题描述

日常生活中每个人都有一个通讯录，记录了每个朋友的姓名、手机号、QQ 号、通讯地址信息。经常执行的操作是按姓名查询手机号、QQ 号或通讯地址。试设计一个通讯录查询系统，要求以姓名为关键字构造哈希函数，采用链地址法处理冲突建立哈希表，实现朋友信息的插入、删除、查询、修改、输出等功能。

2. 问题分析

因为经常执行的操作是按姓名进行查找，所以以姓名为关键字构造哈希函数，采用链地址法处理冲突建立哈希表，可以实现按姓名进行快速的哈希查找。

哈希函数定义如下：

$$\text{hash(name)} = \left(\sum_{i=1}^{L} | \text{name}[i] | \right) \bmod m$$

其中,L 为 name 的长度,m 为哈希表长。即对姓名字符串中的每一位字符取其 int 值的绝对值,累加求和后对 m 求余数。

通讯录包含以下数据信息:

(1) 朋友记录＝{姓名,手机号,QQ 号,通讯地址}。

(2) 姓名:字符型,不超过 4 个汉字。

(3) 手机号:字符型,包含数字字符 0～9,长度 11 位。

(4) QQ 号:字符型,包含数字字符 0～9,长度 9 位。

(5) 通讯地址:字符型,不超过 20 个汉字。

3. 程序设计

对通讯录经常进行的操作是按姓名查询手机号、QQ 号、通讯地址,因此以姓名为关键字构造哈希函数和以链地址法处理冲突建立哈希表。

输入设计:运行程序后进入主菜单,输入操作选项(0～6),分别进行创建、插入、查询、删除、修改、输出或退出操作。

输出设计:根据不同的操作,输出相应的结果。

基本操作:

HashTable InitHashTable(HashTable ht):初始化 HashTable。

int hash(char * name):计算哈希函数。

FNode * HashTableQueryByName(HashTable ht,char * name,int * ph,pFNode * par):哈希表的查找。

HashTable HashTableInsert(HashTable ht,char * name):哈希表的插入。

HashTable HashTableDelete(HashTable ht,char * name):哈希表的删除。

void HashTableUpdate(FNode * p):哈希表的修改。

void HashTablePrintAll(HashTable ht):哈希表的输出。

int main():主函数。

4. 程序代码

```
#define MAX_HASHTABLE_LEN 30          /* 哈希表长最大值 */
#define MAX_NAME_LEN 20
#define MAX_ADRESS_LEN 40
#define MAX_PHONE_LEN 12              /* 手机号最大位数 11 */
#define MAX_QQ_LEN 10                 /* QQ 号最大位数 9 */
typedef struct friendNode {
char name[MAX_NAME_LEN];             /* 姓名 */
char phone[MAX_PHONE_LEN];           /* 手机号 */
char QQ[MAX_QQ_LEN];                 /* QQ 号 */
char address[MAX_ADRESS_LEN];        /* 通讯地址 */
struct friendNode * next;            /* 指向下一个哈希地址冲突的元素的指针 */
}FNode, * pFNode;                     /* friend 记录类型 */
```

```
    typedef struct {
        int count;                          /* 冲突关键字个数 */
        FNode * head;                       /* 冲突链表的头指针 */
    }headNode;                              /* 哈希表表头结点 */
    typedef struct HashTable{
        headNode HT[MAX_HASHTABLE_LEN];     /* 哈希表表头数组 */
        int m;                 /* 在哈希表基本表中填入元素个数(非空的表头指针数) */
    }HashTable;                             /* 哈希表 */
    HashTable InitHashTable(HashTable ht)   /* 初始化 HashTable */
    {   int i;
        ht.m=0;
        for(i=0;i<MAX_HASHTABLE_LEN;i++)
          { ht.HT[i].count=0;
            ht.HT[i].head=NULL;
          } /* for */
      return ht;
    } /* InitHashTable
    int hash(char * name)                   /* 哈希函数 */
    {   int h=0,n=strlen(name);
        int i=0;
        while(i<n)
        {   if((int)name[i]<0)
                h+=-(int)name[i];
            else
                h+=(int)name[i];
            i++;
        } /* while */
        h=h%MAX_HASHTABLE_LEN;
        return h;
    } /* hash */
    FNode* HashTableQueryByName(HashTable ht,char * name,int * ph,pFNode * par)
    { /* 在哈希表 ht 中查找 name,若查找成功,返回记录的指针 p,否则返回 NULL; */
      /* *ph 返回 name 的哈希地址, *par 返回 *p 的前趋的地址 */
      FNode * p;
      int h=hash(name);
      *ph=h;                                /* *ph 保存 name 的哈希地址 */
      p=ht.HT[h].head;
      *par=NULL;                            /* *par 初始值为 NULL */
      while(p && strcmp(p->name,name)!=0)
      { *par=p; p=p->next;                  /* *par 保存 *p 的前趋的地址,p 后移 */
      } /* while */
      return p;
    } /* HashTableQueryByName */
    HashTable HashTableInsert(HashTable ht,char * name)
```

```
{ /* 在哈希表中插入一个记录 */
   FNode * p,* par;
   int h;
   p=HashTableQueryByName(ht,name,&h,&par);          /* 查找 name */
   if(p) printf("\n%s 已存在!",name);
   else                                 /* 插入 */
   { if(ht.HT[h].head==NULL) ht.m++; /* 基本表元素增加 1 */
      p=(FNode * ) malloc(sizeof(FNode));
      strcpy(p->name,name);
      printf("\n 输入手机、QQ、通讯地址:\n");
      scanf("%s",p->phone);
      scanf("%s", p->QQ);
      scanf("%s",p->address);
      p->next=ht.HT[h].head;           /* 将新结点插入单链表表头后面 */
      ht.HT[h].head=p;
      ht.HT[h].count ++;               /* 第 h 个单链表元素个数增加 1 */
   } /* else */
   return ht;
} /* HashTableInsert */
HashTable HashTableDelete(HashTable ht,char * name)
{ /* 在哈希表中删除 name */
   FNode *p,* par;
   int h;
   p=HashTableQueryByName(ht,name,&h,&par);          /* 查找 name */
   if(p==NULL)
        printf("\n %s 不存在!按任意键继续……",name);
   else
   { if(par==NULL)                      /* 删除首结点 */
        {  ht.HT[h].head=p->next ;
           if(ht.HT[h].head==NULL) ht.m--;
                                        /* 单链表为空,基本表元素个数减 1 */
        } /* if */
      else   par->next=p->next;         /* 删除普通结点 */
      free(p);
      ht.HT[h].count--;                 /* 第 h 个单链表元素个数减 1 */
   printf("\n%s 已删除,按任意键继续……",name);
   getch();
   } /* else */
   return ht;
} /* HashTableDelete */
void HashTableUpdate(FNode * p)         /* 修改 * p 结点 */
{  if(p)
  { printf("姓名=%s, 手机=%s,QQ=%s, 地址=%s ; ",p->name,p->phone,p->QQ,
    p->address);
    printf("\nInput new data for the phone,QQ and adress:\n");
    scanf("%s",p->phone);
```

```
      scanf("%s", p->QQ);
      scanf("%s",p->address);
    } /* if */
  } /* HashTableUpdate */
void HashTablePrintAll(HashTable ht)   /* 输出哈希表 */
{ int i;
  FNode *p;
  printf("\n 姓 名      手机        QQ           通讯地址      hashAddress  ");
  for(i=0;i<MAX_HASHTABLE_LEN;i++)
  {  p=ht.HT[i].head;
     while(p)
     { printf("\n%8s %11s %10s %20s %4d",p->name,p->phone,p->QQ,p->address,i);
       p=p->next;
     } /* while */
  } /* for */
    getch();
} /* HashTablePrintAll */
int main()
{ HashTable ht;
   char name[MAX_NAME_LEN];
   FNode *p,*par;
   int h;
   int choose;
   ht=InitHashTable(ht);                /* 初始化 */
   par=NULL;
   while(1)
   {
   system("cls");
   printf("=======address Book Management System==============\n");
   printf(" *                  1--------创建                    * \n");
   printf(" *                  2--------插入                    * \n");
   printf(" *                  3--------查询                    * \n");
   printf(" *                  4--------删除                    * \n");
   printf(" *                  5--------修改                    * \n");
   printf(" *                  6--------输出                    * \n");
   printf(" *                  0--------退出                    * \n");
   printf("=================================================\n");
   printf(" \n 请输入操作选项(0-6):");
   scanf("%d",&choose);
   switch(choose)
       {  case 1:                      /* 创建 */
              printf("\n 请输入姓名(退出输入#):");
              while(1)
              { scanf("%s",name);
                   if(strcmp(name,"#")==0) break;
                   else
```

```
                    ht=HashTableInsert(ht,name);
                    printf("\n 请输入姓名(退出输入#):");
                 } /* while */
             break;
        case 2:                          /* 插入 */
            printf("\n 请输入姓名:");
            scanf("%s",name);
            ht=HashTableInsert(ht,name);
            break;
        case 3:                          /* 查询 */
            printf("\n 请输入姓名:");
            scanf("%s",name);
            p=HashTableQueryByName(ht,name,&h,&par);
            if(p)                        /* 查找成功 */
            printf("手机=%s,QQ=%s,地址=%s\n",p->phone,p->QQ,p->address);
            else
                printf("\n %s 不存在!按任意键继续……",name);
            getch();
            break;
        case 4:                          /* 删除 */
          printf("\n 输入姓名:");
          scanf("%s",name);
          ht=HashTableDelete(ht,name);
          break;
        case 5:                          /* 修改 */
            printf("\n 请输入姓名:");
            scanf("%s",name);
            p=HashTableQueryByName(ht,name,&h,&par);
            if(p==NULL)
                printf("\n %s 不存在!按任意键继续……",name);
            else
            {   HashTableUpdate(p);
                printf("\n 更新完毕!按任意键继续……");
            } /* else */
            getch();
            break;
      case 6:
          HashTablePrintAll(ht);
          break;
      case 0:
          printf("\n 按任意键退出系统 !\n");
          getch();
          exit(0);
  } /* swtich */ /* /
} /* while */
return 0;
```

```
} /* main */
```

5. 测试数据与运行结果

本例运行结果如图 7.20 所示。

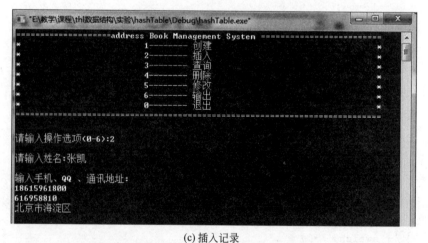

(a) 查询失败

(b) 查询成功

(c) 插入记录

图 7.20　程序运行结果

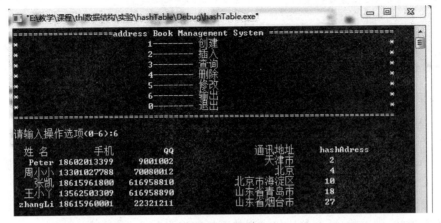

(d) 输出通讯录

图 7.20 （续）

本 章 小 结

（1）查找是数据处理中使用最频繁的操作。根据查找的不同操作，将查找表分为静态查找表和动态查找表。静态查找表只能进行查询和检索操作；而动态查找表除了这两种操作外，还可进行插入、删除和修改等操作。

（2）静态查找表的表示方法不同，查找的方法也不同，主要可分为顺序查找、折半查找和索引查找等。顺序查找是从表的一端开始，逐个和表中的关键字进行比较；折半查找是将查找区间逐步减半，因此它仅适用于有序的顺序表；索引查找是先通过索引确定记录所在的区间，然后在所确定的区间中进行查找。

（3）动态查找表的特点是表结构本身是在查找过程中动态生成的。当表中不存在给定值的结点时再进行插入；当表中存在给定值的结点时再进行删除。

（4）二叉排序树是一个动态查找表。它的特点是左子树的关键字小于根结点，右子树的关键字大于根结点，因此，若对二叉排序树进行中序遍历，将会得到一个结点的递增有序序列。二叉排序树的查找过程就是走了一条从根结点到待查结点的路径的过程，因此在二叉排序树上插入的结点永远是叶子结点。

（5）为了减少二叉排序树的平均查找长度，在其构造过程中可以对其进行平衡化的处理，使其成为一个平衡二叉树。一旦因为插入结点而造成了树的不平衡，可以通过 4 种平衡调整原则来进行调整，使其重新成为一棵平衡二叉树。

（6）哈希表的特点是记录的关键字和其存储地址之间存在一种映像关系。为了减少关键字之间的冲突，在构造哈希函数时要尽可能地选择简单、便于计算的函数，同时要有解决冲突的方法。哈希表的查找过程和构造哈希表过程基本一致，首先根据给定的关键字计算出其函数值，然后到函数值所表示的地址中进行查找。

习 题 7

一、选择题

1. 采用顺序查找方法查找长度为 n 的线性表时,每个元素的平均查找长度为(   )。

    A. n B. $n/2$ C. $(n+1)/2$ D. $(n-1)/2$

2. 对线性表进行折半查找时,要求线性表必须(   )。

    A. 以顺序方式存储   B. 以顺序方式存储,且结点按关键字有序排序

    C. 以链接方式存储   D. 以链接方式存储,且结点按关键字有序排序

3. 若有 18 个元素的有序表存放在一维数组 A[19] 中,第一个元素放在 A[1] 中,现进行折半查找,则查找 A[3] 的比较序列的下标依次为(   )。

    A. 1,2,3   B. 9,5,2,3   C. 9,5,3   D. 9,4,2,3

4. 有一个长度为 12 的有序表,按折半查找法对其进行查找,在表内各元素等概率的情况下,查找成功的平均比较次数为(   )。

    A. 35/12   B. 37/12   C. 39/12   D. 43/12

5. 如图 7.21 所示的二叉排序树,其查找成功的 ASL 是(   ),查找不成功的 ASL 是(   )。

    A. 21/17   B. 28/7

    C. 15/6   D. 21/6

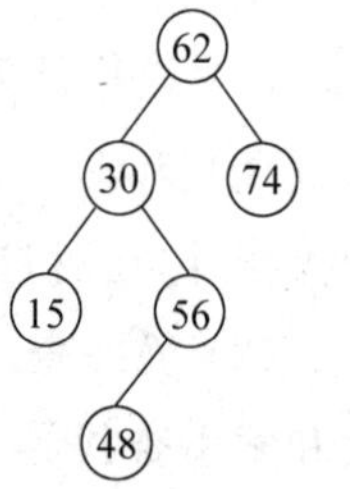

6. 对于线性表 (7,34,55,25,64,46,20,10) 进行散列存储时,若选用 $H(K)=K\%9$ 作为散列函数,则散列地址为 1 的元素有(   )个。

图 7.21 二叉排序树

    A. 1   B. 2   C. 3   D. 4

7. 设二叉排序树上有 n 个结点,则在二叉排序树上查找结点的平均时间复杂度为(   )。

    A. $O(n)$ B. $O(n^2)$ C. $O(n\log_2 n)$ D. $O(\log_2 n)$

8. m 阶 B 树除根结点外,非叶子结点至少包含(   )个关键字。

    A. $\lceil m/2 \rceil$ B. $\lceil m/2 \rceil - 1$ C. $m/2$ D. m

9. 下列叙述中,不符合 m 阶 B 树定义要求的是(   )。

    A. 根结点最多有 m 棵子树

    B. 所有叶子结点都在同一层上

    C. 各结点内的关键字均按升序或降序排列

    D. 叶子结点之间通过指针链接

10. 为提高散列表的查找效率,可以采用的正确措施是(   )。

    Ⅰ. 增大装填因子

    Ⅱ. 设计冲突少的散列函数

    Ⅲ. 处理冲突避免产生聚集(堆积)现象

A. 仅Ⅰ   B. 仅Ⅱ   C. 仅Ⅰ和Ⅱ   D. 仅Ⅱ和Ⅲ

11. 顺序查找法适合于存储结构为( )的线性表。

    A. 散列存储   B. 顺序存储或链式存储

    C. 压缩存储   D. 索引存储

12. 查找效率最高的二叉排序树是( )。

    A. 所有结点的左子树都为空的二叉排序树

    B. 所有结点的右子树都为空的二叉排序树

    C. 平衡二叉树

    D. 没有左子树的二叉排序树

二、填空题

1. 已知一个有序表为(12,18,20,25,29,32,40,62,83,90,95,98),当折半查找值为 29 和 90 的元素时,分别需要_____次和_____次比较才能查找成功;若采用顺序查找时,分别需要_____次和_____次比较才能查找成功。

2. 折半查找有序表(4,6,12,20,28,38,50,70,88,100),若查找表中元素 20,它将依次与表中元素_____比较大小。

3. 在各种查找方法中,平均查找长度与元素个数无关的是_____。

4. 在分块查找中,首先查找_____,然后再查找_____。

5. 一个无序序列可以通过构造一棵_____树而变成一个有序序列,构造树的过程即是对无序序列的排序过程。

三、判断题

1. 用线性探测法解决冲突容易引起聚集现象。   (   )

2. 用拉链法解决冲突容易引起聚集现象。   (   )

3. 哈希表的平均查找长度与表长有关。   (   )

4. 哈希表的平均查找长度与处理冲突的方法和装填因子有关。   (   )

5. B 树和 B+树都有效地支持顺序查找。   (   )

四、应用题

1. 已知有序表{1,3,9,12,32,41,45,62,75,77,82,95,100},请写出采用折半法查找 82 和 35 的过程。

2. 已知序列{50,72,43,85,75,20,35,45,65,30},请构造二叉排序树,并依次给出插入结点 58 和删除结点 20、72 之后的二叉排序树。

3. 已知关键字序列{39,58,27,12,64,88,47,96},请画出构造平衡二叉树的过程,并计算 ASL。

4. 给定关键字序列{11,78,10,1,3,2,4,21},已知哈希函数为 hash(k)=k mod 11,哈希表长为 11(存储单元从 0 到 10)。分别用线性探查法和拉链法处理冲突,试画出它们的对应的哈希表,并计算每一种查找成功的平均查找长度。

5. 试对关键字序列{Jan,Feb,Mar,Apr,May,June,July,Aug,Sep,Oct,Nov,Dec}完成以下操作：

(1) 构造一棵二叉排序树,并计算等概率下查找成功的平均查找长度。

(2) 构造一棵平衡二叉树,并计算等概率下查找成功的平均查找长度。

(3) 在 0～16 的散列空间中分别采用线性探测法和拉链法处理冲突来构造哈希表,并计算 ASL。哈希函数为 $hash(k)=\lfloor i/2 \rfloor$,$i$ 为关键字中的第一个字母在字母表中的序号。

6. 设哈希表的地址范围是[0..8],哈希函数为 $h(key)=(key^2+2) \bmod 9$,采用链表处理冲突,请画出元素 7、4、5、3、6、2、8、9 依次插入哈希表的存储结构,并计算 ASL。

五、算法设计题

1. 某班级的学生记录按照学号有序排列,输入学号查找某个学生的信息,要求分别用顺序查找和折半查找算法实现。

2. 编写算法实现二叉排序的建立、查找、删除算法。

3. 试根据你所在班级的同学的 QQ 号,构造一个哈希表,选择适当的哈希函数和处理冲突的方法,设计实现插入、删除和查找功能,并统计发生冲突的次数。

第8章

排　序

本章主要内容：

(1) 排序的基本概念；

(2) 直接插入排序、折半插入排序及希尔排序；

(3) 冒泡排序和快速排序；

(4) 直接选择排序和堆排序；

(5) 归并排序；

(6) 基数排序；

(7) 各种排序方法的优缺点和性能分析。

8.1　排序的基本概念

排序(sorting)是指把一组无序的数据元素(或记录)按照关键字值非递减(或非递增)次序重新排列成一个有序的序列。排序是数据处理中经常要使用的一种操作，排序的目的是为了便于查询和处理。例如，第 7 章中，如果数据元素是按关键字有序的，可以采用查找效率较高的折半查找算法，其 ASL 为 $\log_2(n+1)-1$；而无序的顺序表只能使用顺序查找算法，其 ASL 为 $(n+1)/2$。

下面给出排序的定义：设 $\{R_1,R_2,\cdots,R_n\}$ 是由 n 个记录组成的一组记录序列，其相应的关键字序列为 $\{K_1,K_2,\cdots,K_n\}$。需要确定 $1,2,\cdots,n$ 的一种排列 $p_0,p_1,\cdots,p_n$，使其关键字满足如下非递减(或非递增)关系：

$$K_{p1} \leqslant K_{p2} \leqslant \cdots \leqslant K_{pn} \tag{8.1}$$

或

$$K_{p1} \geqslant K_{p2} \geqslant \cdots \geqslant K_{pn} \tag{8.2}$$

由此，得到一个按关键字有序的序列 $\{R_{p1},R_{p2},\cdots,R_{pn}\}$，这样的操作称为**排序**。不特别说明的情况下，本书的排序方法指按关键字非递减排序。

关键字是指数据元素中的某个数据项。如果某个数据项可以唯一地确定一个数据元素，就将其称为主关键字；否则，称为次关键字。如果排序依据的是主关键字，排序的结果将是唯一的。如果待排序关键字是次关键字，则排序结果不唯一。

待排序记录中的任意两个记录 R_i 和 $R_j(1\leqslant i\leqslant n,1\leqslant j\leqslant n,i\neq j)$，若其关键字 $K_i=K_j$，且排序前 R_i 在 R_j 之前，即 $i<j$，如果在排序后的序列中，R_i 仍然在 R_j 之前，则称这

种排序方法是**稳定的**,否则称之为**不稳定的**。

计算机中,由于数据的表示形式、规模和涉及的存储设备不同,对数据进行排序的方法也不同。按照待排序的所有记录是否全部被放置在内存中,可将排序方法分为内部排序和外部排序两大类。**内部排序**是指在排序期间所有的待排序记录全部放在内存的排序。**外部排序**是指由于待排序的记录的数量太大,不能同时放置在内存中,而需要将一部分记录放置在内存中,另一部分记录放置在外存中,整个排序过程需要在内外存之间多次交换数据才能得到排序的结果。本章只讨论常用的内部排序方法。

内部排序的方法很多,很难说哪一种方法是最优的,每一种方法都有各自的优缺点以及适合的情况(如记录的规模、记录的初始排列状态等)。常用的内部排序方法主要有 5 类:插入排序、交换排序、选择排序、归并排序和基数排序,每一类排序方法又可能有多种算法。

评价排序算法效率的好坏的因素主要有两点:

(1) 时间效率。

时间效率是指在给定数据量规模的条件下算法的时间复杂度,即排序速度。在排序过程中需要进行两种操作:一是比较两个关键字的大小;二是将记录从一个位置移动到另一个位置。所以时间主要耗费在关键字之间的比较和记录的移动上,因此高效的排序算法应该是尽可能少的比较次数和记录移动次数。

(2) 空间效率。

辅助存储空间是指在数据量规模一定的条件下,除了存放待排序记录的存储空间外,排序算法所需要的辅助存储空间,即算法的空间复杂度。理想的空间效率是所需要的辅助空间与待排序的数据规模无关。

待排序记录序列可以用顺序存储结构和和链式存储结构表示。在本章的讨论中(除基数排序外),待排序的记录序列采用顺序存储结构表示,即用一维数组实现,定义如下:

```
#define MAX_NUM 200          /* 待排序记录序列中的最大数据元素个数 */
typedef int KeyType          /* 关键字为 int 类型 */
typedef struct {             /* 待排序的数据元素类型 */
    KeyType key;             /* 关键字(忽略数据元素中的其他数据项) */
}RecordType;                 /* 记录类型 */
typedef struct {
    RecordType R[MAX_NUM+1]; /* R[0]闲置或用作哨兵单元 */
    int length;              /* 顺序表长度 */
}OrderList;                  /* 顺序表类型 */
```

8.2 插 入 排 序

插入排序的基本思想是:每一步将一个待排序的记录,按其关键字大小,插入到前面已经排好序的一组记录的适当位置上,直到记录全部插入为止。本节介绍 3 种插入排序方法:直接插入排序、折半插入排序和希尔排序。

8.2.1　直接插入排序

1. 直接插入排序的基本思想

直接插入排序(straight insertion sort)是一种比较简单的排序方法,它的基本思想是:当插入第 $i(2{\leqslant}i{\leqslant}n)$ 个记录时,前面的 R[1],…,R[$i-1$]已经排好序,这时,用 R[i]的关键字依次与 R[$i-1$]、R[$i-2$],…,R[1]比较,直到找到插入位置,假设为 j;然后将第 $i-1$ 个至第 j 个记录依次后移,最后将 R[i]插入到位置 j。

和顺序查找类似,在查找第 i 个记录的插入位置时,为了避免在查找过程中顺序表的数组下标出界,在 R[0]处设置监视哨。初始时,将待排序记录序列中的第一个记录作为一个有序表,依次从第二个记录起逐个进行插入,直至整个序列变成按关键字非递减有序的序列为止。整个排序过程一共需要经过 $n-1$ 趟直接插入排序。

2. 直接插入排序算法

算法 8.1　直接插入排序

```
OrderList InsertSort(OrderList L)
{   int i,j;
    for(i=2;i<=L.length;i++)     /* 依次插入记录 R[2],…,R[L.length] */
    {   L.R[0]=L.R[i];           /* R[0]为哨兵 */
        j=i-1;
        while(L.R[0].key<L.R[j].key)
        {   L.R[j+1]=L.R[j];     /* 记录后移 */
            j--;   } /* tohile */
        L.R[j+1]=L.R[0];         /* 插入到正确位置 */
    } /* for */
    return L;
} /* InsertSort */
```

例 8.1　设初始记录的关键字序列为(18,6,3,31,9,27,5,18*),按照算法 8.1 进行直接插入排序的过程如图 8.1 所示。

3. 算法分析

1) 时间效率

直接插入排序需要执行 $n-1$ 趟,比较次数和移动次数与初始记录的排列有关。令 C_i 表示插入 R_i 时需要比较的次数,M_i 表示插入 R_i 时需要移动的次数,下面计算总的比较次数和移动次数。

```
初始关键字序列: 【18】, 6, 3, 31, 9, 27, 5, 18*
i=2            【6, 18】, 3, 31, 9, 27, 5, 18*
i=3            【3, 6, 18】, 31, 9, 27, 5, 18*
i=4            【3, 6, 18, 31】, 9, 27, 5, 18*
i=5            【3, 6, 9, 18, 31】, 27, 5, 18*
i=6            【3, 6, 9, 18, 27, 31】, 5, 18*
i=7            【3, 5, 6, 9, 18, 27, 31】, 18*
i=8            【3, 5, 6, 9, 18, 18*, 27, 31】
```

图 8.1　直接插入排序的过程

最好情况下,即待排序记录已按关键字由小到大排列,每趟排序只需与当前位置的前一个记录比较 1 次,不需要移动记录(如果不考虑 R_i 移动到缓冲区 R_0 中),所以总的最小

比较次数 $C_{\min}$ 为 $n-1$，最小移动次数 $M_{\min}$ 为 0。

$$C_{\min} = \sum_{i=2}^{n} C_i = \sum_{i=2}^{n} 1 = n-1$$

$$M_{\min} = 0$$

最坏情况下，即待排序记录按关键字由大到小逆序排列，第 i 趟排序时，第 i 个记录必须与前面的 $i-1$ 个记录以及监视哨 R_0 都进行比较，所以总的最大比较次数 $C_{\max}$ 和最大移动次数 $M_{\max}$ 计算如下：

$$C_{\max} = \sum_{i=2}^{n} C_i = \sum_{i=2}^{n} i = \frac{1}{2}(n+2)(n-1) = \frac{1}{2}(n^2+n-2)$$

$$M_{\max} = \sum_{i=2}^{n} (i-1) = \frac{1}{2}n(n-1) = \frac{1}{2}(n^2-n)$$

一般情况下，R_i 在前 $i-1$ 个有序子序列中的插入位置有 i 种可能，即插入到第 $1,2,\cdots,$ i 位置上，假设每种插入位置发生的概率是相等的，即 $P_j=1/i(j=1,\cdots,i)$，比较次数为 $C_{ij}=i-j+1(j=1,\cdots,i)$，移动次数为 $M_{ij}=i-j(j=1,\cdots,i)$，则一般情况下插入 $R[i]$ 的比较次数 C_i 和移动次数 M_i 计算如下：

$$C_i = \sum_{j=1}^{i} P_j C_{ij} = \sum_{j=1}^{i} \frac{1}{i}(i-j+1) = \frac{1}{i} \sum_{j=1}^{i} (i-j+1) = \frac{i+1}{2}$$

$$M_i = \sum_{j=1}^{i} P_j M_{ij} = \sum_{j=1}^{i} \frac{1}{i}(i-j) = \frac{1}{i} \sum_{j=1}^{i} (i-j) = \frac{i-1}{2}$$

平均情况下直接插入排序的总的比较次数 C_{avg} 和移动次数 M_{avg} 为

$$C_{avg} = \sum_{i=2}^{n} C_i = \sum_{i=2}^{n} \frac{i+1}{2} = \frac{1}{4}(n+4)(n-1) = \frac{1}{4}(n^2+3n-4)$$

$$M_{avg} = \sum_{i=2}^{n} M_i = \sum_{i=2}^{n} \frac{i-1}{2} = \frac{1}{4}n(n-1) = \frac{1}{4}(n^2-n)$$

由上述分析可知，直接插入排序的时间复杂度与待排序记录的初态有关：若待排序记录序列为正序，则算法的时间复杂度为 $O(n)$；若初态是逆序，则时间复杂度为 $O(n^2)$；平均情况下时间复杂度为 $O(n^2)$。

2）空间效率

仅需要一个附加记录的缓冲单元，所以空间复杂度为 $O(1)$。

3）稳定性

直接插入排序是一种稳定的排序方法。其优点是算法简单。当待排序记录数 n 较小时，排序速度较快，但是记录数 n 较大时，大量的比较和移动操作将使直接插入排序算法的效率降低；然而，当待排序的数据元素基本有序时，直接插入排序过程中的移动次数大大减少，从而效率会有所提高。因此，直接插入排序适合 n 较小，或者初始记录基本有序的情况。

8.2.2　折半插入排序

在直接插入排序的基础上，为了减少比较次数，在查找 R_i 的插入位置时可以改用折半查找算法,这就是**折半插入排序**。因为$\{R_1,\cdots,R_{i-1}\}$是有序的子表,而且采用顺序表存储,所以在$\{R_1,\cdots,R_{i-1}\}$上查找R_i的插入位置时,可以采用折半查找算法。

1. 折半插入排序算法

折半插入排序的存储结构必须采用顺序存储结构,存储结构的定义同 8.1 节。折半插入排序算法如下。

算法 8.2　折半插入排序

```
OrderList BinsertSort(OrderList L)
{ /* 对顺序表 L 进行折半插入排序 */
    int i,j,low,high,m;
    for(i=2;i<=L.length ;i++)
    { L.R[0]=L.R[i];             /* 将 R[i]暂存到 R[0]中 */
      low=1;high=i-1;
      while(low<=high)           /* 在 R[low..high]中折半查找 R[i]的插入位置 */
      {  m=(low+high)/2;         /* m 指向已排序的区间的中间位置 */
         if(L.R[0].key<L.R[m].key) high=m-1;    /* 插入点在左区间 */
         else  low=m+1;          /* 插入点在右区间 */
       } /* while */             /* low 即为 R[i]的插入位置 */
      for(j=i-1;j>=low;--j) L.R[j+1]=L.R[j];    /* 从 R[i-1]到 R[low]依次后移 */
      L.R[low]=L.R[0];           /* R[i]插入 low 的位置 */
    } /* for */
    return L;
}
```

2. 折半插入排序算法分析

折半插入排序的比较次数与待排序记录的初态无关,仅依赖于记录的个数 n。插入第 i 个记录 R_i 时,如果 $i=2^k (0 \leqslant k \leqslant \lfloor \log_2 n \rfloor)$,则无论排序关键字的值如何,都需要经过 $k=\log_2 i$ 次比较。从算法上看,记录的比较时间降低为折半查找的时间复杂度为 $O(n\log_2 n)$,但是记录的移动次数不变,仍为 $O(n^2)$,因此折半插入排序的时间复杂度仍为 $O(n^2)$。折半插入排序算法的空间复杂度为 $O(1)$,是稳定的排序方法。

8.2.3　希尔排序

1. 希尔排序的基本思想

希尔排序(Shell sort)又称“缩小增量排序”(diminishing increment sort),由 D. L. Shell 在 1959 年提出,也是一种插入排序方法,是对直接插入排序、折半插入排序方法的改进。

分析直接插入排序,其算法时间复杂度为 $O(n^2)$,但是当排序记录是“正序”时,其时间复杂度可以提高为 $O(n)$。另外,直接插入排序算法简单,当 n 较小时,算法的效率也很高。因此,直接插入排序适合 n 较小,或者初始记录基本有序的情况。希尔排序正是从这两点出发对直接插入排序算法的改进。

希尔排序的基本思想是:先将整个待排序记录序列分割成若干子序列,分别进行直接插入排序,待整个序列中的记录"基本有序"时,再对全体记录进行一次直接插入排序。

子序列的构成不是简单地"逐段分割",而是将相隔某个增量 d_i 的记录组成一个子序列,让增量 d_i 逐趟缩短,直到 $d_i = 1$ 为止。

d_i 的选取有多种不同的方法,Shell 最早提出的是 $d_1 = \lfloor d_1/2 \rfloor$, $d_{i+1} = \lfloor d_i/2 \rfloor$; D. Knuth 教授建议取 $d_{i+1} = \lfloor (d_i - 1)/3 \rfloor$。一般认为,$d_i$ 取奇数,且相互之间为素数。对于如何选取 d_i 这个问题,至今在理论上还没有确切的答案。

例 8.2　以初始记录关键字序列 $(48, 16, 92, 65, 32, 65^*, 27, 23)$ 为例,希尔排序的过程如图 8.2 所示。

首先,增量 $d_1 = \lfloor n/2 \rfloor = 4$,将该序列分割为 4 个子序列 $\{R1, R5\}$, $\{R2, R6\}$, $\{R3, R7\}$, $\{R4, R8\}$,如图 8.2 的第 2 行至第 5 行所示,分别对每个子序列进行直接插入排序,排序结果如图 8.2 的第 6 行所示。从第 1 行到第 6 行为第 1 趟希尔排序。然后进行第 2 趟希尔排序,增量 $d_2 = \lfloor d_1/2 \rfloor = 2$,分别对两个子序列 $\{R1, R3, R5, R7\}$、

```
初始关键字序列: 48, 16, 92, 65, 32, 65*, 27, 23
d₁=4       48              32
              16              65*
                 92              27
                    65              23
第1趟排序结果: 32, 16, 27, 23, 48, 65*, 92, 65
d₂=2       32    27    48    92
              16    23    65*    65
第2趟排序结果: 27, 16, 32, 23, 48, 65*, 92, 65
第3趟排序结果: 16, 23, 27, 32, 48, 65*, 65, 92
```

图 8.2　希尔排序的过程

$\{R2, R4, R6, R8\}$ 进行直接插入排序,如图 8.2 的第 7 行、第 8 行所示,排序结果如图 8.2 的第 9 行所示。最后增量 $d_3 = \lfloor d_2/2 \rfloor = 1$,对整个记录序列进行一次直接插入排序,排序结果如图 8.2 的第 10 行所示。至此,希尔排序结束,整个序列的记录按关键字非递减有序。

2. 希尔排序算法

算法 8.3　希尔排序

```
OrderList ShellSort(OrderList L)
{ /* 按递增序列进行希尔排序 */
  int i,j,d;
  RecordType temp;
    for(d=L.length/2;d>0;d/=2)        /* d 为本趟希尔排序的增量 */
      { for(i=d+1;i<=L.length;i++)/* 数据存储从 R[1]起,R[0]闲置 */
        { temp=L.R[i];                /* 保存待插入记录 */
          j=i-d;                      /* j 是与 R[i]间隔为 d 的前一个记录位置 */
          while(j>=1&&temp.key<L.R[j].key)   /* R[i]与 R[j]比较 */
          { L.R[j+d]=L.R[j];          /* R[j]后移 d 个位置 */
            j=j-d;
          } /* while */
```

```
            L.R[j+d]=temp;                    /* 插入记录 R[i] */
          } /* for */
       } /* for */
    return L;
  } /* ShellSort */
```

从上述希尔排序的过程可见,子序列的构成不是简单地"逐段分割",而是将相隔某个增量 d_i 的记录组成一个子序列,让增量 d_i 逐趟缩短(例如依次取 4、2、1),直到 $d_i=1$ 为止。开始时 d_i 的值较大,子序列中的记录较少,排序速度较快;随着排序进展,d_i 值逐渐变小,子序列中记录个数逐渐变多,由于前面工作的基础,大多数记录已基本有序,所以排序速度仍然很快。

3. 希尔排序算法的性能分析

希尔排序算法的速度比直接插入排序快,其时间复杂度的分析比较复杂。可以参考阅读 D. Knuth 所著的《计算机程序设计技巧》第三卷,此书给出了希尔排序的平均比较次数和平均移动次数均为 $O(n^{1.3})$。希尔排序算法需要一个辅助空间 temp,所以空间复杂度为 $O(1)$,希尔排序是不稳定的排序方法。

8.3 交 换 排 序

交换排序是指在排序过程中,主要是通过两两比较待排序记录的关键字,当不满足顺序要求时交换它们的存储位置,从而达到排序目的的一类排序方法。本节主要介绍冒泡排序算法和快速排序算法。

8.3.1 冒泡排序

1. 冒泡排序的基本思想

冒泡排序(bubble sort)是交换排序中的一种简单排序方法。它的基本思想是首先将第 1 个记录 R_1 的关键字与第 2 个记录 R_2 的关键字比较,若为逆序(即 L. R[1]. key>L. R[2]. key),则将两个记录交换位置,否则不交换;然后比较第 2 个记录 R_2 的关键字和第 3 个记录 R_3 的关键字,做同样的处理;依此类推,直至比较并处理完第 $n-1$ 个记录 R_{n-1} 和第 n 个记录 R_n 为止。上述过程称为一趟冒泡排序,其结果是关键字最大的记录被交换到第 n 个位置。然后进行第 2 趟冒泡排序,对前 $n-1$ 个记录进行两两相邻记录的比较,逆序则交换,其结果是关键字次大的记录被交换到第 $n-1$ 个位置。第 i 趟冒泡排序的结果是:记录 R_1 至记录 R_{n-i+1} 中的最大记录被交换到第 $n-i+1$ 的位置上。冒泡排序最多执行 $k(1 \leqslant k \leqslant n-1)$ 趟,判断冒泡排序结束的条件是"在一趟排序过程中没有进行记录交换的操作"。

冒泡排序的过程中,通过相邻记录之间的比较和交换,使关键字较大的记录下移,关键字较小的记录上移,就像水中的气泡向上冒一样,关键字小的记录"上浮",关键字较大的记录"下沉",每一趟冒泡排序的结果是最大的记录沉到最底层。

　　例 8.3　设初始记录的关键字序列为$(46,16,89,65,34,65^*,23,28)$,冒泡排序的过程如图 8.3 所示。

46	16	16	16	16	16	16
16	46	46	34	34	23	23
89	65	34	46	23	28	**28**
65	34	65	23	28	**34**	
34	65*	23	28	**46**		
65*	23	28	**65**			
23	28	**65***				
28	89					
初始关键字	第1趟排序结果	第2趟排序结果	第3趟排序结果	第4趟排序结果	第5趟排序结果	第6趟排序结果

图 8.3　冒泡排序的过程

2. 冒泡排序算法

算法 8.4　冒泡排序

```
OrderList BubbleSort (OrderList L)
{ RecordType temp;
    int i,j;
    int flag;                           /* 交换标志 */
    for(j=1;j<=L.length-1;j++)          /* 最多做 n-1 趟排序 */
      { flag=0;                         /* 本趟排序开始前,交换标志应为 0 */
        for(i=1;i<=L.length -j;i++)     /* 对当前无序区扫描 */
        if(L.R[i].key>L.R[i+1].key)
          { temp=L.[i];                 /* 交换记录 */
            L.R[i]=L.R[i+1];
            L.R[i+1]=temp;
            flag=1;                     /* 发生了交换,故将交换标志置为真 */
          } /* if */
        if(flag==0) break;              /* 本趟排序未发生交换,提前终止算法 */
      } /* for */
    return L;
} /* BubbleSort */
```

3. 冒泡排序的性能分析

　　分析冒泡排序的时间效率,如果初始序列为"正序"序列,则只需进行一趟冒泡排序,进行 $n-1$ 次比较,且不需要移动记录,时间复杂度为 $O(n)$,这是最好情况。如果初始序列是"逆序"序列,则需要进行 $n-1$ 趟冒泡排序,每趟进行 $n-i$ 次比较,且每次比较需要移动记录 3 次,总的比较次数为 $\sum_{i=1}^{n-1}(n-i)=n(n-1)/2=O(n^2)$,并作等数量级的记录移动,因此总的时间复杂度为 $O(n^2)$。

冒泡排序的最好时间复杂度为 $O(n)$,最坏时间复杂度为 $O(n^2)$,平均时间复杂度为 $O(n^2)$。冒泡排序过程中只需要一个用来交换记录的暂存单元,所以空间复杂度为 $O(1)$。冒泡排序是一种稳定的排序方法。冒泡排序算法比较简单,当初始序列基本有序时,冒泡排序有较高的效率,反之效率较低。

8.3.2　快 速 排 序

冒泡排序是在相邻两个记录之间进行比较和交换,每次交换只上移或下移一个位置,因此总的比较和移动次数较多。快速排序(quick sort)是对冒泡排序的改进,由计算机领域的爵士——C. A. R. Hoare 于 1960 年提出。

1. 快速排序的基本思想

从待排序的 n 个记录中任取一个记录(通常取第一个)作为枢纽记录(即基准记录),所有比枢纽记录小的记录一律放在其左侧,所有比枢纽记录大的记录一律放在其右侧,形成左右两个子表;枢纽记录排在两个子表中间的位置(这也是该记录最终应放置的位置)。然后分别对两个子表重新选择枢纽记录,并重复上述过程,直到每个子表的长度不大于 1 为止。

对待排序记录序列进行一趟快速排序的过程描述如下:

(1) 初始化:取第一个记录 R_1 作为枢纽,将 R_1 先放到附加存储单元 R_0 中。设置两个指针 i、j 分别用来指示将要与基准记录进行比较的左侧记录位置和右侧记录位置。

(2) 用枢纽记录与指针 j 指向的记录进行比较,如果 j 指向的记录的关键字值比枢纽记录的大,则 j 减 1,继续比较,直到 j 指向的记录的关键字值比枢纽记录的小(逆序),那么将 j 指向的记录移动到 i 所指的位置。

(3) 用枢纽记录与指针 $i+1$ 指向的记录进行比较,如果 i 指向的记录的关键字值小,则 i 加 1,继续比较,直到 i 指向的记录的关键字值比枢纽记录的大(逆序),那么将 i 指向的记录移动到右侧 j 指向的位置。

(4) 重复(2)和(3),即右侧比较与左侧比较交替重复进行,直到指针 $i=j$,这时 i(或者 j)就是枢纽记录的最终位置。

一趟快速排序的结果是找到枢纽记录的最终位置,并以枢纽记录为界,将原来的区间划分成左右两个子表,再分别对左右两个子表进行快速排序,依此类推,直到每个子表的记录都小于等于 1 为止。

例 8.4　设初始记录的关键字序列为 $(46,16,89,65,34,65^*,23,28)$,对它进行快速排序的过程如图 8.4 所示。

```
pivotkey=46
初始序列：        46  16  89  65  34  65*  23  28
                  i↑                           ↑j
第1次移动后：     28  16  89  65  34  65*  23
                      i↑                       ↑j
                  28  16  89  65  34  65*  23
                          i↑                   ↑j
第2次移动后：     28  16      65  34  65*  23  89
                          i↑               ↑j
第3次移动后：     28  16  23  65  34  65*      89
                              i↑           ↑j
第4次移动后：     28  16  23      34  65*  65  89
                              i↑      ↑j
                  28  16  23      34  65*  65  89
                              i↑  ↑j
第5次移动后：     28  16  23  34      65*  65  89
                                i↑↑j
第1趟快速排序结果：{28  16  23  34}  46  {65*  65  89}
分别进行快速排序：{28  16  23  34}  46  {65*  65  89}
                  {16  23}  28{34}  46  65*  {65  89}
                  {16}  23  28  34  46  65*  65  {89}
最后排序结果：     16  23  28  34  46  65*  65  89
```

图 8.4　快速排序的过程

2. 快速排序算法

快速排序是一个递归的过程，只要能够实现一趟快速排序的算法，就可以利用递归的方法对一趟快速排序后的左右子表分别进行快速排序。

算法 8.5　快速排序的分割算法

```
int Partition(OrderList *L,int i,int j)     /* 一趟快速排序 */
{  L->R[0]=L->R[i];                   /* 以子表的首记录作为枢纽记录，放入 R[0]单元 */
   pivotkey=L->R[i].key;              /* 取枢纽记录的关键码存入 pivotkey 变量 */
   while(i<j)                         /* 从表的两端交替地向中间扫描 */
   {  while(i<j && L->R[j].key>=pivotkey)--j;
      L->R[i]=L->R[j];                /* 将比枢纽小的记录交换到低端 */
      while(i<j && L->R[i].key<=pivotkey)  ++i;
      L->R[j]=L->R[i];                /* 将比枢纽大的记录交换到高端 */
   } /* while */
   L->R[i]=L->R[0];                   /* 枢纽记录到位 */
   return i;                          /* 返回枢纽记录所在位置 */
} /* Partition */
```

算法 8.6 快速排序的递归算法

```
void QuickSort(OrderList * L, int i, int j)
{  /* 对顺序表 L 中的子序列 R[i..j] 作快速排序 */
   if(i<j)                          /* 区间长度>1 */
   { pivot=Partition(L, i, j);      /* 一趟快速排序,将 R[i..j] 一分为二 */
     QuickSort(L, i, pivot-1)       /* 在左子区间进行递归快速排序,直到长度为 1 */
     QuickSort(L, pivot+1,j);       /* 在右子区间进行递归快速排序,直到长度为 1 */
   }
} /* QuickSort */
```

下面是对一趟快速排序 Partition 算法的详细说明:

(1) 初始化:

将 i 和 j 分别指向待排序区间的最左侧记录和最右侧记录的位置。

```
i=1; j=L->length;
```

将枢纽记录 L—>R[i] 暂存在 L—>R[0] 中:

```
L->R[0]=L->R[i];
```

(2) 对当前待排序区间从右侧(j 指向的记录)开始向左侧进行扫描,直到找到第一个关键字值小于枢纽记录关键字值的记录:

```
while(i<j && L->R[j].key>=pivotkey)--j;
```

(3) 将 L—>R[j] 中的记录移至 L—>R[i]:

```
L->R[i]=L->R[j];
```

(4) 对当前待排序区域从左侧(i 指向的记录)开始向右侧进行扫描,直到找到第一个关键字值大于枢纽记录关键字的记录:

```
while(i<j && L->R[i].key<=pivotkey)  ++i;
```

(5) 将 L—>R[i] 中的记录移至 L—>R[j]:

```
L->R[j]=L->R[i];
```

(6) 如果此时 $i<j$,则重复上述操作(2)~(5),否则表明找到了枢纽记录的最终位置,并将枢纽记录移到它的最终位置上:

```
while(i<j)
{  执行步骤(2)~(5)
}
L->R[i]=L->R[0];      /* 枢纽记录到位 */
return i;             /* 返回枢纽记录所在位置 */
```

3. 快速排序的性能分析

快速排序实质上是对冒泡排序的一种改进,它的效率与冒泡排序相比有很大的提高。

在冒泡排序过程中是对相邻两个记录进行关键字比较和互换的,这样每次交换记录后,只能改变一对逆序记录;而快速排序则从待排序记录的两端开始进行比较和交换,并逐渐向中间靠拢,每经过一次交换,有可能改变几对逆序记录,从而加快了排序速度。到目前为止快速排序是平均速度最快的一种排序方法,但当原始记录排列基本有序或基本逆序时,每一趟的基准记录有可能只将其余记录分成一部分,这样就降低了时间效率,所以快速排序适用于原始记录排列杂乱无章的情况。

当初始序列基本有序时,退化为冒泡排序,时间复杂度为 $O(n^2)$。排序速度的平均时间复杂度为 $O(n\log_2 n)$。

在递归调用时需要一个栈空间来保存每一层递归调用时的必要信息。栈的大小取决于递归调用的深度,最多不超过 n,若每次分割的左右区间大小差不多,则递归深度最多不超过 $\log_2 n$。所以算法的平均空间复杂度为 $O(\log_2 n)$,最坏情况是 $O(n)$。

快速排序是一种不稳定的排序方法,因为左右交换时,原来相同的排序关键字记录的相对位置难以保持不变。

8.4　选　择　排　序

选择排序(selection sort)的基本思想是:每一趟在 $n-i+1(i=1,2,\cdots,n-1)$ 个待排记录中选取关键字最小的记录作为有序序列中的第 i 个记录。本节将介绍简单选择排序和堆排序。

8.4.1　简单选择排序

1. 简单选择排序的基本思想

简单选择排序(simple selection sort)的基本思想是:每经过一趟比较就找出一个最小值,与待排序列最前面的位置互换即可。首先,在 n 个记录中选择最小者放到 R[1]位置;然后,从剩余的 $n-1$ 个记录中选择最小者放到 R[2]位置;……;如此进行下去,直到全部有序为止。

2. 简单选择排序算法

算法 8.7　简单选择排序算法

```
OrderList SelectSort(OrderList L)    /* 简单选择排序 */
{ int i,j,min;
  RecordType temp;
  for(i=1;i<L.length;i++)              /* 对 n 个记录进行 n-1 趟的简单选择排序 */
  {  min=i;                           /* 初始化第 i 趟简单选择排序的最小记录指针 */
     for(j=i+1;j<=L.length;j++)       /* 搜索关键字最小的记录位置 */
         if(L.R[j].key<L.R[min].key) min=j;
     if(min!=i)
     {  temp=L.R[i];
```

```
        L.R[i]=L.R[min];
        L.R[min]=temp;
    } /* if */
} /* for */
return L;
} /* SelectSort */
```

例 8.5 设初始记录的关键字序列为（62,25, 49,25*,16,08），对它进行简单选择排序的过程如图 8.5 所示。

初始序列：	62	25	49	25*	16	08
第1趟：	**08**	25	49	25*	16	62
第2趟：	08	**16**	49	25*	25	62
第3趟：	08	16	**25***	49	25	62
第4趟：	08	16	25*	**25**	49	62
第5趟：	08	16	25*	**25**	49	62

图 8.5 简单选择排序的过程

3. 简单选择排序的性能

如算法 8.7 所示，从 $n-i+1$ 个待排序记录中选择最小的记录需要比较 $n-i$ 次，$n-1$ 趟总的比较次数为 $n(n-1)/2$，无论初始记录的排列如何，所需的比较次数相同；移动记录的次数较少，最多 $3(n-1)$ 次。因此，简单选择排序算法的时间复杂度为 $O(n^2)$。排序过程中只需要一个用来交换记录的暂存单元，所以空间复杂度为 $O(1)$。简单选择排序算法简单，但是速度较慢，并且是一种不稳定的排序方法。

分析简单选择排序算法的时间效率，无论记录的初始排列如何，均需要比较 $n(n-1)/2$ 次，因此改进简单选择排序可以从减少"比较次数"的角度考虑。很明显，第 1 趟排序时，在 n 个记录中选出最小记录，至少进行 $n-1$ 次比较；然而，第 2 趟排序时，在剩余的 $n-1$ 个记录中选择最小记录并非一定要进行 $n-2$ 次比较，如果能够利用以前的 $n-1$ 次比较的结果，就可以减少后续各趟排序中的比较次数，从而提高时间效率。8.4.2 节将要介绍的堆排序就是在此基础上提出的改进算法。

8.4.2 堆排序

1. 堆排序的基本思想

堆排序（heap sort）是另一种基于选择的排序方法，下面先介绍一下什么是堆，然后介绍如何利用堆进行排序。

由 n 个记录组成的序列 $\{k_1, k_2, \cdots, k_n\}$，当且仅当满足如下关系时，称为堆。

$$\begin{array}{ll} k_i \leqslant k_{2i} \\ k_i \leqslant k_{2i+1} \end{array} \quad \text{或者} \quad \begin{array}{ll} k_i \geqslant k_{2i} \\ k_i \geqslant k_{2i+1} \end{array} \quad (i=1,2,\cdots,\lfloor n/2 \rfloor) \quad (8.3)$$

若将序列 $\{k_1, k_2, \cdots, k_n\}$ 顺次排成一棵以 k_1 为根的完全二叉树，则该完全二叉树的特点是：树中每个非终端结点的值均小于（或大于）其左右孩子。因此，若序列 $\{k_1, k_2, \cdots, k_n\}$ 是堆，则堆顶元素（完全二叉树的根）必定是这 n 个元素中的最小值（或最大值）。

例 8.6 有记录的关键字序列 $T_1=(08,25,49,46,58,67)$ 和序列 $T_2=(91,85,76,66,58,67,55)$，如图 8.6 所示，判断它们是否是"堆"。

堆排序的基本思想是：将 n 个无序的记录建立成一个堆，此时，选出了堆中所有记录的最小值或最大值，然后输出堆顶的元素后，将剩余的 $n-1$ 个记录重建成一个堆，则得到

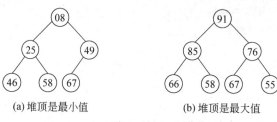

(a) 堆顶是最小值   (b) 堆顶是最大值

图 8.6   堆的示例

n 个记录中的次小值或者次大值。如此反复执行,直到输出所有的记录,这个过程称为堆排序。

由此可见,实现堆排序需要解决以下两个关键问题:

(1) 如何由一个无序序列建成一个堆?

(2) 如何在输出堆顶元素之后,调整剩余元素成为一个新的堆?

设一组待排序记录的关键字初始序列为 $(62,25,49,25^*,16,08)$,如何建立一个小根堆? 其建立过程如图 8.7 所示。

首先,将待排序记录用一维数组存储,下标从 1 开始,对应一棵完全二叉树,如图 8.7(a)所示。由于叶子结点可以看作是只有一个元素的堆,所以从最后一个非终端结点开始往前逐步调整(筛选),使每个非终端结点都小于其左右孩子结点,直到根结点为止。n 个结点的完全二叉树的最后一个非终端结点编号必为 $\lfloor n/2 \rfloor$,所以从下标为 $\lfloor n/2 \rfloor$ 的结点开始调整。如图 8.7(a)所示,从 49 开始调整,49 比其左孩子 08 大,49 和 08 交换,如图 8.7(b)所示;然后调整 25,25 比其右孩子 16 大,25 和 16 交换,如图 8.7(c)所示;对 62 进行调整,62 比其左右孩子都大,沿着较小的孩子结点 08 向下筛选,62 和 08 交换,62 还要再和 49 继续比较,继续向下筛选,62 和 49 交换,如图 8.7(d)所示,成为小根堆,堆顶 08 为最小记录。

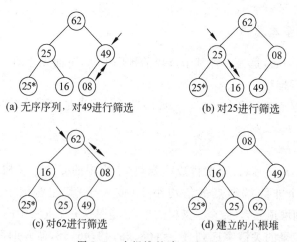

(a) 无序序列,对49进行筛选   (b) 对25进行筛选

(c) 对62进行筛选   (d) 建立的小根堆

图 8.7   小根堆的建立过程

初始的无序序列建成一个小根堆后如图 8.7(d)所示,输出堆顶元素 08,将剩余的 $n-1$ 个元素调整成一个新的堆的过程如图 8.8 所示。将堆顶元素 08 与堆底元素(最后一

个元素)交换,如图 8.8(b)所示。

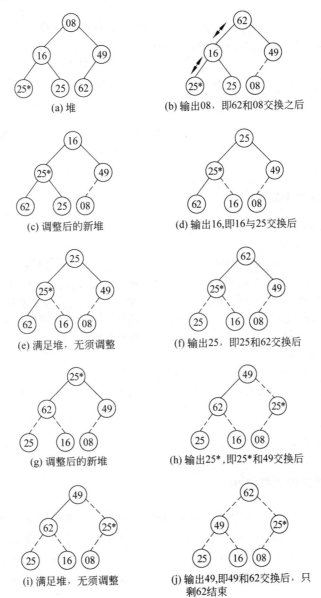

图 8.8　输出堆顶元素并重新调整成堆的过程

2.　堆排序算法

算法 8.8　筛选算法

```
OrderList HeapAdjust(OrderList H,int s,int m)
{ /* 已知 H.R[s..m]中的记录的关键字除 H.R[s].key 之外均满足堆定义 */
  /* 本函数调整 H.R[s],使 H.R[s..m]成为一个小根堆 */
  RecordType rc;
```

```
    int j;
    rc=H.R[s];
    for(j=2*s;j<=m;j*=2)              /* 沿 key 较小的关键字向下筛选 */
    { if(j<m)&&(H.R[j].key>H.R[j+1].key)
        j++;                         /* j 为 key 较小的记录下标 */
      if(rc.key<H.R[j].key) break;   /* rc 应在位置 s 上 */
      H.R[s]=H.R[j]; s=j;
    } /* for */
    H.R[s]=rc;                       /* 调整到位 */
    return H;
} /* HeapAdjust */
```

算法 8.9　堆排序算法

```
OrderList HeapSort(OrderList H)
{ RecordType temp;
  int i;
  for(i=H.length/2;i>0;--i)          /* 把 H.R[1..H.length]建成小根堆 */
  H=HeapAdjust(H,i,H.length);        /* 从 i=H.length/2 往前依次调整 */
  for(i=H.length;i>1;--i)            /* 输出堆顶，然后重建堆 */
    { temp=H.R[1];                   /* 堆顶与堆底交换 */
      H.R[1]=H.R[i];
      H.R[i]=temp;
      H=HeapAdjust(H,1,i-1);         /* 将 H.R[1..i-1]重建堆 */
    } /* for */
  return H;
} /* HeapSort */
```

3. 堆排序算法的性能分析

分析算法 8.8 和算法 8.9，时间主要花费在建立初始堆和调整堆时进行的反复"筛选"上。假设堆中有 n 个结点，且 $2^{k-1} \leqslant n < 2^k$，则对应的完全二叉树的深度为 $k = \lfloor \log_2 n \rfloor + 1$。第 i 层上的结点数小于等于 $2^{i-1}(i=1,\cdots,k)$。在建立第一个初始堆的 for 循环中，对每一个非终端结点调用一次筛选算法 HeapAdjust，因此该循环所用的时间为

$$2\sum_{i=1}^{k-i} 2^{i-1}(k-i) \leqslant 4n$$

其中，i 为结点的层数；2^{i-1} 是第 i 层最大结点数；$(k-i)$ 是第 i 层结点能够移动的最大距离。算法 8.9 的第二个 for 循环中调用了 $n-1$ 次 HeapAdjust 算法，时间复杂度为 $O(n\log_2 n)$。堆排序的时间复杂度的最好和最坏情况下都是 $O(n\log_2 n)$，与简单选择排序相比时间效率提高了很多。另外，不管原始记录如何排列，堆排序的比较次数变化不大，所以说，堆排序对原始记录的排列状态并不敏感。

堆排序算法中只需要一个暂存被筛选记录内容的单元，空间复杂度为 $O(1)$。堆排序是一种速度快、节省空间的不稳定的排序方法。

8.5　归并排序

1. 归并排序的基本思想

归并是指将两个或两个以上的有序表合并成一个有序表。归并排序(merging sort)的基本思想是:假设初始序列含有 n 个记录,则可以看成是 n 个有序的子序列,每个子序列的长度为 1,然后两两归并,得到 $\lceil n/2 \rceil$ (上取整)个长度为 2 的有序子序列;然后再两两归并,……,如此重复,直至得到一个长度为 n 的有序表为止,这种排序方法称为二路归并排序。

例 8.7　待排序记录的关键字序列为(62,25,49,25*,16,08),二路归并排序过程如图 8.9 所示。

```
初始关键字序列: [62] [25] [49] [25*] [16] [08]
第1趟归并结果:  [25  62] [25*  49] [08 16]
第2趟归并结果:  [25  25* 49 62] [08  16]
第3趟归并结果:  [08  16 25 25* 49 62]
```

图 8.9　二路归并排序的过程

2. 二路归并排序算法

二路归并排序的核心操作是将一维数组中前后两个有序序列归并成一个有序序列,算法如下。

算法 8.10　归并算法

```
Void merge(OrderList S,OrderList * T,int i,int m,int n)
{ /* 将有序表 S.R[i..m]和 S.R[m+1..n]归并为有序表 T->R[i..n] */
  int j,k;
  for(j=m+1,k=i;i<=m && j<=n;++k) /* i、j 分别指向两个有序子表的第一个记录位置 */
                                  /* k 指向 T 的当前记录 */
    { if(S.R[i].key<S.R[j].key)   /* 取 S.R[i..m]和 S.R[m+1..n]中的小者放入
                                     T->R[k] */
            T->R[k]=S.R[i++];
      else
          T->R[k]=S.R[j++];
    } /* for */
  if(i<=m)
    while(i<=m)
        T->R[k++]=S.R[i++];       /* 将剩余的 S.R[i..m]复制到 T */
  else
      while(j<=n)
        T->R[k++]=S.R[j++];       /* 将剩余的 S.R[j..n]复制到 T */
} /* merge */
```

一趟归并排序的情形如下：

设数组 S. R[1.. n]中的 n 个记录已经分为一些长度为 h 的有序段,将这些有序段两两归并,得到前后相邻的、长度为 $2h$ 的有序段,并存储在 T->R[1.. n]中。如果 n 不是 h 的整数倍,则一趟归并到最后,可能出现两种情况：

(1)剩下的一个长度为 h 的有序段和另一个长度不足 h 的有序段,可用一次 Merge 算法合并成一个长度小于 $2h$ 的有序段。

(2)只剩下一个有序段,其长度小于或等于 h,可以直接将它拼接到 T->R 数组中。

算法 8.11 一趟归并算法

```
Void MergePass(OrderList S,OrderList * T,int n,int h)
{ /* 一趟归并排序 */
  /* 把若干个相邻的长度为 h 的有序段和最后一个可能小于 h 的有序段两两归并,结果存入 T
    中 */
  int i=1,k;                        /* i 指向待归并序列的第 1 个位置 */
  while(i<n-2 * h+1)                /* 待归并记录至少含有两个长度为 h 的子序列 */
    { Merge(S,T,i,i+h-1,i+2 * h-1);
      i+=2 * h;
    } /* while */
  if(i<n-h+1)
      Merge(S,T,i,i+h-1,n);         /* 待归并序列中有一个长度小于 h */
  else
      for(k=i;k<=n;k++)             /* 待归并序列只剩一个子序列 */
          T->R[k]=S.R[k];
} /* MergePass */
```

算法 8.12 非递归归并排序算法

```
Void MergeSort(OrderList S,OrderList * T,int n)
{ /* 归并排序,S 是待排序顺序表,n 是 S 的记录数,T 是辅助顺序表 */
  int h=1;
  int k=0,i;
  while(h<n)
  { MergePass(S,T,n,h);
    h=2 * h;
    MergePass(* T,&S,n,h);
    h=2 * h;
  if((k%2)==0)                  /* 归并排序趟数若为偶数,结果存在 S 中,需要复制到 * T 中 */
      for(i=1;i<S.length+1;i++)
          T->R[i]=S.R[i];
  } /* while */
} /* MergeSort */
```

调用时 MergeSort(L,&T,L. length),L 是待排序顺序表,T 是辅助顺序表,排序结果保存在 T 中。

3. 二路归并的性能分析

一趟归并排序的操作需要将 L. R[1..n] 中相邻的长度为 h 的有序序列两两归并,并把结果存储到 T. R[1..n] 中,这需要耗费 $O(n)$ 的时间,整个归并排序需要进行 $\lceil \log_2 n \rceil$ 趟,因此,总的时间复杂度为 $O(n\log_2 n)$,这是归并排序最坏、最好、平均情况下的时间效率。

二路归并排序在归并过程中,需要与待排序记录相同数量的辅助存储空间,以便暂存中间结果,因此空间复杂度为 $O(n)$。二路归并排序是一种稳定的排序方法,这与快速排序和堆排序不同。

归并排序的思想可以用于内部排序,但是更多地用于外部排序。由于外部排序算法难以严格描述,本章在这里不讨论。

8.6　基　数　排　序

前面介绍的几种排序方法都是把排序关键字作为一个整体,通过比较关键字的大小和移动记录实现排序。基数排序是一种特殊的排序方法,是一种借助多关键字的思想对单关键字进行排序的方法。

8.6.1　多关键字排序

以扑克牌排序为例,每张牌有两个属性:花色和面值。假设其顺序关系为

花色: ♣ < ♦ < ♥ < ♠

面值: 2 < 3 < 4 < 5 < 6 < 7 < 8 < 9 < 10 < J < Q < K < A

花色为高位,面值为低位。当比较两张牌的大小时,先比较"花色",若"花色"相同,再比较"面值"。所以,52 张牌的次序关系为

♣2 < ♣3 < ⋯ < ♣A < ♦2 < ♦3 < ⋯♦A < ♥2 < ♥3 < ⋯ < ♥A < ♠2 < ♠3⋯ < ♠A

将扑克牌整理成上述序列,通常可以采用两种方法实现:

(1) 先将牌按"花色"分成有序的 4 堆,每堆牌具有相同的"花色";然后分别对每堆牌按"面值"大小排序,最后按花色由小到大收集起来。

(2) 先按"面值"分成有序的 13 堆,将它们由小到大收集起来;再按"花色"排序,最后按顺序收集起来。

这两种方法都可以得到一副满足上面次序关系的牌,这就是两种多关键字排序方法。

给定一组记录序列 $(r_1, r_2, \cdots, r_n)$,每个记录 r_i 含有 d 个关键字 $(k_i^{d-1}, k_i^{d-2}, \cdots, k_i^0)$,多关键字排序就是将这组记录排列成 $(r_{s1}, r_{s2}, \cdots, r_{sn})$ 的一个序列,使得对于序列中任意两个记录 r_i 和 r_j $(0 \leqslant i \leqslant j \leqslant n-1)$,都满足:

$$(k_i^{d-1}, k_i^{d-2}, \cdots, k_i^1, k_i^0) \leqslant (k_j^{d-1}, k_j^{d-2}, \cdots, k_j^1, k_j^0) \qquad (8.4)$$

其中,k^{d-1} 称为**最高位关键字**;k^0 称为**最低位关键字**。

多关键字的排序方法有两种：

1）最高位优先（Most Signification Digit first，MSD）

首先按最高位关键字 k^{d-1} 进行排序，将原序列分割成若干子序列，每个子序列中都含有相同的 k^{d-1} 值；再分别对每个子序列按关键字 k^{d-2} 排序，每个子序列分割成若干更小的子序列，每个更小的子序列的记录具有相同的关键字 k^{d-2}；如此重复，直至按最低位关键字 k^0 排序；最后将所有的子序列按次序收集在一起得到一个有序的序列。

2）最低位优先（Least Signification Digit first，LSD）

首先按最低位关键字 k^0 进行排序，然后按关键字 k^1 进行排序，依次重复，直至对最高位关键字 k^{d-1} 进行排序，得到一个有序的序列。

高位优先排序将原始序列分割成若干子序列，然后对各个子序列进行独立排序；低位优先排序对每位关键字都是所有记录参加排序，并且通过"分配"和"收集"实现。高位优先法思想比较简单，但序列的分割实现比较麻烦；低位优先法无须进行序列的分割，实现比较容易。

下面要介绍的基数排序就是采用 LSD 排序的一种排序方法。

8.6.2　链式基数排序

1. 基数排序的基本思想

基数排序（radix sort）是借助于多关键字排序思想进行排序的一种排序方法。该方法将排序关键字 keys 看作是由多个子关键字组成的复合关键字，即 keys $=k^{d-1}\cdots k^1 k^0$。每个子关键字 k^i 表示关键字的一位，其中，k^{d-1} 为最高位，k^0 为最低位，d 为关键字的位数。采用 LSD 方法，即对待排序的记录序列按照复合关键字从低位到高位的顺序交替地进行"分组"、"收集"，最终得到有序的记录序列。把一次"分组"、"收集"称为一趟，对于由 d 位子关键字组成的复合关键字，需要经过 d 趟的"分配"与"收集"。

例如，对于关键字序列（121，203，356，267，568，389），可以将每个 keys 看成由 3 个单关键字组成，即 keys $=k^2 k^1 k^0$，$d=3$。每个关键字的取值范围为 $0\leqslant k^i \leqslant 9$，即每个子关键字可取值的数目为 10，通常将子关键字取值的数目称为**基数**，用符号 r 表示，本例中 $r=10$。

又如，关键字序列（AB，HF，EG，UZ）可以将每个关键字看成是由两个单字母关键字组成的复合关键字，并且每个子关键字的取值范围为 A～Z，所以基数 $r=26$，关键字位数 $d=2$。

排序时，为了实现记录的分配和收集，采用链队列做辅助存储结构。关键字的基数为 r，则需要 r 个队列。例如，如果关键字是十进制整数，即基数为 10，则需要设置 10 个队列，分别存储某一位是 $\{0,1,2,\cdots,9\}$ 的记录。

2. 链式基数排序的排序过程

采用链队列为辅助存储结构的基数排序方法称为链式基数排序。

基数排序的基本过程如下：

（1）第 1 趟排序按最低位子关键字 k^0 将具有相同的子关键字的记录分配到一个队列中，然后依次收集起来，得到按子关键字 k^0 有序的序列。

（2）一般情况下，第 i 趟排序按第 i 低位子关键字 k^i 将具有相同的子关键字的记录分配到一个队列中，然后依次收集起来，得到按子关键字 $k^i \cdots k^0$ 有序的序列。

例 8.8 给定关键字序列 T＝(614,738,921,485,637,101,215,530,790,306)，链式基数排序过程如图 8.10 所示。

初始序列链表：

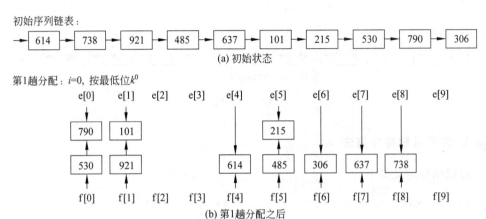

第1趟收集：

第2趟分配：$i=1$, 按次低位 k^1

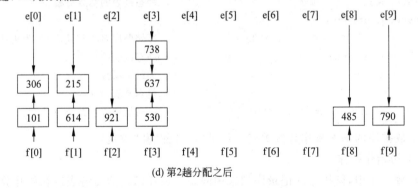

第2趟收集：

图 8.10　链式基数排序示例

第3趟分配：$i=2$，按最高位k^2

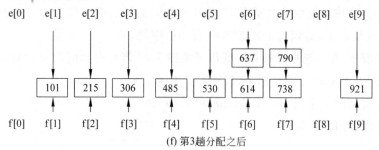

(f) 第3趟分配之后

第3趟收集：

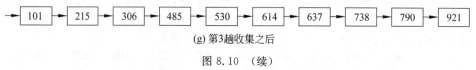

(g) 第3趟收集之后

图 8.10 （续）

3. 链式基数排序算法

存储结构定义如下：

```
#define MAX_NUM_OF_KEY 8          /* 关键字项数最大值 */
#define RADIX 10                  /* 基数 */
#define MAX_SPACE 100             /* 记录数最大值,静态链表的空间 */
typedef struct {
    int keys;                     /* 关键字 */
    int next;                     /* 下一结点的位置 */
}SLnode;                          /* 静态链表的结点类型 */
typedef struct{
    SLnode  R[MAX_SPACE +1];      /* 存储顺序表的向量,r[0]为头结点 */
    int length;                   /* 静态链表的长度 */
    int keynum;                   /* 关键字项数 */
}SLList;                          /* 静态链表 */
typedef int QueArrType[RADIX];    /* 队列指针数组类型 */
```

基数排序的基本操作是按关键字位进行"分配"和"收集"。

1）初始化操作

基数排序中,待排序的记录序列采用静态链表存储。静态链表的初始化算法如下。

算法 8.13   静态链表初始化

```
void initSLList(SLList * L)
{   int i;
    printf("\nPlease input the number of records:");
    scanf("%d",&L->length);
    printf("\nPlease input the number of keys:");
    scanf("%d",&L->keynum);
```

```
    printf("\nPlease input records data:");
    for(i=1;i<=L->length;i++)
        scanf("%d",&L->R[i].keys);        /* R[0]为头结点 */
    for(i=0;i<L->length ;i++)             /* 修改 next 域,建立成静态链表 */
        L->R[i].next=i+1;
    L->R[L->length ].next=0;             /* 最后一个结点指针为 0 */
} /* initSLList */
```

2）第 i 趟"分配"操作

第 i 趟"分配"过程可以描述为：从静态链表中读取待分配的结点,并求出关键字的从右数第 i 位关键字,然后按照该位的数值将其插入到相应的队列中。

求关键字第 i 位：

$$k = keys/10^i \% 10$$

例如,$d=3$,$keys = k^2 k^1 k^0$

$i=0$,求关键字第 0 位（个位）：$k = key/10^0 \% 10$；

$i=1$,求关键字第 1 位（十位）：$k = key/10^1 \% 10$；

$i=2$,求关键字第 2 位（百位）：$k = key/10^2 \% 100$。

下面是求第 i 位关键字的算法。

算法 8.14　求第 i 位关键字

```
int GetIkey(int n,int i)
{ /* 求第 i 位关键字 */
    int k;
    k=((int)(n/pow(RADIX,i)))%RADIX;
    return k;
} /* GetIkey */
```

算法 8.15　第 i 趟分配算法

```
void Distribute(SLList * L,int i,QueArrType f,QueArrType e)
{ /* 静态链表 L->r 域中的记录已经按关键字的第 0 至 i-1 位有序 */
    /* 实现按第 i 位关键字排序,建立 RADIX 个队列,分配到同一队列中的元素的第 i 位相
       同 */
    /* 队列中的元素值存储的是记录在静态链表中的位置 */
    /* f[0..RADIX-1]和 e[0..RADIX-1]分别指向每个队列的队头和队尾 */
    int j,p;
    for(j=0;j<RADIX;j++)                  /* 初始化队列 */
    {   f[j]=0;     e[j]=0; }
    for(p=L->R[0].next;p;p=L->R[p].next)
    {   j=GetIkey(L->R[p].keys,i);        /* 求第 i 位关键字 */
        if(!f[j])   f[j]=p;               /* 将 p 所指的结点插入到第 j 个队列 */
        else    L->R[e[j]].next=p;
        e[j]=p;
    } /* for */
```

```
} /* Distribute */
```

3）第 i 趟收集操作

收集操作实际上就是将非空队列首尾相接,具体实现如算法 8.16。

算法 8.16　第 i 趟收集算法

```
void Collection(SLList * L,int i,QueArrType f,QueArrType e)
{  int j,t;
   for(j=0;!f[j];j++);         /* 注意 ";"不能少! 找到第 1 个非空队列 */
   L->R[0].next=f[j];          /* R[0].next 指向第 1 个非空队列的队头 */
   t=e[j];                     /* t 指向当前队列的队尾 */
   while(j<RADIX)
   {  for(j++;j<RADIX-1 &&!f[j];j++);      /* ";"不能少,找到下一个非空队列 */
      if(f[j] && j<RADIX)      /* j<RADIX 不能漏,否则出错 */
      {  L->R[t].next=f[j];
         t=e[j];
      } /* if */
   } /* while */
   L->R[t].next=0;             /* t 指向最后一个非空队列的队尾 */
} /* Collection */
```

4. 基数排序算法的性能

基数排序算法中没有关键字的比较和记录的移动操作,只有对链表的扫描和指针的赋值,所以时间只花费在修改指针上。每趟排序中,将 n 个记录分配到相应队列的时间复杂度为 $O(n)$,将 r 个队列收集起来的时间复杂度为 $O(r)$,因此,一趟排序的时间复杂度为 $O(n+r)$。整个排序需要进行 d 趟排序,基数排序的时间复杂度为 $O(d(n+r))$。因此,若 d 值较大,基数排序的时间效率就会降低。当 n 较大,d 较小时,特别是记录的信息量比较大时,基数排序非常有效。

基数排序的每一趟排序需要 r 个队列,存放 r 个队头指针和 r 个队尾指针,在以后的每趟排序中重复使用,所以空间复杂度为 $O(r)$。如果考虑每个记录还增加了一个 next 指针,一共 n 个记录,则总的空间复杂度为 $O(r+n)$。基数排序是一种稳定的排序方法。

8.7　内部排序方法比较

各种排序方法各有优缺点,排序算法之间的比较一般从以下几个方面综合考虑:

（1）算法的时间复杂度;

（2）算法的辅助空间与待排序记录的存储结构;

（3）排序算法的稳定性;

（4）算法结构的复杂性;

（5）适合参与排序的数据的规模。

各种排序算法的时间复杂度、空间复杂度和稳定性的比较如表 8.1 所示。

表 8.1 各种排序方法的性能比较

排序方法	时间复杂度			辅助存储	稳定性
	最好情况	平均时间	最坏情况		
直接插入排序	$O(n)$	$O(n^2)$	$O(n^2)$	$O(1)$	稳定
希尔排序	$O(n\log_2 n) \sim O(n^2)$	$O(n^{1.3})$	$O(n\log_2 n) \sim O(n^2)$	$O(1)$	不稳定
简单选择排序	$O(n^2)$	$O(n^2)$	$O(n^2)$	$O(1)$	不稳定
堆排序	$O(n\log_2 n)$	$O(n\log_2 n)$	$O(n\log_2 n)$	$O(1)$	不稳定
冒泡排序	$O(n)$	$O(n^2)$	$O(n^2)$	$O(1)$	稳定
快速排序	$O(n\log_2 n)$	$O(n\log_2 n)$	$O(n^2)$	$O(\log_2 n) \sim O(n)$	不稳定
归并排序	$O(n\log_2 n)$	$O(n\log_2 n)$	$O(n\log_2 n)$	$O(n)$	稳定
基数排序	$O(d(n+r))$	$O(d(n+r))$	$O(d(n+r))$	$O(n+r)$	稳定

1. 时间复杂度

从平均情况看,直接插入排序、简单选择排序和冒泡排序的时间复杂度为 $O(n^2)$,其中以直接插入排序方法最常用。堆排序、快速排序和归并排序的时间复杂度为 $O(n\log_2 n)$,其中快速排序被认为是目前最快的一种排序方法。希尔排序介于 $O(n\log_2 n)$ 和 $O(n^2)$ 之间。基数排序的时间复杂度为 $O(d(n+r))$,其中,d 为关键字的项数,r 为基数。

从最好情况看,直接插入排序和冒泡排序的时间复杂度最好,为 $O(n)$,其他排序方法的最好情况和平均情况相同。从最坏情况看,在初始记录基本有序的情况下,快速排序退化为冒泡排序,其时间复杂度为 $O(n^2)$。最坏情况对简单选择排序、堆排序、归并排序和基数排序影响不大,但对直接插入排序和冒泡排序影响较大,由最好情况的 $O(n)$ 变为 $O(n^2)$。因此,在最好情况下,直接插入排序和冒泡排序最快;在平均情况下,快速排序最快;在最坏情况下,堆排序和归并排序最快。

2. 空间复杂度

各种排序方法的空间复杂度如表 8.1 所示。
(1)归并排序的空间复杂度为 $O(n)$。
(2)快速排序的空间复杂度为 $O(\log_2 n) \sim O(n)$。
(3)直接插入排序、希尔排序、冒泡排序、简单选择排序、堆排序的空间复杂度为 $O(1)$。
(4)基数排序所需的辅助空间比较大,其空间复杂度为 $O(r+n)$。

3. 稳定性

稳定的排序方法有直接插入排序、冒泡排序、归并排序和基数排序。不稳定的排序方法有希尔排序、简单选择排序、堆排序和快速排序。

4. 算法的复杂性

简单算法包括直接插入排序、简单选择排序和冒泡排序。希尔排序、堆排序、快速排序、归并排序和基数排序属于比较复杂的排序算法。

由上述讨论可知,各种排序方法各有优缺点,在实际应用中,可以根据具体问题选取合适的排序方法。

8.8　应用实例——内部排序算法比较

1. 问题描述

随机产生 1~m 之间的 n 个整数,分别采用直接插入排序、希尔排序、简单选择排序、冒泡排序、快速排序和堆排序算法进行排序。

要求:

(1) 待排序数据是随机生成的 1~m 之间的 n 个整数,m 可以取 100、1000、10 000;n 的大小分别取 20、100、1000、1500、3000 等。

(2) 算法中增加比较次数和移动次数的统计功能。

(3) 对随机序列、正序和逆序的待排序表进行各种排序算法的比较测试和分析。

2. 问题分析

待排序记录不是从键盘输入,而是需要编写函数随机产生 1~m 之间的 n 个整数,而且待排序记录的初态分为随机序列、正序和逆序 3 种情况。需要实现直接插入排序、希尔排序、简单选择排序、冒泡排序、快速排序和堆排序 6 种排序算法,并统计不同排序算法在不同的测试数据(如正序、逆序、随机序列)中记录的比较次数、移动次数,从而对比分析 6 种算法的时间复杂度。

3. 程序设计

输入设计:输入待排序元素的个数 n,关键字的取值范围 m,自动随机生成 1~m 之间的 n 个整数。输入 0~6 之间的整数,选择一种排序方法,进行排序,输入 0 退出。

输出设计:输出自动生成的 n 个整数的初始序列;输出排序后的序列;输出初态分别是随机序列、正序和逆序时的比较次数、移动次数。

基本操作:

OrderList CreateDataRandom(OrderList a):随机生成 1~m 之间的 n 个整数。

OrderList CopyList(OrderList a):复制表 a。

void InvertedList(OrderList * a):表 a 逆置。

int Less(int x,int y):$x < y$ 返回 1,否则返回 0。

int LessOrEqual(int x,int y):$x \leqslant y$ 返回 1,否则返回 0。

void Swap(OrderList * L,int i,int j):交换 R[i]和 R[j]。

void OutputData(OrderList a)：输出。

OrderList InsertSort(OrderList L)：直接插入排序。

OrderList ShellSort(OrderList L)：希尔排序。

OrderList BubbleSort(OrderList L)：冒泡排序。

int Partition(OrderList ＊L,int i,int j)：一趟快速排序。

void QuickSort(OrderList ＊L, int i,int j)：快速排序。

OrderList SelectSort(OrderList L)：简单选择排序。

OrderList HeapAdjust(OrderList H,int s,int m)：堆排序筛选算法。

OrderList HeapSort(OrderList H)：堆排序。

void sort(OrderList a,OrderList b,int op)：根据 op 的值执行不同的排序方法。

int main()：主程序。

4. 程序代码

```
#include<stdio.h>
#include<stdlib.h>
#include<time.h>
#include<conio.h>
#include<string.h>
#define MAX_NUM 6000              /＊ 待排序记录表的最大长度 ＊/
#define MAX_STR_LEN 10
typedef nt KeyType;               /＊ 关键字为 int 类型 ＊/
typedef struct {
  KeyType key;                    /＊ 关键字(忽略数据元素中的其他数据项) ＊/
}RecordType;                      /＊ 记录类型 ＊/
typedef struct {
  RecordType R[MAX_NUM+1] ;       /＊ R[0]闲置或用作哨兵单元 ＊/
  int length;                     /＊ 表长度 ＊/
}OrderList;                       /＊ 待排序表类型 ＊/
/＊ 全局变量 ＊/
long  compCount;                  /＊ 比较次数 ＊/
long  moveCount;                  /＊ 移动次数 ＊/
OrderList CreateDataRandom(OrderList a)
{ /＊ 随机产生 n 个 1~m 之间的整数,保存在数组 a 中 a.R[1]~a.R[m] ＊/
    int n, m, i;
    printf("排序数据为自动生成的 1~ m 之间的 n 个数,请输入 n,m:");
    scanf("%d,%d",&n,&m);
    srand((unsigned) time(NULL)); /＊ srand()提供一个种子,是 0~32 767 之间的整数 ＊/
    for(i=1;i<=n;i++)
      a.R[i].key=rand()%m+1;      /＊ 随机产生 1~m 之间的一个整数 ＊/
    a.length=n;
```

```
        return a;
    } /* CreateDataRandom */
    OrderList CopyList(OrderList a)
    {                                        /* 复制顺序表 */
        OrderList b;
        int i;
        b.length=a.length;
        for(i=1;i<=a.length;i++)
        b.R[i]= a.R[i];
        return b;
    } /* CopyList */
    void InvertedList(OrderList * a)
    {                                        /* 逆序表 */
        int i;
        RecordType temp;
        for(i=1;i<=a->length/2;i++)
          { temp=a->R[i];
            a->R[i]=a->R[a->length-i+1];
            a->R[a->length-i+1]=temp; }
    } /* InvertedList */
    int Less(int x,int y)
    { compCount++;
      return x<y;                            /* x<y 返回 1,否则返回 0 */
    } /* Less */
    int LessOrEqual(int x,int y)
    { compCount++;
      return  (x<=y);                        /* x≤y 返回 1,否则返回 0 */
    } /* LessOrEqual */
    void Swap(OrderList * L,int i,int j)  /* 交换 R[i]和 R[j] */
    {   RecordType temp;
        temp=L->R[i];
        L->R[i]=L->R[j];
        L->R[j]=temp;
        moveCount+=3;
    } /* Swap */
    void OutputData(OrderList a)             /* 输出 */
    {   int i;
        for(i=1;i<=a.length;i++)
        {   printf("%4d ",a.R[i].key);
            if((i%10)==0) printf("\n");
        } /* for */
    } /* OutputData */
    OrderList InsertSort(OrderList L)    /* 直接插入排序 */
```

```
{    int i,j;
     for(i=2;i<=L.length;i++)        /* 依次插入记录 R[2],.., R[L.length] */
     {  L.R[0]=L.R[i];               /* L.R[0]为哨兵 */
        j=i-1;
        while(Less(L.R[0].key, L.R[j].key))
        {    L.R[j+1]=L.R[j];        /* 记录后移 */
           moveCount++;
           j--;
        } /* while */
        L.R[j+1]=L.R[0];             /* 插入到正确位置 */
     } /* for */
return L;
} /* InsertSort */
OrderList ShellSort(OrderList L)     /* 希尔排序 */
{ int i,j,d;
RecordType temp;
  for(d=L.length/2;d>0;d/=2)
  {  for(i=d+1;i<=L.length;i++)      /* 数据存储从 R[1]起,R[0]闲置 */
     {  temp=L.R[i];
        j=i-d;
        while(j>=1&&Less(temp.key,L.R[j].key))
        {  L.R[j+d]=L.R[j];          /* 记录后移 d 个位置 */
           moveCount++;
           j=j-d;
        } /* while */
        L.R[j+d]=temp;               /* 插入记录 */
     } /* for */
} /* for */
return L;
} /* ShellSort */
OrderList BubbleSort(OrderList  L)
{                                    /* 冒泡排序 */
   int i,j;
   int flag;                         /* 交换标志 */
   for(j=1;j<=L.length-1;j++)        /* 最多做 n-1 趟排序 */
   {  flag=0;                        /* 本趟排序开始前,交换标志应为 0 */
      for(i=1;i<=L.length -j;i++)/* 对当前无序区扫描 */
      if(Less(L.R[i+1].key,L.R[i].key))
      {  Swap(&L,i+1,i);             /* 交换记录 */
         flag=1;                     /* 发生了交换,故将交换标志置为真 */
      } /* if */
      if(flag==0) break;             /* 本趟排序未发生交换,提前终止算法 */
   } /* for */
```

```
            return L;
        } /* BubbleSort */
        int Partition(OrderList * L,int i,int j)
        {   int pivotkey;
            L->R[0]=L->R[i];                    /* 以子表的首记录作为枢纽记录,放入 R[0]单元 */
            pivotkey=L->R[i].key;
            while(i<j)                          /* 从表的两端交替地向中间扫描 */
            {   while(i<j &&  LessOrEqual(pivotkey,L->R[j].key)) --j;
                {L->R[i]=L->R[j];               /* 将比枢纽小的记录交换到低端 */
                 moveCount++;
                } /* while */
                while(i<j &&  LessOrEqual(L->R[i].key,pivotkey)) ++i;
                {L->R[j]=L->R[i];               /* 将比枢纽大的记录交换到高端 */
                 moveCount++;
                } /* while */
            } /* while */
            L->R[i]=L->R[0];                    /* 枢纽记录到位 */
            return i;                           /* 返回枢纽记录所在位置 */
        } /* Partition */
        void QuickSort(OrderList * L, int i,int j)
        { int pivot;
          if(i<j)                               /* 长度>1 */
          { pivot=Partition(L,i,j);             /* 一趟快速排序,将 R[ ]一分为二 */
            QuickSort(L,i,pivot-1);             /* 在左子区间进行递归快速排序,直到长度为 1 */
            QuickSort(L,pivot+1,j);             /* 在右子区间进行递归快速排序,直到长度为 1 */
          } /* if */
        } /* QuickSort */
        OrderList SelectSort(OrderList  L)  /* 简单选择排序 */
        { int i,j,min;
          for(i=1;i<L.length;i++)               /* 对 n 个记录进行 n-1 趟的简单选择排序 */
          {   min=i;                            /* 初始化第 i 趟简单选择排序的最小记录指针 */
              for(j=i+1;j<=L.length;j++)    /* 搜索关键字最小的记录位置 */
                    if(Less(L.R[j].key,L.R[min].key))
                        min=j;
              if(min!=i)
                  Swap(&L,i,min);
          } /* for */
          return L;
        } /* SelectSort */
        OrderList HeapAdjust(OrderList H,int s,int m)        /* 堆排序筛选算法 */
        { /* 已知 H.R[s..m]中的记录的关键字除 H.R[s].key 之外均满足堆定义 */
         /* 本函数调整 H.R[s],使 H.R[s..m]成为一个小根堆 */
           RecordType rc;
```

```
        int j;
        rc=H.R[s];
        for(j=2*s;j<=m;j*=2)                 /* 沿 key 较小的关键字向下筛选 */
        { if((j<m)&& LessOrEqual(H.R[j+1].key,H.R[j].key))
          j++;                               /* j 为 key 较小的记录下标 */
          if(Less(rc.key,H.R[j].key)) break;    /* rc 应在位置 s 上 */
          H.R[s]=H.R[j];  moveCount++;
          s=j;
        } /* for */
        H.R[s]=rc;                           /* 调整到位 */
        return H;
} /* HeapAdjust
OrderList HeapSort(OrderList H)          /* 堆排序 */
{ int i;
  for(i=H.length/2;i>0;--i)             /* 把 H.R[1..H.length]建成小根堆 */
    H=HeapAdjust(H,i,H.length);        /* 从 i=H.length/2 往前依次调整 */
  for(i=H.length;i>1;--i)              /* 输出堆顶,然后重建堆 */
  { Swap(&H,1,i);                      /* 堆顶与堆底交换 */
    H=HeapAdjust(H,1,i-1);            /* 将 H.R[1..i-1]重建堆 */
  } /* for */
  return H;
} /* HeapSort */
void sort(OrderList a,OrderList b,int op)
{
    int i;
    char * str[3];
    for(i=0;i<3;i++)
        str[i]=(char *)malloc(MAX_STR_LEN * sizeof(char));
    strcpy(str[0],"随机序列");
    strcpy(str[1],"正序");
    strcpy(str[2],"逆序");
    a=CopyList(b);
      for(i=0;i<3;i++)
    {
        compCount=0;  moveCount=0;
        if((i==2 && op!=7) ||(i==1 && op==7))
              InvertedList(&a);
        switch (op)
        {
        case 2:a=InsertSort(a);break;
        case 3:a=ShellSort(a);break;
        case 4:a=BubbleSort(a); break;
```

```
        case 5:QuickSort(&a,1,a.length); break;
        case 6:a=SelectSort(a); break;
        case 7:a=HeapSort(a); break;
        } /* switch */
        if(i==0) OutputData(a);
        printf("\n 初态是%s: 比较次数=%d 移动次数=%d\n",str[i],compCount,
        moveCount);
        getch();
    } /* for */
}
int main()
{    OrderList a,b;                    /* 待排序数据 a,b 是 a 的备份 */
    int choose;
    while(1)
    {    system("cls");
        printf("===============内部排序算法比较===============\n");
        printf(" *          1--初始化待排序数据                * \n");
        printf(" *          2--直接插入排序      3--希尔排序     * \n");
        printf(" *          4--冒泡排序          5--快速排序     * \n");
        printf(" *          6--简单选择          7--堆排序       * \n");
        printf(" *          0--退出                             * \n");
        printf("===========================================\n");
        printf(" \n 请输入操作选项(0~7):");
        scanf("%d",&choose);
        if(choose==1)
        {    a=CreateDataRandom(a);
            printf("The initial data:\n");
            b=CopyList(a);
            OutputData(a);
            getch();
        }
        else
        {   if(choose==0)
          { printf("\n 按任意键退出系统 !\n");
            getch();  exit(0);
          }
          else  sort(a,b,choose);
        }
    } /* while */
    return 0;
} /* main */
```

5. 测试数据与运行结果

运行 sortN.exe,主菜单如图 8.11(a)所示,输入操作选项"1",根据提示信息,输入值"100,1000",随机产生 1~1000 之间的 100 个整数。然后选择不同的排序方法,分别对初态是随机序列、正序、逆序的待排序进行排序,并统计比较次数和移动次数,如图 8.11(b)所示。

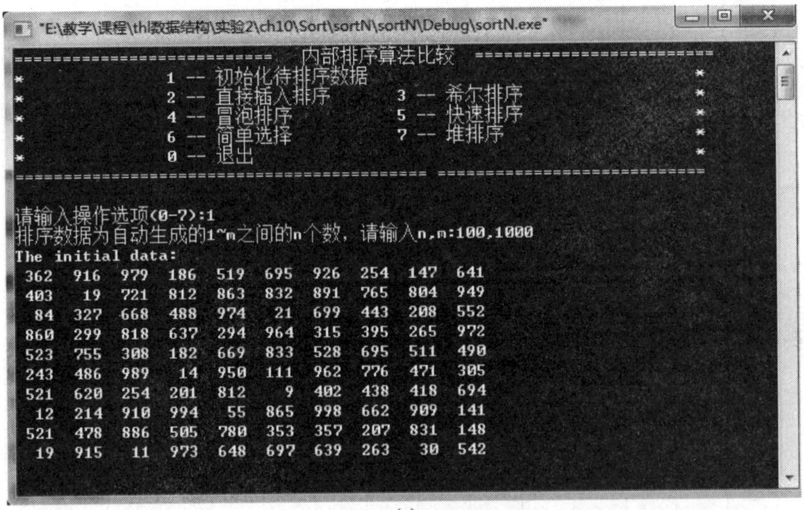

(a)

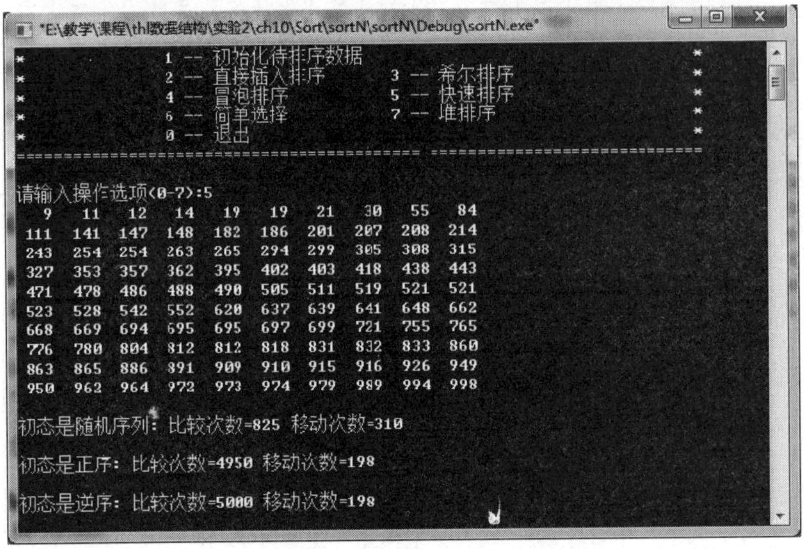

(b)

图 8.11　6 种内部排序算法的实验比较

进入主菜单,重新选择"1",输入不同的 n 和 m,产生新的随机待排序序列,进行新的实验比较。

选择不同的 n、m 和不同的初态序列,6 种排序算法的实验结果如表 8.2 所示。

表 8.2　不同初态的各种排序方法的实验比较

各种排序算法的比较

n	m	初态	InsertSort 比较次数	InsertSort 移动次数	ShellSort 比较次数	ShellSort 移动次数	BubbleSort 比较次数	BubbleSort 移动次数	QuickSort 比较次数	QuickSort 移动次数	SelectSort 比较次数	SelectSort 移动次数	HeapSort 比较次数	HeapSort 移动次数
20	100	随机序列	117	98	92	38	169	294	103	50	190	54	109	108
		正序	19	0	62	0	19	0	190	38	190	0	105	100
		逆序	209	190	80	36	190	570	200	38	190	30	121	118
100	1000	随机序列	2351	2252	827	376	4760	6756	865	330	4950	285	1036	787
		正序	99	0	503	0	99	0	4950	198	4950	0	946	711
		逆序	5045	4946	667	259	4950	14838	5000	198	4950	159	1081	838
1000	10000	随机序列	252139	251140	14694	7225	498324	753420	14227	4826	499500	2973	16877	11077
		正序	999	0	8006	0	999	0	499500	1998	499500	0	15960	10307
		逆序	500482	499483	11711	4695	499500	1498449	5000000	1998	499500	1512	17582	11708
1500	10000	随机序列	560594	559095	24384	11685	1123074	1677285	23851	7468	1124250	4467	27139	17553
		正序	1499	0	13507	0	1499	0	1124250	2998	1124250	0	25809	16476
		逆序	1125629	1124130	19075	7053	1124250	3372390	1125000	2998	1124250	2406	28415	18556
3000	10000	随机序列	2278264	2275265	58231	29822	4497015	6825795	52387	16610	4498500	8979	60242	38060
		正序	2999	0	30007	0	2999	0	4498500	5998	4498500	0	57485	35747
		逆序	4501053	4498054	42560	15538	4498500	13494162	4500000	5998	4498500	5100	62892	40260

当 $n=3000$ 时,不同初态下的 6 种排序算法的实验比较如图 8.12 所示。

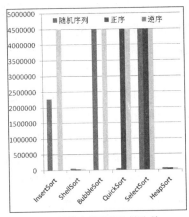

(a) 6 种排序算法的比较次数

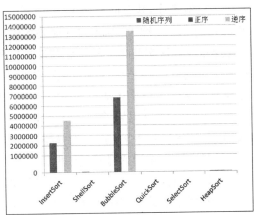

(b) 6 种排序算法的移动次数

图 8.12　$n=3000$ 时,不同初态下的 6 种排序算法的实验比较

从表 8.2 和图 8.12 可以看出,冒泡排序算法的移动次数在随机序列和逆序时最多,比较次数与简单选择排序差不多属于最多的,正序时比较次数和移动次数最少。

简单选择排序在初态是随机序列、正序、逆序时比较次数相同且最多,3 种初态下的移动次数最少。

直接插入排序的比较次数和移动次数在随机序列和逆序时属于第三多,正序时最少。

快速排序对随机序列来说是最快的,比较次数最少,移动次数仅次于简单选择排序,第二少;但在正序和逆序时,比较次数与冒泡排序相近,移动次数较少。

希尔排序在随机序列、正序和逆序时比较次数和移动次数都比较少,在随机序列时移动次数约是快速排序的二倍。

堆排序在随机序列、正序和逆序时相差不大,比较次数和移动次数也比较少,但比希尔排序和快速排序稍多一点。

本 章 小 结

(1) 排序是数据处理中经常使用的一种操作,排序的目的是为了便于查询和处理。本章主要介绍了插入排序、交换排序、选择排序、归并排序和基数排序方法,分析了各种排序算法的时间复杂度、空间复杂度及稳定性。

(2) 插入排序方法有直接插入排序、折半插入排序和希尔排序 3 种。直接插入排序算法简单,适合数据规模 n 较小和基本有序的情况,而且排序的比较次数和移动次数与初始记录的排列有关。折半插入排序在查找插入位置时采用的是折半查找法,比较次数与待排序记录的初态无关,仅依赖于记录的个数 n。希尔排序是对直接插入排序的改进。直接插入排序和折半插入排序是稳定的排序方法,希尔排序是不稳定的。

(3) 交换排序方法有冒泡排序和快速排序两种。冒泡排序比较简单,适合数据规模 n 较小、初始基本有序的情况。当数据规模 n 较大时,快速排序是目前速度最快的方法,当待排序记录是随机分布时,快速排序的平均时间最短。但是当待排序记录基本有序时,快速排序退化为冒泡排序,其时间复杂度为 $O(n^2)$。快速排序的空间复杂度与递归深度有关,在 $O(\log_2 n)\sim O(n)$ 之间。冒泡排序是稳定的,快速排序是不稳定的。

（4）选择排序方法有简单选择排序和堆排序两种。简单选择排序的比较次数与记录的初始排列无关,移动记录的次数较少,最多 $3(n-1)$ 次,时间复杂度为 $O(n^2)$。简单选择排序适合数据规模 n 较小和基本有序的情况。堆排序是对简单选择排序的改进,利用"堆"这种结构减少了比较次数,属于比较快的排序算法,而且不会出现快速排序的最坏情况,所需的辅助空间也比较少。简单选择排序和堆排序都是不稳定的排序方法。

（5）归并排序可以用于内排序,也可以用于外排序。归并排序算法在时间效率上与快速排序、堆排序一样快,但需要的辅助空间最多。归并排序算法是稳定的排序算法。

（6）基数排序是借助于多关键字排序思想进行排序的一种排序方法,所需要的辅助空间比较大,但时间复杂度为 $O(d(n+r))$,当排序关键字位数 d 较少时,能达到较快的速度。基数排序只适合字符串和整数这类的排序关键字。当排序规模 n 较大,排序关键字位数 d 较少且可以均匀分解时,比较适合采用基数排序。

习 题 8

一、选择题

1. 设一组初始记录关键字序列为 $(50,40,95,20,15,70,60,45)$,则以增量 $d=4$ 的一趟希尔排序结束后前 4 条记录关键字为(   )。

    A. 40,50,20,95　　　　　　　　　　B. 15,40,60,20

    C. 15,20,40,45　　　　　　　　　　D. 45,40,15,20

2. 在待排序的元素基本有序的前提下,效率最高的排序方法是(   )。

    A. 直接插入排序　　　　　　　　　　B. 简单选择排序

    C. 快速排序　　　　　　　　　　　　D. 归并排序

3. 数据元素序列 $\{11,12,13,7,8,9,23,4,5\}$ 是采用(   )排序方法得到的第 2 趟排序结果。

    A. 冒泡排序　　　　　　　　　　　　B. 直接插入排序

    C. 简单选择排序　　　　　　　　　　D. 二路归并排序

4. 下列最不可能是快速排序第二轮的结果是(   )。

    A. 2,3,5,4,6,7,9　　　　　　　　　　B. 2,7,5,6,4,3,9

    C. 3,2,5,4,7,6,9　　　　　　　　　　D. 4,2,3,5,7,6,9

5. 对 n 个关键字进行快速排序,最大递归深度是(   ),最小递归深度是(   )。

    A. 1　　　　　　　B. n　　　　　　　C. $\log_2 n$　　　　　　　D. $n\log_2 n$

6. 以下序列是堆的是(   )。

    A. $\{75,65,30,15,25,45,20,10\}$　　　B. $\{75,65,45,10,30,25,20,15\}$

    C. $\{75,45,65,30,15,25,20,10\}$　　　D. $\{75,45,65,10,25,30,20,15\}$

7. 以下排序方法中时间复杂度是 $O(n\log_2 n)$ 且稳定的排序方法是(　　)。

    A. 堆排序　　　　B. 快速排序　　　　C. 归并排序　　　　D. 直接插入排序

8. 设一组初始记录关键字序列(5,2,6,3,8),以第一个记录关键字 5 为基准进行一趟快速排序的结果为(　　)。

    A. 2,3,5,8,6　　　　　　　　　　B. 3,2,5,8,6

    C. 3,2,5,6,8　　　　　　　　　　D. 2,3,6,5,8

9. 设有 n 个待排序的记录关键字,则在堆排序中需要(　　)个辅助记录单元。

    A. 1　　　　　　　B. n　　　　　　C. $n\log_2 n$　　　　D. n^2

10. 设有 5000 个待排序的记录关键字,如果需要用最快的方法选出其中最小的 10 个记录关键字,则用(　　)方法可以达到此目的。

    A. 快速排序　　B. 堆排序　　　　C. 归并排序　　　　D. 插入排序

11. 下列 4 种排序中(　　)的空间复杂度最大。

    A. 插入排序　　　B. 冒泡排序　　　C. 堆排序　　　　　D. 归并排序

12. 时间复杂度不受数据初始状态影响而恒为 $O(n\log_2 n)$ 的是(　　)。

    A. 堆排序　　　　B. 冒泡排序　　　C. 希尔排序　　　　D. 快速排序

13. 顺序查找不论在顺序线性表中还是在链式线性表中的时间复杂度都是(　　)。

    A. $O(n)$　　　　　B. $O(n^2)$　　　　C. $O(n^{1/2})$　　　　D. $O(\log_2 n)$

14. 二路归并排序的时间复杂度为(　　)。

    A. $O(n)$　　　　　B. $O(n^2)$　　　　C. $O(n\log_2 n)$　　　D. $O(\log_2 n)$

15. 一趟排序结束后不一定能选出一个元素放在其最终位置上的是(　　)。

    A. 堆排序　　　　B. 冒泡排序　　　　C. 快速排序　　　　D. 希尔排序

二、应用题

1. 初始记录的关键字值序列为 {37,23,7,79,9,43,3,19,31,61,23*,47},按关键字非递减次序进行希尔排序,设初始步长为 4,则第 1 趟的结果是什么?

2. 设待排序记录的关键字值序列为 {37,23,7,79,29,43,73,19,31,61},试给出冒泡排序法按非递减次序进行排序过程中的每一趟结果序列。

3. 有一组待排序记录的关键字值序列为 {25,84,21,47,15,27,68,35,24},采用快速排序方法由小到大进行排序,请写出第 1 趟排序的过程。

4. 已知有 10 个待排序的记录,其关键字分别为 256,301,751,129,937,863,742,694,076,438,请用基数排序的方法将它们从小到大排列。

5. 设待排序文件有 12 个记录,其关键字值分别为 37,23,7,79,9,43,3,19,31,61,23*,47,按非递减的次序进行排序。试分别给出用下列方法排序时第 1 趟、第 2 趟处理后的结果序列。

(1) 冒泡排序　(2) 选择排序　(3) 快速排序

6. 判断以下序列是否是堆,若不是,调整成堆,并写出调整过程。

(1) {12,15,23,35,28,87,49,86}

(2) {35,12,28,87,49,86,15,23}

7. 将下列给定的关键字序列调整成一个堆,使其满足 $K_i \leqslant K_{2i}$ 及 $K_i \leqslant K_{2i+1}$,并依次画出输出关键字 11 的过程中所调整成的每一个堆结构。

$$11,22,27,03,31,78,40,05,61,47,93,69,12$$

8. 利用堆排序的方法给已知数组 A 中的数据排序,写出在构成初始堆(大根堆)和利用堆排序的过程中每次排序后数据的排列情况:

1	2	3	4	5	6	7	8
45	28	49	16	37	82	56	75

(1) 构成初始堆的过程。

(2) 每趟堆排序结果。

9. 设要将序列(Q, H, C, Y, P, A, M, S, R, D, F, X)中的关键码按字母序的升序重新排列,则:

(1) 冒泡排序第 1 趟的结果是_____

(2) 初始步长为 4 的希尔(Shell)排序第 1 趟的结果是_____

(3) 二路归并排序第 1 趟的结果是_____

(4) 快速排序第 1 趟的结果是_____

(5) 堆排序初始建小根堆的结果是_____

10. 对关键字{12,2,16,30,28,10,16*,20,6,18}进行下列操作:

(1) 直接插入排序(每一趟排序结果);

(2) 希尔排序(增量为 5、3、1);

(3) 冒泡排序(每一趟排序结果);

(4) 快速排序(第 1 趟排序过程,每一趟排序结果);

(5) 堆排序(初始堆的调整过程,每一趟排序结果);

(6) 二路归并排序(每一趟排序结果);

(7) 基数排序(每一趟排序结果)。

三、算法设计题

1. 对直接插入排序、直接选择排序、冒泡排序、快速排序和堆排序等算法进行上机实验。要求:

(1) 待排序数据是随机生成的 $1 \sim 10\,000$ 之间的 n 个整数,n 的大小分别取 20、500、1000。

(2) 算法中增加比较次数和移动次数的统计功能。

(3) 根据实验结果比较分析这几种排序算法的性能。

2. 试设计一个算法,将所有的偶数排到所有的奇数前面,偶数之间、奇数之间不需要排序,要求:

(1) 采用顺序存储结构,至多使用一个记录的辅助空间。

(2) 算法的时间复杂度为 $O(n)$。

(3) 统计算法中记录的移动次数和比较次数。

3. 已知待排序记录序列 $a[1..n]$ 中的关键字各不相同,按下列方法实现计数排序:另设数组 $C[1..n]$,对每个记录 $a[i]$ 统计序列中比它小的记录的个数存于 $c[i]$,那么 $c[i]=0$ 的记录必为最小记录,按照 $c[i]$ 值的大小对 a 中记录重新排序。试编写算法实现这种计数排序,并分析算法的时间复杂度、空间复杂度及稳定性。

4. 设将 $n(n>1)$ 个整数存放到一维数组 R 中,试设计一个在时间和空间两方面尽可能有效的算法,将 R 中的序列循环左移 $P(0<P<n)$ 个位置,即将 R 中的数据由 $(X_0 X_1 \cdots X_{n-1})$ 变换为 $(X_p X_{p+1} \cdots X_{n-1} X_0 X_1 \cdots X_{p-1})$。

要求:

(1) 给出算法的基本设计思想。

(2) 根据设计思想,采用 C 语言表述算法,关键之处给出注释。

(3) 说明你所设计算法的时间复杂度和空间复杂度。

参 考 文 献

[1] 严蔚敏,吴伟民. 数据结构(C 语言版)[M]. 北京:清华大学出版社,2007.

[2] 耿国华. 数据结构——C 语言描述[M]. 西安:西安电子科技大学出版社,2008.

[3] 宁正元,王秀丽. 算法与数据结构[M]. 北京:清华大学出版社,2006.

[4] 张乃孝. 算法与数据结构[M]. 北京:高等教育出版社,2006.

[5] 王红梅,胡明,王涛. 数据结构(C++ 版)[M]. 北京:清华大学出版社,2005.

[6] 刘大有,唐海鹰,孙舒杨,等. 数据结构[M]. 北京:高等教育出版社,2000.

[7] 丛书编委会. 数据结构[M]. 北京:电子工业出版社,2011.

[8] 邓文华,刘文斌. 数据结构(C 语言版)[M]. 北京:电子工业出版社,2011.

[9] 殷人昆. 数据结构习题精析与考研辅导[M]. 北京:机械工业出版社,2011.

[10] 梁作娟,胡伟,唐瑞春. 数据结构习题解答与考试辅导[M]. 北京:清华大学出版社,2004.